JN044260

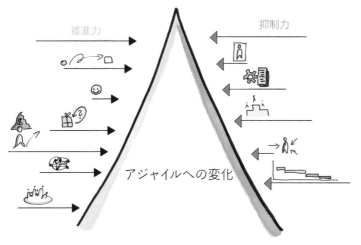

口絵 1（p.150）

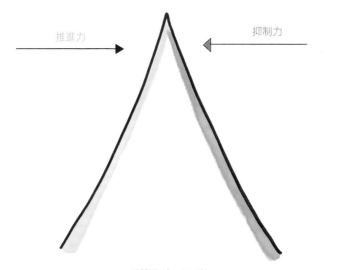

口絵 2（p.152）

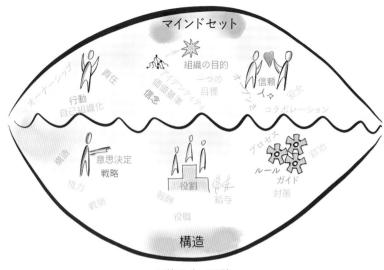

口絵 3 (p.178)

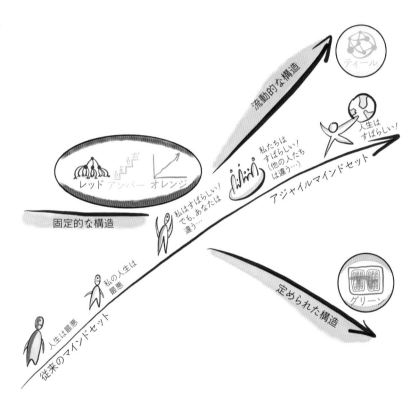

口絵 4 (p.212)

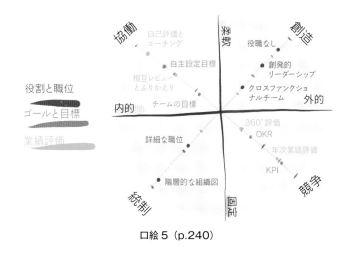

役割と職位

ゴールと目標

業績評価

協働　柔軟　創造

自己評価とコーチング
自主設定目標
役職なし
相互レビューとふりかえり
創発的リーダーシップ
チームの目標
クロスファンクショナルチーム
内的　外的
詳細な職位
360°評価
OKR
年次業績評価
KPI
階層的な組織図
統制　固定　競争

口絵5（p.240）

口絵6　Menlo Innovations のオフィス（左）と、透明化されたレベル（右）（p.295）

口絵 7 (p.317)

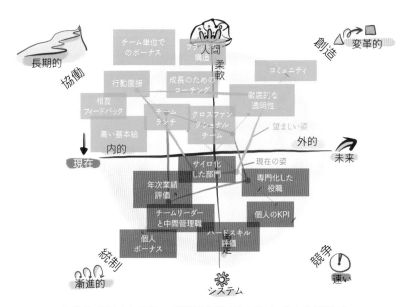

口絵 8 望ましい文化への移行を促進するために、私たちが避けた
プラクティス（赤）と実施したプラクティス（緑）の例 (p.320)

アジャイル
リーダーシップ

変化に適応する

アジャイルな組織を

つくる

Zuzana Šochová 著

株式会社ユーザベース 訳

共立出版

訳者まえがき

　あなたは、どんな気持ちで本書を手にとってくださったのでしょうか。

　ご自身のリーダーシップに悩まれていて、自分に合ったリーダーシップのあり方を模索されているのでしょうか。それとも、日々アジャイルを実践する中で、よりよいリーダーシップがあるのではないかとお考えでしょうか。はたまた、「なるほど、アジャイルリーダーシップか。流行り物のようにも思えるけど、本当に中身がある本なのかな？」と考えていらっしゃる、（健全な）懐疑をお持ちの方かもしれませんね。

　このまえがきでは、本書がそういった期待にどのように応えてくれるのかをお伝えしたいと思います。

　本書は、組織全体をアジャイルに変えていくためのリーダーのあり方を、著者自身の経験と豊富な実践例を交えて説明しています。

　まず第一に、本書はリーダーシップの本です。中でも、人を大事にしながら変化に適応し続けるための、アジャイルソフトウェア開発というムーブメントの中で育まれたリーダーシップのあり方を紹介しています。

　アジャイルリーダーシップのルーツにソフトウェア開発があるのは事実ですが、その適用範囲は決してソフトウェアにとどまりません。むしろ、目的やビジョンによってチームを導くこと、管理したり管理されるのではなく自己組織化すること、継続的に改善し続けることといった、ソフトウェア開発の領域で培われた優れたリーダーシップのあり方を、それ以外の分野にも広げていく野心的な試みです。

　誰もが仕事の目的、目指す場所を理解して、いきいきと自律的に活動し、仕事のやり方も成果もどんどんよくなっていく。予期せぬ変化にもすばやく、柔軟に適応する。そんな組織があったとしたら、わくわくしませんか？　そこで働いてみたくなりませんか？　本書は、あなたが少しずつ、一歩一歩、組織をそんな状態へと導いていく手助けをする本です。

　それから本書は、今実際にアジャイルを実践されている方がこれからのリーダーシップのあり方を考えるのにも、もちろんうってつけです。アジャイルリーダーシップは、ある意味でアジャイルの究極のあり方ともいえます。アジャイルの考え方をソフトウェア開発のみにとどめず、組織そのものにまで適用していった結果がアジャイルリーダーシップである、とも言えるからです。

　だから、普段アジャイルに取り組んでいて、例えば（あくまで例えばです）スクラムのルールを忠実に守りながらチームで開発をしているのに、何かしっくりこない。チームがいきいきしない。改善のペースが遅い。そういったことを感じている方にも、本書はきっとヒントを与えてくれます。

　さて、『アジャイルリーダーシップ』への期待は高まってきたでしょうか？それとも、まだ疑わしく思っているでしょうか？　何を隠そう、私自身も「アジャイル○○」や「○○リーダーシップ」には懐疑的な方です。そういったトピックが好きだからこそ、類書を読みあさっては、それらの類似性であったり、本質を欠いた議論であったりにうんざりしてしまうことがたびたびあります。

　本書はまったく違います、と言うつもりはありません。実際、アジャイルリーダーシップも（当然と言うべきか）過去のさまざまなリーダーシップのあり方の上に築かれており、例えば（有名な）サーバントリーダーシップや、創発的リーダーシップなどは本書の中でもキーワードとして登場します。シェアド・リーダーシップという言葉にも、通ずるところが多いでしょう。

　ただ、本書がユニークなのは、第一人者によって書かれた本であることです。著者の Zuzana Šochová さんは、開発者としてアジャイルに出会ってから教育者に至るまで 15 年ほどの経験を持ち、スクラムアライアンスによる「認定アジャイルリーダーシップ（Certified Agile Leadership）」研修の数少ない教育者でもあります。自ら所属する組織全体をアジャイルに変えてきた経験と、コミュニティでさまざまなアジャイルリーダーと付き合ってきた経験の双方を持ち合わせています。優れたアジャイル組織をつくるためのリーダーシップを、最前線で実践し続けてきた経験にもとづいて語る本書の内容は、（少なくとも日本語では）類を見ません。

　私は現在、XP（エクストリーム・プログラミング）というアジャイル手法をベースにした組織で日々いきいきと働いているのですが、本書の翻訳過程は、本に書かれていることと自分たちの組織との類似性に驚くことの連続でした。私たちの組織のメンバーは、誰一人本書を読んだり、認定アジャイルリーダーシップ研修を受講したりはしていなかったはずですが、同じアジャイルの考え方から出発して試行錯誤を重ね、同じような組織のあり方に至っています。これもまた、アジャイルを組織に広げていくことの再現性、それから本書の信頼性の傍証と言えるのではないかと思います。

　誰もが仕事の目的、目指す場所を理解して、いきいきと自律的に活動し、仕事のやり方も成果もどんどんよくなっていく。予期せぬ変化にもすばやく、柔軟に適応する。本書には、そんなチーム、それから組織をつくっていくためのヒントが満載です。

　ぜひ、楽しみながら読んでいただければと願っています。

2022 年 10 月

訳者を代表して
野口光太郎

用語解説

アジャイル：

　ソフトウェア開発の世界から生まれた、ルールやプロセスよりも人を重視し、変化に柔軟に適応することを目指す考え方。出自はあくまでソフトウェア開発ですが、本書にもさまざまな事例が紹介されているように、近年ではその考え方をソフトウェア開発にとどまらず他部門の仕事や組織そのものにも適用しようとする動きがあります。

スクラム：

　アジャイルなチームを作り、継続的に価値を届けていくためのフレームワークの一つ。開発者、スクラムマスター、プロダクトオーナーという3つの役割を定め、透明性を確保しながら検査と適応を繰り返すことで、価値を生み出し続けていくことを目指します。本書の著者は、長年スクラムの活用やコーチングに携わっており、本書にはスクラムの考え方からの影響も見られます。スクラムについて、詳しくはスクラムガイド（https://scrumguides.org/docs/scrumguide/v2020/2020-Scrum-Guide-Japanese.pdf）を参照してください。

序 文

Johanna Rothman による序文

▼

　最近、アジャイルリーダーシップのことをよく耳にします。嬉しいことに、誰もが自分の組織が何かしらアジャイルになる必要があると気づいています。一方で残念なのは、アジャイルリーダーになるために自分の行動をどのように変えればよいかを理解している人があまりにも少ないことです。

　アジャイルリーダーシップの本当の意味とは何でしょうか？

　本書で Zuzana Šochová は、私たち一人ひとりがアジャイルリーダーシップをどう考えればよいのかを、事例を交えてわかりやすく解説しています。彼女はアジャイルリーダーシップへの道のりを導いてくれます。さまざまな組織構造や、アジャイルリーダーシップがどのように機能するか、そしてアジャイルリーダーシップの旅の道のり全体について説明してくれるのです。

　本書は、読みながらメモを取ったり、実験したりすることを勧めています。ぜひそうしてください。自分自身について学ぶことができるでしょう。自分自身について学ぶというのは、あらゆるリーダーにとってすばらしい考えです。実験については、自分自身やチーム、それから組織のためにやってみたいものを選んでみるとよいでしょう。

　本書を読めば、あらゆる機会にフィードバックを求めるということを学ぶことになるでしょう。また、自分自身にどれだけ透明性を持たせられるかを考えることや、新しいことに挑戦する方法も学ぶことができます。

　私は特に、各章に「さらに知りたい人のために」という見出しで、次に読むとよい本の提案があるのが気に入っています。また、巻末には豊富な参考文献が掲載されています。このような本を読むと、気になったテーマについてもっと詳しく調べてみたくなることがありますが、本書はそれを後押ししてくれます。

　アジャイルリーダーになる準備はできていますか？　組織のどこからであってもリードすることはできます。そして、組織をアジャイルにしたいのであれ

ば、あなたがリードしなければなりません。リーダーが自らを変えれば、組織の他の人たちもついてくるでしょう。

　私は、本書を楽しく読みました。あなたにも楽しんでもらえればと思います。

Johanna Rothman
——*Modern Management Made Easy* などの著者

Evan Leybourn による序文

▼

　人類の歴史上、これほどまでにビジネスリーダーが真にアジャイルになることを求められたことはありません。すべてが変化しているときに、みんなが足並みを揃えられるように導くリーダー。変動性や曖昧性に、自分やチームは適応できるという自信を持って立ち向かうリーダー。そして、自分たちを取り巻くシステムの複雑性を理解し、受け入れるリーダー。人類の歴史には、常に、ビジョンを持つアジャイルなリーダーの姿がありました。偉大な建築家、将軍、探検家たちは、逆境の中に機会を見いだし、目標達成の鍵はイノベーションであると見抜いてきました。

　世紀の変わり目に、変化が起こります。予測可能性、効率性、規模を追求した結果、新しいタイプのリーダーシップが生まれたのです。科学的管理法のようなシステムの登場により、リーダーが計画を立て、繰り返し、成長できるようになりました。しばらくの間は、混沌とした世界に秩序をもたらしているように思えました。しかし実際は、プロセスや官僚主義という層の下に混沌を隠しているにすぎませんでした。

　隠し通せるのはつかの間です。1900 年から 2000 年までの 100 年間で、世界の人口は 16 億人から 60 億人以上へと 275% 増大し、世界の国内総生産（GDP）の合計（または世界総生産（GWP））は 3600% 以上増大しました（1900 年当時の米ドルで 1 兆 1 千億ドルから 41 兆ドルへ）。複雑性が増したのです。今では、私たちは科学的なリーダーよりもビジョンのあるリーダーを必要としていることに気づいています。必要なのは、システムを、見たいようにではなくありのままに見ることができるリーダーです。

このような規模の増大に際しては、リーダーシップはもはや一部の人だけが発揮すればよいものではありません。運や境遇に恵まれて、人を鼓舞し導く役職に就いた人だけのものではないのです。今や、何十万もの企業がそうしたリーダーシップを必要としています。

ゆえに、現代ではリーダーを見いだすのではなく、育て、成長させなければなりません。ここに、アジャイルリーダーシップが求められるわけがあります。

Evan Leybourn

——ビジネスアジリティ研究所の創設者

まえがき

　この20年間で、強力なムーブメントがビジネスの世界に革命をもたらしました。

　アジャイルとは、プロセスよりも人を優先し、価値創造に集中し、自己組織化したチームで仕事をし、顧客と直接協力しながら、有用で価値のある製品を反復的に作り上げていくという考え方です。スクラムアライアンスも含め、このムーブメントを支持するさまざまな組織が大きくなってきていて、アジャイルマインドセットとベストプラクティスについてトレーニングを提供しています。このムーブメントは急速に広まり、今やアジャイルは現代の職場をマネジメントするための必須要件として認識されています。

　幸運なことに、私はムーブメント初期の頃にアジャイルとスクラムを経験することができました。コンピュータサイエンスの勉強を終えたあと、私は次第に責任ある役割を担うようになりました。他の人たちのマネージャーになったことで、私は現代におけるビジネスの現実に目覚め、いかにアジャイルがすべてを変えられるかを知りました。適切なリーダーシップがあれば、それができるのです。

　私は一種のエバンジェリストになってアジャイルプラクティスを企業に紹介し、スクラムのトレーナーになってカンファレンスを企画し、登壇しました。そしてついには、スクラムアライアンスの理事に選出されました。

　中央ヨーロッパにあるあまり知られていない国から来た、カラフルな髪をした若い女性が、どうやってそれを実現したのでしょうか？　ただ運がよかったり、願ったりしていただけでないことは確かです。困難で、苦しいこともたくさんありました。常に既成概念に疑問を投げかけ、自分自身と他の人たちを成長させ、挑戦し続けてきたのです。

　私は今までに、アジャイルに関するブログ、記事、書籍を執筆してきました。*The Great ScrumMaster: #ScrumMasterWay*（大友聡之 他訳『SCRUM-MASTER THE BOOK』（翔泳社、2020））もその一つです。この本では、サー

バントリーダーシップに関する私の考えや経験、それからアジャイルへの旅の道のりでチームを導く方法を紹介しています。

　現在に至るまで、私は「アジャイルリーダー」と呼ばれることがどんどん増えてきています。それでも、私は何度も自問自答してきました。アジャイルにおけるリーダーとは、果たして何を意味するのだろう？　自己組織化を目指す私たちが、リーダーシップを求めるのは矛盾しているのだろうか？　アジャイルリーダーとは何者で、アジャイルリーダーは何をするのだろうか？

　これらの疑問に答えようとすることが、ついにはスクラムアライアンスの認定アジャイルリーダーシッププログラムの創設へとつながります。

　長年にわたって、私はリーダーシップについて多くの情報を収集してきました。そのほとんどは常識的なものでしたが、中には矛盾しているものや直感的に理解できないものもありました。それらをすべて書き出し、何らかのかたちで整理しなければならないことは明らかでした。その結果が、本書です。

　本書はレシピ集ではありません。書いてある手順通りにやれば誰でも、世界を変えるアジャイルリーダーに変わることができるという本ではないのです。それよりも、アジャイルリーダーシップのさまざまなコンセプトや原則を味見できるテイスティングメニューやビュッフェのようなものだと考えるとよいかもしれません。そうすれば、自分のためのツールセットやスキルセットを自ら構築できるようになります。万能のアプローチはありません。あなたのリーダーシップのスタイルは、あなたならではの人となり、環境、制約に合わせなければなりません。本書は、あなた自身の旅の道のりを導くアイデアを見つける手助けをします。

　だから、飛ばし読みしても、拾い読みしてもよいので、自分に役立つものを探してください。行き詰まったとき、マンネリ化したとき、ちょっとしたインスピレーションが欲しいとき、本書が助けになるかもしれません。本書にはエクササイズ、実例、そしてアジャイル・トランスフォーメーションで本当にあった話を盛り込みました。自分に役立つものを選び、そうでないものは読み飛ばして構いません。

　つまるところ、リーダーシップとは共有ビジョンをもたらし、そのビジョンを成し遂げるために組織や文化を変えていくことです。本書からは豊富なアイ

デアやテクニック、そして願わくばインスピレーションを得られるでしょう。そうして、あなたは一人でアジャイルリーダーシップの旅の道のりを歩んでいるのではないと知ることができます。

本書の対象読者

▼

　本書は、従来の組織設計の現状に異を唱え、アジャイルリーダーとなる勇気を持つ人を対象としています。

　具体的には、マネージャー、ディレクター、経営者、起業家、そして責任とオーナーシップを引き受けてリーダーとなる意思を持つすべての人のためのものです。ものごとを変えたいという情熱を持っている人、組織レベルでよりアジャイルにしていきたいと考えている人なら、誰でも対象です。リーダーシップとは心のありようであり、アジャイルリーダーになるために役職による権力は必要ないのです。

　本書は、あなたが初めてアジャイルリーダーシップへの旅へと歩み始めるのを導き、アジャイルリーダーシップにまつわるコンセプトのテイスティングメニューを提供します。その内容は、あなたがどのようなリーダーに成長したいかであったり、組織がより高いレベルのビジネスアジリティを実現するためにあなたがどのように組織を手助けできるかを見定めるのに役立ちます。

　各章には、エクササイズや実践例が含まれており、理論を日常生活と結びつけ、個人のリーダーシップスタイルや組織のアジャイルさについて振り返るのに役立ちます。本に直接書き込むのが苦手な人は、エクササイズに付箋を使うようにするとよいでしょう。

　本書では、アジャイル、スクラム、カンバンとは何かであったり、アジャイルをどのようにスケールさせるかについては説明しません。フレームワークやプラクティス、ツールについても書かれていません。また、自分の仕事のやり方を大きく変える必要がないと確信している人にも向いていません。

　本書は、リーダーとしての私の経験をまとめたものです。起業家、役員、エンジニアリング部長、人事部長、理事といった役職での経験をもとにしています。それから、リーダーシップについて語るときに見落とされがちな役割での

経験ももとにしています。スクラムマスターのことです。スクラムマスターは、サーバントリーダーシップのすばらしい例です。また、私が組織のアジャイルへの道のりを支援し、経営陣のアジャイルリーダーシップへの道のりをコーチングしてきた経験にももとづいています。最後に重要なこととして、本書には私が認定アジャイルリーダーシッププログラム（スクラムアライアンス）を運営してきた経験が反映されています。これはほぼ1年間のプログラムで、私は世界中のさまざまな業界のさまざまなリーダーたちがアジャイルリーダーシップを体得できるよう伴走しています。

本書の読み方

　本書は2部構成になっています。第1部「アジャイルリーダー——隠れたリーダーシップを解き放とう」では、アジャイルリーダーになっていくためのステップを案内し、第2部「アジャイル組織のさまざまな側面」では、アジャイル組織のさまざまな部分がどのように機能するのかを実際の例とともに紹介しています。

第1部　アジャイルリーダー——隠れたリーダーシップを解き放とう

- 第1章「すべての始まり」では、私のアジャイルリーダーシップへの旅の始まりについて話します。ある組織を、自己組織化されたチームにもとづくフラットな構造に変えたときの話です。
- 第2章「リーダーシップは心のありよう」では、アジャイルリーダーシップが求められる理由、組織レベルでのアジャイルの導入、リーダーとマネージャーの違いについて説明します。そして、組織レベルでのアジャイルの成功のために、アジャイルリーダーであることがなぜ重要なのかを語ります。
- 第3章「組織の進化」では、従来型の組織1.0から知識を重視する組織2.0、そしてアジャイルな組織3.0への組織の進化を考察します。
- 第4章「アジャイルリーダー」では、リーダーのさまざまなモデルやタイプについて説明します。自分のスタイルや好みを振り返ることができるでしょ

う。

・第5章「アジャイルリーダーシップモデル」では、組織をシステムとして見るという、アジャイルリーダーシップの鍵となるモデルについて説明します。

・第6章「コンピテンシー」では、アジャイルリーダーのコンピテンシーに焦点を当てます。本章、特に章末の自己評価からは、アジャイルリーダーとして成長するためのよい機会が得られるでしょう。

・第7章「メタスキル」では、高いレベルの認知スキルや能力について、「私」「私たち」「世界」の領域を通して見ていきます。

・第8章「アジャイルな組織をつくる」では、アジャイルな組織設計、構造、文化に焦点を当てます。

第2部　アジャイル組織のさまざまな側面

・第9章「ビジネスアジリティ」では、アジャイル組織において、経営陣、取締役会、そしてCEOの役割がどのように変化しうるかを説明します。

・第10章「アジャイル人事・財務」では、人事におけるアジャイルの実践的な応用に踏み込み、採用、評価とパフォーマンスレビュー、キャリアパス、給与といった典型的な人事業務を取り上げます。また、アジャイルが予算管理プロセスをどのように変えるかを説明します。

・第11章「ツールとプラクティス」では、アジャイル組織によく見られる実践のヒント、ツール、プラクティスについて見ていきます。具体的には、大人数のファシリテーション、システムコーチング、信頼の構築、透明性の強化、優れたチームやコミュニティの形成などです。

・第12章「まとめ」では、本書で触れたさまざまなコンセプトの概要をまとめ、文脈に照らしておさらいをします。

　アジャイルリーダーにインスピレーションを与えるために私がシェフとして入念に考案した、さまざまなコンセプトのテイスティングメニューをぜひ味わってみてください。それぞれの章をコースとして堪能し、多彩なアイデアのミックスを味わい、エクササイズの香りを感じ、実際にあったストーリーを秘

密のスパイスとして楽しんでください。すばらしい食事が唯一無二の体験であるように、本書が、アジャイルリーダーになっていく唯一無二の体験をあなたにもたらすことを願っています。

Zuzana（Zuzi）Šochová

謝　辞

　私を支えてくれた家族に心から感謝します。本書を完成させることができたのは、家族のおかげです。

著者について

Zuzana Šochová（ズザナ・ショコバ）は、アジャ
イルコーチ、認定スクラムトレーナー（Certified
Scrum Trainer, CST）、認定アジャイルリーダーシッ
プ 教 育 者（Certified Agile Leadership Educator,
CALE）で、IT 業界で 20 年以上の実務経験がありま
す。彼女はチェコ共和国における最初のアジャイル国
際プロジェクトの一つをリードしました。そのとき、
ヨーロッパとアメリカという異なるタイムゾーンにま
たがる分散スクラムチームを経験しています。現在で
は、スタートアップと大企業の両方におけるアジャイルとスクラム実践の第一
人者となっています。アジャイルを導入した実績は、通信、金融、医療、自動
車、モバイル、ハイテクソフトウェアといった幅広い業界に及びます。ヨー
ロッパ、インド、東南アジア、それから米国で、アジャイルとスクラムによっ
て企業を支援しています。

Zuzi はさまざまな役職で働いたことがあります。生命に関わるミッション
クリティカルなシステムのソフトウェア開発者としてキャリアを始め、スクラ
ムマスター、エンジニアリング部長、人事部長といった仕事を経験してきまし
た。2010 年の独立以降はアジャイルコーチ兼トレーナーとして活動し、リー
ダーシップ、組織やチームのコーチング、ファシリテーション、アジャイルや
スクラムを使って文化を変えることを専門としています。

Zuzi は国際的な講演者として知られています。彼女はチェコ・アジャイル
コミュニティの創設者で、毎年アジャイルプラハカンファレンスを開催してい
ます。スクラムアライアンスの認定チームコーチ（Certified Team Coach,
CTC）も務めています。イギリスのシェフィールド・ハラム大学で MBA を取
得し、チェコ工科大学でコンピュータサイエンスとコンピュータグラフィックス
の修士号を取得しました。著書に *The Great ScrumMaster: #ScrumMaster-*

Way（大友聡之 他訳『SCRUMMASTER THE BOOK』（翔泳社、2020））が
あり、チェコ語で書かれた *Agile Methods Project Management*（Computer
Press, 2014）の共著者でもあります。アメリカのスクラムアライアンスの理
事会メンバーであり、2019 年の "Top 130 Project Management Influencers"
の一人に認定されています。リーンとアジャイルの世界に大きな貢献をしてい
る女性を認める活動 "Lean In Agile 100（LIA 100）" にも選ばれています。

　Zuzi のさらなる活動は下記よりご覧ください。

　　　twitter：@zuzuzka
　　　web：sochova.com
　　　blog：agile-scrum.com

目　次

第1部　アジャイルリーダー
——隠れたリーダーシップを解き放とう

第 1 章　すべての始まり　　3
変化の必要性　　6

第 2 章　リーダーシップは心のありよう　　9
アジャイルとは何か　　9
　なぜアジャイルなのか　**13**
　何のためのアジャイルリーダーシップか　**20**
　リーダーとマネージャーの違いは何か　**21**
　アジャイルリーダーになることがなぜ重要なのか　**22**

第 3 章　組織の進化　　27
組織 1.0：従来型　　27
組織 2.0：知識型　　29
組織 3.0：アジャイル　　33
自分の組織について考えてみよう　　36

第 4 章　アジャイルリーダー　　39
サーバントリーダー　　42
リーダーとリーダー　　46
リーダーシップ・アジリティ
　——エキスパートからカタリストへ　　50
　エキスパート　**51**
　アチーバー　**53**
　カタリスト　**54**
　アジャイルリーダーへの道のり　**59**

　　　　ポジティブさ　65
　　　　傾聴　68

第 5 章　アジャイルリーダーシップモデル　77
　気づく　79
　受け入れる　80
　アクションを取る　81
　　　　繰り返し続ける　82

第 6 章　コンピテンシー　89
　ビジョンと目的　90
　3つの現実レベル　94
　ハイドリーム・ロードリーム　96
　ビジョンから落とし込む　97
　モチベーション　102
　　　　Ｘ理論とＹ理論　105
　エンゲージメント　109
　スーパーチキン　112
　フィードバック　115
　フィードバックを与える　119
　フィードバックから学ぶ　121
　意思決定　126
　ソシオクラシー　128
　パワーサイクルとコントロールサイクル　130
　コラボレーション　132
　ファシリテーション　137
　4つのプレイヤーモデル　139
　コーチング　143
　変化　146
　変化の力学　147
　フォースフィールド　150

コンピテンシーの自己評価　　　**153**

第 7 章　メタスキル　　　**159**

「私」の領域　　　**160**

「私たち」の領域　　　**162**

「世界」の領域　　　**163**

第 8 章　アジャイルな組織をつくる　　　**167**

内から外へ　　　**168**

存在目的　　　**172**

創発的リーダーシップ　　　**174**

文化　　　**177**

「私たち」の文化　　　**188**

対立する価値基準　　　**199**

ネットワーク構造　　　**205**

「スマート」対「健全」　　　**208**

ティール組織　　　**211**

第 2 部　アジャイル組織のさまざまな側面

第 9 章　ビジネスアジリティ　　　**221**

経営レベルでのアジャイル　　　**224**

アジャイル組織の CEO　　　**228**

アジャイル取締役会　　　**231**

個人と階層よりもチームを　　　**232**

固定された計画と予算よりも柔軟性を　　　**233**

業務よりも戦略を　　　**233**

第 10 章　アジャイル人事・財務　　　**239**

アジャイル人事　　　**239**

文化の移行を後押しする　　　**240**

採用　241

面接のプロセス　245

評価とパフォーマンスレビュー　248

成長のためのコーチング　249

ふりかえりと相互フィードバック　252

キャリアパスと給与　254

よりアジャイルな環境でできること　254

アジャイル組織ではどうするか　258

リーダーシップと自己欺瞞　259

リーダーシップ、システムコーチング、大人数のファシリテーション　261

アジャイル財務　263

第11章　ツールとプラクティス　269

システムコーチングとファシリテーション　269

オープンスペース　270

役割の多様性　275

必要な準備　276

オープンスペースは組織のどこで使えるか　277

始め方　279

ワールドカフェ　282

システム思考　286

徹底的な透明性　289

実験、検査、適応　297

インクルーシブになる　299

勇気を持つ　300

信頼を育む　303

チームビルディング　304

パーソナルマップ　305

アセスメント　308

チームワーク　309

コミュニティを築く　311

第 12 章　まとめ　315

組織の観点　316

アジャイルリーダーの観点　320

これから　323

参考文献　327

索　引　333

第 1 部

アジャイルリーダー
——隠れたリーダーシップを解き放とう

アジャイルリーダーであるということ。

それは役職による権力ではなく、

影響力を活用できるということです。

第 1 章
すべての始まり

　2010 年の夏、ある日の午後のことです。私は、ソフトウェア開発、ソフトウェアテスト、ハードウェア設計という 3 つの部門を統合して、1 つの新しいエンジニアリング組織をつくるように頼まれました。その新しい組織は、高度なコラボレーションと柔軟性を兼ね備え、3 つの領域にまたがるような機能横断的な組織となることを求められていました。さらには、高い柔軟性、創造性、イノベーションによって顧客によりよいサービスを提供することや、技術的卓越性を保ちながら、「付加価値のあるソリューションを」という企業のビジョンを体現することをも期待されていました。私は、その新しい組織を運営するためのアイデアを翌週までに考え出すように頼まれたのです。

　私は家に帰り、庭の椅子に腰掛けて、頼まれたことについて考えてみました。はじめは「よし、やるぞ！」という気持ちだったのです。でも、次第にその気持ちは薄れていきました。その組織に所属することになる 120 人もの人た

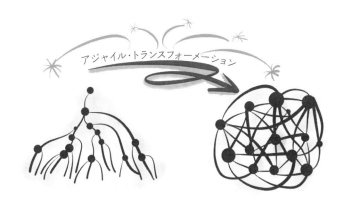

アジャイル・トランスフォーメーション

ちが、質問や頼みごと、承認事項を抱えて、毎日のようにやってくるイメージ
に圧倒されてしまったのです。まだ何も始まっていないのに疲労感を覚えました。闇の中に稲妻がとどろく、希望のない嵐の始まりのように感じられたのです。とにかく、私はメンバーの名前を思い浮かべながら、組織階層について考え始めました。

　一晩眠ると、また元気がわいてきました。そして私は、その週の後半に行われる経営会議で、勇気を出して今までとはまったく違う新しい組織構造を発表することにします。それはマネージャーではなくスクラムマスター[1]だけを伴う、自己組織化した複数のチームが、ネットワークとなって構成された組織です。それらのチームではもともとの役割分担はなくなり、誰もがいちチームメンバーとなるのです。私は、フラットなチームについてプレゼンテーションすることに興奮と緊張の両方を感じていました。

　社長はDNAに組織の階層構造が刻み込まれた、典型的な昔ながらのマネージャーでした。いつもスーツを着て、人と距離を保ち、「自分は絶対に間違わない」というオーラをまとっていました。経営会議の日は明らかに機嫌がよく、前に座ってジョークを飛ばしていました。そして会議が始まったのです。「エンジニアリング組織の話から始めよう。君が誰を管理職に就けようとしているのか知りたいな」。

　「はい、プロジェクターにつなぎますね」と私は言いました。頭が爆発しそうでした。管理職？　そんなのいない…。そんなこと言ったら…？　いや、それはないはず、最初の週で私をクビにするなんて…。今から考えてみる…？いや、今さら変える時間はない…。とにかく、始めるしかないんだ。

　私は深呼吸をして、「私に新しいエンジニアリング組織のビジョンを考えてほしいとのことでしたが、まずはこの新しい組織で達成すべき目標を簡単に確認させてください」とプレゼンテーションを始めました。うまく興味を引くことができたので、「新しい組織は高い柔軟性と、すばやく学習できる環境を備

1）訳注：スクラムマスターとは、スクラムにおける役割の一つで、チームがスクラムの理論とプラクティスを理解して効果的に実践できるように、継続的に支援します。また、プロダクトオーナーや組織の支援もスクラムマスターの仕事です。

える必要があります。そして、イノベーション、創造性、技術的卓越性を通じて付加価値のあるソリューションを提供していくこと。これが目標です。間違いないでしょうか？」と続けました。私は一呼吸おいて、部屋を見渡してみました。みんなはうなずいて、賛成しているようでしたが、社長はイライラし始めていました。彼の目は、「そんなことはみんなわかっているから、次に進め」と言っていました。

　私は「当社に似ている企業を調査し、それらの企業における働き方に関するケーススタディや記事をいくつか読みました。そして、組織の中に管理職を置かない、自己組織化したチームで構成されたフラットな組織構造にするという考えに至りました」と話を続けました。

　「管理職を置かないだって！？」社長は眉を吊り上げて尋ねました。

　「ええ、管理職は置きません」。私はすばやく、シンプルなメッセージを伝える必要がありました。「管理職を置かないことで、私たちが組織の中で必要としているエンパワーメント、モチベーション、創造性を実現することができるんです。それは、私たちが開発組織で現在採用している、スクラムマスターを伴ったアジャイルなチーム体制から自然と導かれるものです」。

　「ほう、全部アジャイルにしようってこと？」まるで面白いジョークを聞いたみたいに、明らかに機嫌をよくして社長は尋ねました。

　「はい…」。彼が突然機嫌を直したことに困惑しつつも、私はゆっくりと答えました。

　「やろう」社長は続けました。「とにかく、変化が必要だからわれわれは君を選んだんだ。そうだろ？」その場にいるみんながうなずいていました。「われわれは長く停滞しすぎた。今後は、今よりもずっとこの会社を柔軟にする必要がある。新たな才能ある人材を惹きつける必要もある。率直に言うと、地域の人たちにとって魅力のある、他の組織が模範とするようなモダンな組織になりたいんだ。これから君がどうやって進めるつもりなのか、午後に話すことにしよう」。

　会議は続きましたが、その後のことはよく覚えていません。そのとき、アジャイルな組織への道のりにおける、開発チームレベルでの実験フェーズが終わりを迎えたのでした。どうして社長がこの過激なアイデアに賛成したのかは

いまだにわかりません。というのも、彼は非常に保守的で、実験を嫌い、創発的リーダーシップを伴うフラットな組織構造には常々抵抗を示していたからです。思うに、会社の戦略目標に対して私のプランを結びつけることができたのも一因でしょう。それが社長には響いたのだと思います。アジャイルは会社の目標ではありませんでしたが、戦略的目標を達成するための最良の手段ではありました。誰にとっても厳しい道のりでした。誰もが大きく変わる必要があったからです。とはいえ、もしやり直すことになったとしても、また同じことをするでしょう。結果としてうまくいき、やり遂げることができたのですから。夢のような目標を達成したのです。そしてただ一人だけが、この変化によって組織を離れることになりました。たくさんの努力を通じて、アジャイルリーダーとして学び、成長する機会を得られたことを嬉しく思っています。

> *アジャイルは目標ではありません。目標を実現するための、最良の手段であるというだけです。*

変化の必要性

ほとんどの組織では、変化をもたらすには「ファラオ症候群」と戦う必要があります。ファラオ症候群とは「私たちは変わる必要なんてない。私たちの組織はうまくいっているし、問題なんて起こりっこない」という感覚が共有されている状態のことです。そのような過剰な自信は変化の妨げになります。そして、アジャイルは私たちの働き方とマインドセットにかなり激しい変化を求めます。Kotter によって提唱された、変化を導くための8つのステップ［Kotter12］のうちの一番はじめのステップは、危機意識を生み出すことです。シンプルに問いかけてみましょう。そもそも、なぜ変わらなければならないのでしょうか？　その背景は何でしょうか？　もし変わらなければ何が起こるでしょうか？　もし変化に値する戦略的な理由が見つからないのであれば、もしか

すると始めるべきですらないかもしれません。

　アジャイルは目標ではありません。戦略的目標を実現するための手段です。ここで、この言葉を繰り返し強調しておきたいと思います。変化が本当に必要な理由と危機意識がないと、組織は動かず、リーダーは慣れたやり方を変えず、何の変化も起こらないからです。フロリダ州オーランドで行われた Agile2010 の基調講演で、Mike Cohn はこう言っています。「アジャイルになることが目標ではないんです。もっとアジャイルになっていくためのやり方を知ることが目標です。アジャイルさは、マインドセットから生まれるものであって、プロセスからではありません。企業が『アジャイルになり終える』ことは永遠にありません。なぜなら、改善すべきところは常にあるからです」［Kessel-Fell19］。

　続きを読む前に、あなた自身が危機意識を持っているかを確かめるために、次の問いに答えてみてください。

なぜ変わらなければならないのでしょうか？　その背景は何でしょうか？
もし変わらなければ何が起こるでしょうか？　書き出してみましょう。

第 **2** 章

リーダーシップは心のありよう

リーダーシップの本はたくさんあります
が、アジャイルリーダーシップの本はそれほ
ど多くありません。なぜアジャイルリーダー
シップが重要なのでしょうか？ それは、過
去数十年の間にリーダーシップというものが
大きく変化したからです。従来の組織では効
果的だったリーダーシップのスタイルが、ア

アジャイルリーダー

ジャイルな環境では逆効果になるかもしれません。個人を相手にするのが得意
で、従来の階層型組織で活躍してきたリーダーであっても、チームやシステ
ム[1]を相手にすると苦戦したり、まったくうまくいかなかったりするかもしれ
ません。ともあれ、この変化について深く考えてみる前にいくつかの質問に答
えてみましょう。

アジャイルとは何か

そもそも、アジャイルとはどういう意味でしょうか？ まずは、よくある誤
解や勘違いを解いていきましょう。アジャイルは、**マインドセット**であり、哲
学であり、これまでとは違う仕事のやり方です。あなたの考え方や、タスク、

---

1) 訳注：本書では「システム」という言葉を特別な意味で使っている箇所が多数あります。ここで
の「システム」もその一つです。詳しくは第5章「アジャイルリーダーシップモデル」の冒頭を
参照してください。

チームメイト、そして仕事全般に対するアプローチの仕方に変化をもたらします。プロセスやメソッド、フレームワークを導入することではありません。だから、とても柔軟性があります。つまり、アジャイルとは文化のことであり、ビジネスに対する考え方を変えることなのです。アジャイルの基盤には、透明性、チームのコラボレーション、より高いレベルの自律性、そして頻繁に価値を届けてインパクトを生むことがあります。

　初めてアジャイルやスクラムの話を聞いたとき、私は好きになれませんでした。プロセス過剰のように感じたのです。今思えばプラクティスを重視しすぎていて、マインドセットや文化はあまり重視していませんでした。実は、これはとてもよくある間違いです。新人スクラムマスターとして、チームにアジャイルを導入したときのことを今でも覚えています。そのとき私が主張した唯一の導入の理由は「顧客が求めているから」でした。アジャイルになるということについてはまったく気にもかけていませんでした。ただ仕事を終わらせて、次に進むだけだと思っていたのです。しかし、やがてわかったのは「技術的アジャイル」（当時アジャイルのマインドセットを理解せず、プラクティスやプロセス、ルールの集まりとしてしか捉えていなかったことをこう表現しています）でさえ、自分たちがすでにとてもうまくやれていると思っていた分野の改善に役立っているということでした。これは、私たちにとって大きな驚きでした。

　数年後、ある程度アジャイル組織の構築を経験した私は、小さなウェブ制作会社の役員を務めていました。そこでは、製品やサービスを提供して顧客との関係を築くためだけでなく、戦略を設計し、ビジネスモデルを検査して適応するための総合的なやり方としてアジャイルを用いていました。興味深いことに、提供プロセスの改善には目を見張るものがあった（市場投入までの期間を数カ月から数日に短縮した）にもかかわらず、ビジネスへの本当のインパクトが表れたのは、すべての組織階層でアジャイルなやり方を全面的に取り入れ、ビジネスモデルや戦略的な意思決定プロセスの実験を始めてからでした。1つのチームのレベルでアジャイルを取り入れることは、チームメンバーのモチベーションや仕事の効率に大きな影響を与えますが、ビジネスへの影響は通常限定的です。組織レベルでアジャイルを取り入れることは、より大きな可能性

を秘めています。

　一言で言うと、アジャイルとは「**適応性**」です。アジャイルはソフトウェア開発の領域で生まれたものですが、想像しうるあらゆる場所に広く適用できます。長年にわたり、アジャイルは IT からビジネスの他の部分へと広がってきました。アジャイル人事、アジャイル財務、アジャイルマーケティング、ビジネスアジリティ、アジャイルリーダーシップなどです。こういった領域では、Joshua Kerievsky が作り出したモダンアジャイル［Kerievsky19］のコンセプトの方がオリジナルのアジャイルソフトウェア開発宣言よりも深い関わりがあります[2]。

　モダンアジャイルには、「人々を最高に輝かせる」「高速に実験＆学習する」「継続的に価値を届ける」「安全を必須条件とする」という 4 つの原則があります。まず「人々を最高に輝かせる」という原則は、マインドセットを変えるための出発点です。つまり、人間関係のことです。人々を成功させ、幸せにし、満足させ、人生がよりよくなるようにしましょう。人々というのは、顧客、従業員、株主など、組織のエコシステムに含まれるすべての人のことです。続く 2 つの原則は、人々が協働し、ビジネスや仕事のやり方について学ぶのを手助けすることです。どうやって本質的な価値を届けるかについて、小さな実験を繰り返すことでこれを実現していきます。ここまでの 3 つの原則はお互いを支え合い、お互いの上に築き上げられます。4 つ目の原則は、前提条件です。安全はアジャイルの必須条件です。安全を作り出す高いレベルの信頼がなければ、アジャイルはうまくいきません。信頼がないと、人々はちっとも輝いているとは感じられず、実験をすることや、革新的で創造的なソリューションを考えることを恐れるようになるため、価値はまともに届かなくなります。アジャイルには「安全に失敗できる」文化が必要なのです。つまり、失敗を学びや改善の機会と捉え、非難したり、裁いたり、罰したりしない文化です。

2）アジャイルは、アジャイルソフトウェア開発宣言（http://agilemanifesto.org）によって広まりました。

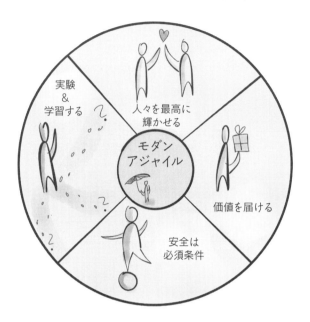

Exercise

　よいアジャイルには、これら4つの原則すべてが必要です。あなたの組織について考えてみてください。モダンアジャイルの4つの原則において、組織はどのくらいアジャイルですか？　1 〜 10の間[3)]でどのあたりでしょうか？

	1	10
人々を仕事をこなす リソースと見なしている。	◆————————▶	人々を最高に輝かせることを 大切にしている。
プロセスとガイドラインに 従っている。	◆————————▶	高速に実験 & 学習している。

---

3) 本書では、多くのエクササイズで1 〜 10のスケールを使用しています。この数値は厳密なものではなく、あなたの感情にもとづいており、あなたの想定や状況に依存する主観的なものです。こういったスケールは、コーチングの質問でよく使われます。回答を1 〜 10の連続した数字に沿って考えてみることで、新たな洞察を得ることができるからです（例えば、あなたの回答が5だとして、6とはどう違うのでしょうか）。

タスク効率を重視している。	◆————————◆	継続的に価値を届けることを重視している。
失敗すれば非難されるだけだ。	◆————————◆	安全を必須条件として、失敗から学んでいる。

何がチームや組織をアジャイルにするのでしょうか？　何か見落としているものはありますか？

なぜアジャイルなのか

　アジャイルは、新しいビジネスの現実と課題に対する一つの答えです。アジャイルによって柔軟なビジネスモデルが得られ、絶え間なく変化する世界で組織は成功を収めることができます。現代のマネジメントや組織設計のほとんどは、そのルーツを 1900 年代初頭にまでさかのぼります［Kotter12］。当時の組織が解決していた問題は、現代とはまったく異なるものでした。ほんのここ 20 年の間にビジネスがどのように変化したか、そしてかつて成功していた組織のどれほど多くが変化についていけず、結果的に廃業に追い込まれたかを見れば、成功のために組織の変化が必要であることには疑いの余地がありません。

　この数世紀の間に世界がどう変わったか、少し振り返ってみましょう。さかのぼること数百年、個人の時代は、とても安定していてシンプルな世界でした。どの家庭にも畑がありました。ほとんどの町には、レストラン、店、ホテルがそれぞれ 1 つずつしかありませんでした。人々は互いにあまり依存していませんでした。ビジネスは地元で完結し、人々は個人として働いていました。やがて世界は変わります。産業革命により、それまで不可能だったことが可能

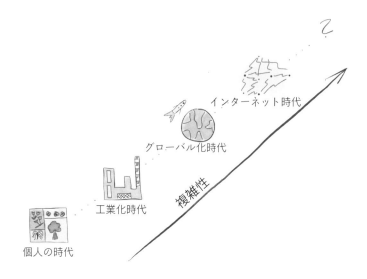

になり、ものごとはより速く、より絡み合うようになったのです。人々ははじめ、この変化を好みませんでしたが、そんなことはおかまいなしでした。誰がどんな声を上げようとも、世界はどのみち変化したのです。工場の機械を打ち壊しても、車のかわりに馬に乗って古い世界を守ろうとしても、変化を止めることはできませんでした。もはや旧来のビジネスのやり方は時間がかかりすぎるため、競争力を失いました。その勢いはとどまるところを知らず、企業はスピードを維持して生き延びるか、あるいは永遠に消えてなくなるかのどちらかでした。

　工業化時代には、現代の私たちが知っているようなマネジメントが生まれました。テイラー主義の誕生です。タスクの最適化、計画、コントロールを目的とするマネジメントの手法は、すべてこの時代にルーツがあります。しかし、世界はなお速く変化を続けます。グローバル化とそれに続くインターネットの登場がもたらした新しい時代は、ビジネスの世界だけでなく私たちの生活をも一変させました。会社のオフィスがどこにあるかはもう関係ありませんし、オフィス自体、なくても問題ありません。すぐに、どこからでもコミュニケーションを取ったりデータやサービスにアクセスしたりできるようになって、何もかもが変わりました。GoogleやFacebook[4]のような企業が新しいバーチャ

ルビジネスを生み出し、Uber や Airbnb のような企業がそうしたビジネスを次のレベルに引き上げました。そのどれもが、インターネットなしでは成り立たないでしょう。工業化時代の始まりに人々が抵抗したのと同様に、私たちはこの変化を好まず、変化に抗って Uber や Airbnb が提供するサービスに異を唱えようとするかもしれません。それでもこの流れは止められません。これらの企業そのものはなくなるかもしれませんが、世界が元に戻ることはありません。変化は日増しに速くなり、ますます複雑になっていきます。私たちは、新しい時代が来るのを止めることができないばかりか、予測することもできません。次の時代がどうなるのか、私たちにはわからないのです。

　コンピュータサイエンスを学んでいた頃（1990 年代半ば）、友人からメールアドレスが欲しいか聞かれたことを今でも覚えています。「メールアドレスって必要？」と彼に聞くと、持つべきだと言われました。さて現代において、メールのない生活を想像できますか？　メールは私たちの生活に欠かせないものになっています。グローバル化についても同じです。MBA プログラムの先生がグローバル化は極めて重要なトレンドだと話していたとき、私は信じていませんでした。確かにいくつかの企業には影響があると思う。でも大半の企業を変えてしまうほどのトレンドかというとそれはないだろう、と。それが今や、好まざれども、現実のものとなったのです。グローバル化の本当の力は、インターネットによる情報の伝達速度と組み合わせたときに発揮されます。誰でも、どこにいても、たとえどこかの山奥の小さな村で静かに暮らしている人でも、ワンクリックでインターネットにつながり、既存のビジネスをひっくり返してしまうことができるのです。たったそれだけで、あっという間のことです。出張やオフィス開設のための余計なコストはかかりません。今や、世界のグローバル化は私たちが思っている以上に進行していて、国境も規制もそれを止めることはできないのです。

　　日々、世界はどんどん変化し、複雑化の一途をたどっています。

---

4) 現社名は Meta。

　私が主催するリーダーシップについてのクラスの参加者に、次に来るものは何かを尋ねてみると、「人工知能」「機械学習」「個人主義への回帰」といった答えがよく返ってきます。さて、ここがポイントです。私たちが話しているときには、それはすでに到来しているのです。まだ見えていないかもしれませんが、実はすでに起こっています。本当は、私たちは次に来るものが何かわからないのです。しかしそれが何であれ、ゲームのルールは書き換わるでしょう。不可能が可能となり、ビジネスの世界や私たちの生活はまったく違ったものになります。それが何であるかは、まだ誰にもわかりません。しかしこれまでのところ、変化のスピードが格段に速くなり、複雑さが増すという傾向は変わりません。ものごとの移り変わりが速すぎて、5 年前に使っていたものはもう古いし、10 年前に比べて生活は大きく異なっています。すべてが変化しているので、計画を立てることはほとんど不可能です。

　　　変わるときが来たのです。計画ばかり作るのはやめましょう。検査し、
　　　適応するのです。

　私たちは、次に来るものがわからないということを受け入れるしかありません。そして今起こっている変化は、次の世代が引き受けるようなものではありません。向こう 1 〜 2 年の話なのです。この急速に移り変わる世界では、まだ時間のある今のうちに、仕事のやり方を変える必要があります。そして、検査して適応する必要があります。なぜなら従来型の計画は立ててもすぐに陳腐化してしまうので、作る意味がないからです。

　今、世界は大きく変わっているのに、1900 年代初頭と同じやり方で仕事をしようとしてるんです。おかしなことですよね？

　これは、VUCA の世界［Bennett14］で生きることについての話です。VUCA の世界とは、変動性（volatility）、不確実性（uncertainty）、複雑性（complexity）、曖昧性（ambiguity）が高い世界です。すなわち予測不

可能な世界のことです。今こそ、変わるときです。アジャイルになれば、現代の複雑な問題に対する答えが得られるようになり、変化への適応力と対応力も高まります。このダイナミックな世界には、固定された計画を作ることよりも検査と適応の方が適しているように思えます。

　企業が変わるのは、新しいメソッドやフレームワークがあるからではありません。必要だから変わるのです。アジャイルは目標ではありません。複雑で絶え間なく変化する今日の世界で生き残り、成功するために必要なことなのです。

　私は、組織にアジャイルを取り入れたいと考えている経営者やシニアマネジャーと、あるエクササイズを行うようにしています。それは、自分たちのビジネスがどれほど複雑で、予測不可能で、変化の激しいものなのかを尋ねるというものです。答えにはいつも大きなばらつきがあるものの、予測可能だと答える人が多い組織はほとんどありません。予測不可能な理由はさまざまで、既存のビジネスモデルを破壊するプレイヤー、旧来の構造では実現しにくい柔軟性を求める顧客、大幅な規制の変更などが挙げられます。そしてほとんどが「今変わり始めなければ、手遅れになるかもしれない」と言います。

Exercise

このエクササイズをあなたの組織で行ってください。

　あなたの組織のビジネスはどのくらい複雑でしょうか。1 〜 10 の間でどのあたりですか？

	1	**10**	
単純、予測可能	◆━━━━━━━━━━◆		VUCA の世界

あなたの組織での総合結果が、

・1 〜 4 の場合、アジャイルを取り入れる必要はありません。

・5 〜 6 の場合、アジャイルになるための実験を始めるべきです。緊急性はまだ低いものの、すぐに高まる可能性があります。

・7 以上の場合、今すぐアジャイルな仕事のやり方に変えていくべきです。さもない

と、手遅れになるかもしれません。

VUCA エクササイズの例

> 自社のビジネスについて考えてみましょう。ビジネスモデルを持続可能にし
> ているものは何でしょうか？　VUCA の課題に対応するためには、何を変える
> 必要がありますか？
>
> _____
>
> _____
>
> _____
>
> _____

ZUZI'S JOURNEY

　私たちの会社が仕事のやり方を変えてアジャイルへの道のりを歩み始めたとき、競合他社のほとんどは年間計画および固定された予算とスコープで経営されていました。そして、顧客のためにスピード感のあるチームを作るには数カ月かかるのが普通でした。私たちは、ICT（情報通信技術）ビジネス全体に大きなプレッシャーを与える VUCA の課題の影響が拡大していることを痛感していました。だからビジネスモデル全体を転換させたのです。私たちは、顧客が 1 週間以内に新しくチームを増やせるような高い柔軟性を主な差別化要因として提供することにしました。

さらには、スプリント[5]ベースでの柔軟な契約を行えるようにしました。簡単に言うと、顧客にはスプリントごとのスプリントレビュー[6]で、完成したものに実際に触れてもらいます。それからフィードバックをもらい、届けられた価値を総合的に判断して、次のスプリントへの投資を継続するかどうかを選択してもらうようにしたのです。徹底したコラボレーションによって、チームは新しいスキルをより早く習得することができ、3スプリント以内にスピード感のあるチームを作ることができました。

　ある日、新規顧客とのミーティングで、どのように一緒に仕事をしていくかを話し合ったことを覚えています。私たちは顧客に、過去に何かしらのサービスを外注したことがあるかを尋ねました。「ええ、あります」とマネージャーが言いました。私は「やってみてどうでしたか？」と尋ねました。彼女の話を要約すると、ちょうどあるベンダーとのプロジェクトが終盤を迎えていて、文字通り何もうまくいっていなかったことがわかりました。製品は遅れ、期待通りに動かず、多くの誤解や連絡ミスの結果生まれたたくさんのバグが変更要求として扱われ、追加費用が発生してしまっていた…といった具合でした。私たちは彼女の話に真摯に耳を傾けました。彼女が話を終えたとき、私はただ「お気の毒に。大変なストレスだったでしょう。そしてそれこそが、私たちが違うやり方で仕事をする理由なんです」と言うだけで十分でした。彼女の目には驚きの色が浮かんでいました。「どういうことですか？　もっと詳しく教えてください」。私たちの仕事のやり方を、彼女の会社が経験したばかりの苦痛と結びつけたことで、彼女の好奇心は高まり、私たちのやり方を試してみようという気持ちになったのです。しかし、彼女はまだ「イエス」と言うことをためらっていました。「とても興味深いとは思うんですが、私たちと同じ規模の会社で、そのやり方であなたの会社と仕事をした会社の事例を紹介してもらえませんか」。そこで私たちは彼女に事例を紹介し、このやり方で仕事をするとどうなるのかを体験してもらうために、リスクの少ないトライアルプロジェクトから始めることを提案しました。

　私たちの仕事のやり方がそれまでのやり方よりも優れていることを顧客に納得し

5）スプリントとは、製品のインクリメント（製品に対して加える新たな価値）を作成するために繰り返される、固定されたタイムボックスで、スクラムフレームワークの構成要素の一つです（https://www.scrumguides.org）。

6）スプリントレビューとは、チームがスプリントで届けた価値について顧客からフィードバックを得るためのスクラムのイベントです。

てもらうにはしばらく時間がかかりましたが、長期的にはうまくいきました。興味深いことに、私たちがもつ柔軟性やそれまでとはまったく異なるアプローチの魅力は強かったようで、どの顧客も試してみてくれました。そしてひとたび経験すると、私たちが築いたパートナーシップ、提供した透明性、そして短いイテレーションごとに届けた実用的な製品のインクリメントによって、私たちの協力関係には高いレベルの信頼が築かれました。一歩一歩、私たちはチームを成長させていき、その一方で競合他社は立場を失っていきました。

何のためのアジャイルリーダーシップか

　世界は着々とダイナミックで複雑になっているので、組織は競争力を維持するために変化しなければなりません。より柔軟に、チーム指向になり、自己組織化していかなければならないのです。結果として、リーダーはみんなのモチベーションを高めて組織がスピードを保ち続けられるよう導くために、これまでとは別のアプローチを取り入れる必要があります。ナレッジマネジメント、創造性、イノベーションの必要性、そしてここ数年ではアジャイルリーダーシップが話題です。これらは、リーダーが今ビジネスで起こっている変化の本質を理解し、現代の複雑化した組織がもたらした課題に効果的に対応する準備をするのに役立ちます。ビジネスの予測が困難になればなるほど、組織は、繰り返しのタスクや一貫性を保つことに最適化された従来のリーダーシップのアプローチでは失敗するようになります。

　　　アジャイルリーダーシップは、これからのリーダーシップです。

　アジャイルリーダーシップとは、アジャイル、スクラム、カンバン、エクストリームプログラミング、リーンの原則をいかに適用するかということではありません。そのようなことであれば、すでにあなたの組織にもできる人がいるでしょう。アジャイルリーダーであることは、心のありようです。「1 + 1は2よりも大きい」の世界、勝者と敗者に分かれるのではなく、どちらも勝つことができる世界、創造性によって既存の方程式に変化を起こせる世界を構築するのです。

リーダーとマネージャーの違いは何か

　第一に、すべてのマネージャーはリーダーです。しかし、リーダーは必ずしもマネージャーである必要はありません。リーダーというのは役職ではありません。誰もリーダーに昇格することはできません。リーダーになるかどうかは、あくまで自分自身が決めることなのです。

　　　誰もがリーダーになれます。自分自身で決めるだけです。

　アジャイルな組織では組織階層は重要ではなくなり、マネジメントよりもリーダーシップが重視されるようになります。リーダーには役職による権威はありません。リーダーは、自身の行動や振る舞い、周りの人たちを助けることによって影響力を得ます。そして、その力は周囲からの尊敬によってさらに大きくなっていくのです。一方、従来のマネージャーには意思決定権や一定の役職による権力を与えられなければならないイメージがあります。それに対して、リーダーシップは心のありようです。誰もがリーダーになれるのです。中には、責任を引き受けて何かを始めることを恐れ、その力を眠らせているような人もいるかもしれません。しかし、あなたがリーダーになることを妨げるものは、あなた自身以外にはありません。

　　　リーダーシップとは、役職ではなく心のありようです。

　あなたがリーダーなのですから、他の誰かを待つのはやめましょう。アジャイルとは、プラクティスやルール、プロセスのことではありません。アジャイルとは、これまでとは異なる考え方、ものごとへの異なるアプローチの仕方、異なるマインドセットのことです。そして、すべてはあなたの手にかかっています。あなたがリーダーなのです。リーダーとしての心のありようと従来の階層的なマインドセットの間に障害があるとすれば、自分自身のマインドセットと習慣だけです。

ZUZI'S JOURNEY

　私のアジャイルへの道のりで最も難しかったのは、自分が作り出そうとした変化と自分自身との一貫性を保ち、アジャイルリーダーのロールモデルとなることでした。120 人の従業員とその人事を引き受けることになったとき、私は、管理職のいない自己組織化したチームのネットワークにもとづく、柔軟ですばやく学習できる環境を構築するというビジョンを持っていました。私の目の前にあった最も重要な仕事は、役職による権力よりも、影響力を活用するリーダーを育てることでした。言うのは簡単でも、やるのは簡単ではありません。

　私はすでにスクラムマスターやアジャイルコーチとしてはそういった経験を積んでいましたが、120 人の部下を持つ管理職として同じことをするのはわけが違います。自分の習慣との戦いだけでなく、自分が持っている魅力的な役職による権力との戦いでもあります。権力を使えば、一時的にすべてをより効率的に、より速くすることができるのです。もし私が日々の仕事でチームに指示を出すことができていたとしたら、数多くのメンバーに長時間付き合って、状況を理解してもらい、メンバー自身で意思決定できるようにするのを手伝う必要はなかったでしょう。ものすごく時間がかかりました。私はすべての業務時間を、みんなと話し、みんなが協力して自発的に行動を起こせるように手助けすることに費やしました。自分の仕事は夜に家で終わらせていました。みんなに何をすべきかを事細かに伝えたい誘惑に何度も駆られました。でも、近道をしてもうまくいくことはありません。あのとき私が諦めていたら、チームの自己組織化は決して成し遂げられなかったでしょう。そして、私はいつまでも中心的な意思決定者、助言者であり続け、みんなが革新的で創造的なソリューションを生み出す機会もなく、私たちは凡庸な価値しか提供できない普通の会社のままだったでしょう。

　忍耐が重要でした。数カ月後にはその成果が現れ、私は一歩下がって自己組織化の力を享受することができました。私のエンジニアリング組織は今や、「付加価値のあるソリューションを」というミッションに向かって自走していました。

アジャイルリーダーになることがなぜ重要なのか

　アジャイルリーダーは、アジャイルな組織に欠かせない存在です。組織内にアジャイルリーダーシップがあればあるほど、組織全体のマインドセットが変

わりやすくなり、アジャイル・トランスフォーメーションが成功する可能性が高まります。アジャイルを志すなら、アジャイルリーダーシップが十分な割合に達することは欠かせません。さもないと、ただ新しいプロセスを作って、用語を追加しているだけになってしまいます。そうして得られるのは「偽アジャイル」にすぎず、ビジネスの成果ではありません。

> *リーダーがまず変わる必要があります。そうすれば組織はついてくるでしょう。*

　アジャイルリーダーであることの重要性は、いまだかつてないほどに高まっています。ほとんどすべての企業が、機会があれば少なくとも一度はアジャイルプロジェクトを試してみたいと考えています。組織のアジャイルさが高まるにつれ、従来型の経営のあり方とアジャイルな働き方の間のギャップがより大きくなり、双方にフラストレーションが生じていきます。チームがフラストレーションを感じるのは、経営陣がチームをサポートしていないからであり、組織がチームのアジャイルへの道のりを手助けしていないからです。一方、経営陣がフラストレーションを感じるのは、アジャイルリーダーを育成し、チームとして協力し合う環境を育む方法を知らないからです。「こういうシステムについてリーダーたちと話をすると、ほとんどの人が、権力、意思決定、リソース配分を分散させるべきだという考えには同意します。しかし実際にやるかどうかは別問題です。リーダーたちが最も恐れるのは、組織がカオスに陥ってしまうことです」[Kerievsky19]。これはよくある懸念ではありますが、私はアジャイルはむしろ調和をもたらすと思っています。うまく機能しているチームは、定期的に、苦もなく、喜びをもって顧客に価値を届けます。その結果、組織にモチベーションとエネルギーが生まれ、革新的なソリューションを生み出したり、日々のビジネス上の課題に対処したりできるようになるのです。

> *アジャイルリーダーシップは、VUCA の世界の課題に立ち向かうのに役立ちます。*

　このプロセスは、簡単でも短くもありません。アジャイルは旅の道のりなのです。とはいえ、何度か繰り返し試してみるだけでも手応えを感じることはできるでしょう。今日の世界のダイナミックさと複雑さを考えると、それ以外の方法はありません。

　アジャイルリーダーシップは、VUCA の世界の課題に立ち向かうのに役立ちます。「これまで長い間、指揮統制型のリーダーシップは本当に推奨されてきたわけではありませんでした。かといって、完全な代替案も現れていません。その原因の一つは、経営陣が自分たちの行動を変えることに対して曖昧な態度をとっていることです」[Ancona19]。

アジャイルリーダー

　本書は変化をもたらすための大きな機会を提供します。本書には、リーダーが自ら実際に試すことができて、どうやってアジャイルリーダーになっていくかを決めるのに役立つ、アジャイルリーダーシップのコンセプトを載せています。今日からアジャイルリーダーの育成を始めれば、組織も一緒にアジャイルに成長していくでしょう。

さらに知りたい人のために

◆ *The Age of Agile: How Smart Companies Are Transforming the Way Work Gets Done*, Stephen Denning（New York: AMACOM, 2018）

◆ *Managing for Happiness: Games, Tools, and Practices to Motivate Any Team*, Jurgen Appelo（New York: Wiley, 2016）

◆ *Scrum: The Art of Doing Twice the Work in Half the Time*, Jeff Sutherland and J. J. Sutherland（London: Random House, 2014）.（石垣賀子 訳『スクラム 仕事が 4 倍速くなる "世界標準" のチーム戦術』（早川書房、2015））

◆ *Scrum: A Practical Guide to the Most Popular Agile Process*, Kenneth S. Rubin（Upper Saddle River, NJ: Addison-Wesley, 2017）.（岡澤裕二 他訳『エッセンシャルスクラム』（翔泳社、2014））

まとめ

☑アジャイルは、VUCA の世界の新しいビジネスの現実と課題に対する一つの答えです。

☑アジャイルによって柔軟なビジネスモデルが得られ、絶え間なく変化する世界で組織が成功できます。

☑アジャイルであることとは、人々を最高に輝かせていること、実験を通じて学んでいること、価値を届けていること、安全を必須条件としていることです。

☑リーダーシップとは、役職ではなく心のありようです。

☑リーダーがまず変わる必要があります。そうすれば組織はついてくるでしょう。

☑アジャイルな組織には、従来とは異なるスタイルのリーダーシップが必要です。アジャイルリーダーは、柔軟なシステムを作り上げ、他のリーダーを育てることに集中する必要があります。

☑アジャイルリーダーは、権力ではなく影響力を活用する必要があります。

第 **3** 章

組織の進化

　組織は常に進化しています。前世紀、組織は大きく変わりました。構造、文化、仕事のやり方を再設計することで、世界の変化に適応してきたのです。組織には3つの異なるパラダイムがありますが、どのパラダイムが正しい、あるいは間違っているといったことはありません。タイミングやビジネスの状況に応じて、それぞれに適したパラダイムがあります。

組織 1.0：従来型

　1970年代の組織構造はピラミッド型が主流でした。ピラミッド型の組織は階層が深く、権力で満たされています。企業には強い上司がいました。ピラミッド構造の中で部下を率いる上司です。そういった上司のアプローチは、指揮統制、官僚主義、標準化にもとづいていました。リソースに注目し、各個人は明確に定義された役割と責任を持っていました。

　ピラミッド型の階層構造は、別に間違っていたわけではありません。工業化時代の課題に対しては完璧なソリューションだったのです。当時は VUCA（変動性、不確実性、複雑性、曖昧性）以前の世界で、ビジネスが大きく変動することはなかったからです。ほとんどの企業は組織階層の上位にいる個人が設計したベストプラクティスに従っていればよく、ほとんどの問題は適切なプロセスを用いて分析し、解決することができました。当時のビジネス上の課題に対処するために必要だったのは単純な構造で、役割と責任は明確に設計されていました。組織 1.0 はかなりうまくいっていました。マネージャーはよりよい結果を出すようになりました。企業は成功し、成長し、さらに成功を重ねていき

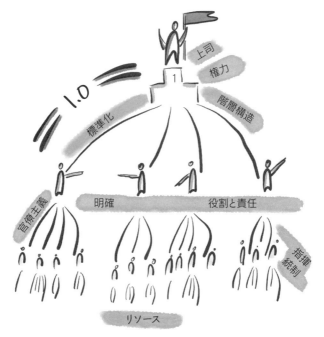

従来型の組織

ました。

　このタイプの組織の前提となっている信念は、上司は常に正しく、あらゆる状況には対応する何らかのプロセスが必ず存在し、上司の役割はそのようなプロセスを改善することであるというものです。従業員はそのプロセスに従うだけで、プロセスを変えようとすることは一切求められていませんでした。

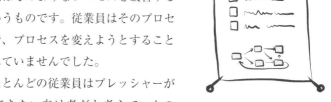

　経営陣は、ほとんどの従業員はプレッシャーがないと仕事ができない怠け者だと考えていたので、結果が満足いくものでない場合、上司はさらにプレッシャーを強めるものとされていました。報酬は個人の業績に直結しており、報酬こそが仕事に対する唯一のモチベーションと考えられていました。また上司は、各人の仕事内容を詳細に定める必要があると考えていました。各人の役割、期待、責任につい

て疑問の余地をなくすためです。誰もが自分の仕事をこなすことを求められており、仕事そのものについて考えることは求められていませんでした。

　結果として、ほとんどの人は楽しく働いてはいませんでした。やる気を失い、文句ばかり言っていました。仕事は必要悪と見なされます。ずっと家にいて、働かなくてすめばいいのに！　組織 1.0 で一番よくあるマネジメントツールは「アメとムチ[1]」のアプローチです。

人が何かをするのは、報酬（アメ）があるときか、強制されたり結果を恐れたりする（ムチ）ときのいずれかに限るという考え方です。報酬はタスクに直結していなければならず、ミスをすれば報酬を失うというペナルティがありました。

　このような仕組みのよい点として、階層構造を維持している組織は、繰り返し生じる問題を解決するのが速いということが挙げられます。工場の生産ラインのような、比較的変化の少ない環境ではとてもうまくいきます。しかしVUCA の世界では、このような組織は恐竜のようなものです。つまり、変化への対応が遅すぎるのです。固定されたプロセスによって創造性やイノベーションは消え去ります。そのような遅くて柔軟性のない組織は、これからの10 年を生き抜くことはできないでしょう。

組織 2.0：知識型

　それから 20 年後の 1990 年代、組織設計のトレンドは「組織 2.0」へと移行します。知識を重視する組織です。組織は、絶えず変化する世界と複雑化するタスクに適応しようとし始めました。専門化、プロセスの導入、組織構造で対応しようとしたのです。企業は、世界がもはや単純ではなく、問題のほとんどは入り組んだものとなっていることに気がつきました。その結果、企業は込み入ったプロセスを取り入れ、詳細な分析に重点を置き、専門家に投資しました。マネージャー、権限委譲、人員配置、役職、キャリアパス、専門性、レ

1）訳注：アメとムチは英語では "carrot and stick" といいます。

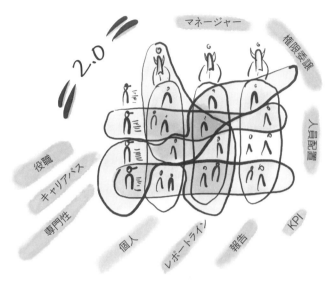

知識型の組織

ポートラインの設計、詳細な報告、個人のKPI（重要業績評価指標）などが話題になりました。

　このタイプの組織の前提となっている信念は、入り組んだ問題に対応するには詳細な分析と専門的な経験を持つ人が必要であるというものです。その結果、企業は学習と専門性に投資するようになりました。企業は大きくなり始めます。組織2.0では、これまでは1人で行っていた仕事のために専任の職種がいくつも必要になり、複数の職種間できっちり同期を取ることが求められます。専門の部署がいくつも作られました。Javaによる開発、データベース、テスト、アーキテクチャ、分析、文書化、顧客セグメント、会計、企画、それから椅子の購入に至るまでです。どのタスクを行うにも、詳細な説明と、タスク間の依存関係を調整するためのプロセスが必要となります。そして、それぞれの専門の部署にはマネージャーが必要です。個々人に目標を与え、その目標に対するパフォーマンスを測定すればうまくいくと信じています。マネージャーが意思決定し、部下は決まったことをただ実行するものだという考えもまだ残っています。主体性は期待されていません。

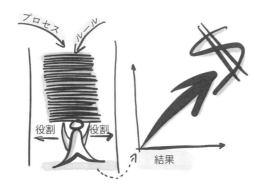

　結果として、組織はプロセスやさまざまな役割を作ることですべてを表現
し、あらゆる可能性を考慮しようとすることになります。企業はキャリアパス
を作って従業員に成長の方向性を示し、モチベーションにつながる他の要素も
考慮します。KPIを定めるにも何カ月もかけるわけですが、企業がプロセス化
や専門化を進めれば進めるほど、個人の責任感や主体性は失われていきます。
そこで経営陣は、従業員が成功に価値を見いだせるようにして、成長の機会を
示そうとします。月間MVP、パフォーマンスレビュー、評価などのプラク
ティスは、こうして中核的なマネジメントツールとなったのです。

　他者よりも成功しなければならない、優れていなければならない、賢くなけ
ればならないという個人へのプレッシャーは非常に大きなものです。もしパ
フォーマンスレビューで同僚の方がよい評価を受けたらどうしよう？　2年以
内に昇進できなかったらどうしよう？　そのようなプレッシャーは、組織の目
標よりも個人の目標を重視する文化につながります。ほとんどのマネージャー
や専門家は、自分は他の人よりも優秀だと信じており、それが多くの競争行
動、非難、守りの姿勢、侮辱を生み出しています。

　このような環境で働くマネージャーはマイクロマネジメントを行うことが多
く、従業員や同僚に対しては尊敬も信頼もほとんどありません。人々はただ決
められたプロセスに従い、職務記述書に書かれたことをこなすだけです。一方
でよい面として、このような組織が試みているのは、世界の複雑度を下げ、難
しいタスクを小さく分解して専門家が分析しやすくすることです。このような
ステップは、込み入ったタスクをより面白く、やりがいがあるものにし、管理

しやすくします。従業員は、自分に何が期待されているか、どこに注力すべきかを理解しています。何をなすべきかを知っているのです。権限委譲の余地があることで、タスクに関する責任やオーナーシップを引き受けやすくなります。ただ、このような組織は個人、タスク、スキルを重視しているので、自然とサイロ[2]が形成され、価値を届けるまでの流れの中に多くの依存関係が生じます。マネージャーが一番時間を使う仕事は、仕事の割り当てになります。

　組織 2.0 で定義される役職や役割には現代の世界で求められるほどの柔軟性はないものの、それでも従来型の組織 1.0 の固定的な階層構造よりははるかに優れています。組織 2.0 の多くは年単位で運営され、長いフィードバックループを持っています。創造性はめったに発揮されません。イノベーションには時間がかかります。ゆっくりとしたジンベエザメに似ています。周りに何があろうとマイペースに生きる、巨大な生物です。

　組織 2.0 には常に成長が求められることになります。新たな問題が発生するたびに新たな役職が必要になるためです。しかし、時折苦労することになります。経費を削減しようとしても一時しのぎにしかならず、長期的な成功にはつながりません。そうしてマネージャーたちは、リソース管理がずっと簡単だった頃の夢を見るようになります。当時は、マネージャーには本物の権力がありました。さまざまな意思決定を行うことができました。人を強制的に働かせたり、アメとムチを使うことができました。本当にシンプルだったのです。委員会も必要なく、細かいことのためにいちいち会議を開く必要もありませんでした。当時は、個々のリソース配分のために時間を使い果たすことはなかったのです。

2）訳注：サイロとは、人やチーム、システムが自己完結して孤立し、周囲との健全な連携や情報共有などを行えていない状態を指します。

組織 3.0：アジャイル

　アジャイル組織とは、新しいパラダイムであり、柔軟性と高い適応力を備えた組織設計の新しいかたちです。アジャイル組織をつくるために何をすべきか、正確な定義はありません。なぜなら、組織が取るべき特定のかたちはないからです。アジャイル組織はフレームワークやプラクティスのことではありません。個々のフレームワークやプラクティスは、決まりが多すぎます。アジャイル組織は VUCA の課題に立ち向かい、**アジャイルの価値基準**を組織全体に行き渡らせます。現代に求められる組織は、変動性や不確実性を恐れず、複雑性に対応できるよう設計され、曖昧性を味方につける組織です。これは単純なことではありません。アジャイル組織は、個人ではなくチームの集まりです。従来とは異なるリーダーシップと、ダイナミックなネットワーク構造の中で行われる徹底したコラボレーションによって成り立ちます。他の人がリーダーになることを手助けし、固定的な管理職よりも創発的リーダーシップを育みます。

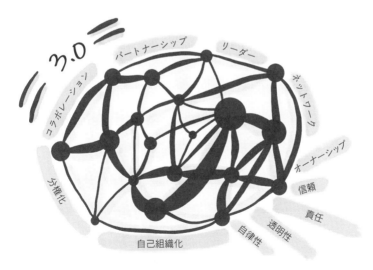

アジャイル組織

　アジャイル組織は巨大なタンカーではなく、小さな船の群れと見なすことができます。同じ方向に進み、同じ文脈を共有し、同じ価値基準を持ちながらも、状況に応じて異なる判断を下す小艦隊です。あるいはアリのコロニー、クラゲの群れ、カメレオンなど、さまざまなものに例えることができるでしょう。シンプルに組織を1つの生命体と見立てることもできます。この生命体は、システムの各部分がどれほど多様で、どれほど分散していたとしても、誰もが疑うことのない1つの目標を持っています。実験し、失敗から学び、安全と透明性がシステムのDNAに刻み込まれています。アジャイル組織の文化はコラボレーションと信頼に価値を置き、従来の階層構造に比べて革新的で創造的なアイデアをより多くもたらします。

　このタイプの組織は、人はもともと創造的で知的であるという信念のもとに成り立っています。徹底的な透明性のある環境を作り、みんなを信頼して仕事を任せれば、どんな課題も解決してくれるでしょう。また、現在のビジネスの世界はあまりにも予測不可能なため、従来の方法ではうまくいかないと考えています。多くの企業が変化の必要性を強く感じています。もっと柔軟に、もっと変化に対応できるように。シンプルに言えば、もっと適応できるようになる必要があるとわかっているのです。私たちが信じているのは、強いビジョンを持って優れた存在目的[3]を作り、みんなが協働して成長できる環境を与えれば、チームはどんな個人よりも優れたソリューションを生み出すことができるということです。

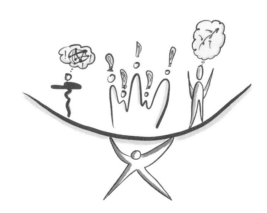

　結果として、チームは革新的で創造的なソリューションを生み出し、現状を
打破し、既存の習慣を変える可能性が高くなります。チームによって組織全体
が機動的になり、変化への高い対応力が備わります。そのような企業は、チー
ムが組み合わさって1つになったかたちを取ります。現代のビジネスの複雑性
に対処するためには、チームという**複雑系**が必要だからです。どんなに賢い人
であっても、1人では現代世界の課題を解決することはできません。リーダー
シップはより創発的になり、解決すべき課題に応じて現れるようになります。
組織構造はより柔軟になります。チームが自己組織化し、自己管理し、時には
方針さえ自分たちで決めることもあります。このような組織の難点は、全員が
信じられるような強い共通の目標が必要なことです。さもないとカオスに陥っ
てしまいます。また、このような変化の準備ができているリーダーが、組織に
十分な数だけいる必要があります。それこそが本書の主題です。

　現代のアジャイル組織は、人とその関係性に
よって成り立っています。協働的で、創造的
で、適応性のあるネットワークです。自律的な
システムが互いにつながることで成り立ってい
て、影響し合いながらも一貫性を保っていま
す。これは根本的に新しい考え方であり、ほと
んどの組織にとって心理面での大きなチャレン
ジとなります。忍耐強くありましょう。時間がかかるものです。組織や社会は
変わることができますが、変化は一夜にして起こるものではありません。変化
を定着させるためには、新しい仕事のやり方を習慣化する必要があります。変
化を起こそうとする集団の大きさによって、必要となる時間は異なります。社
会全体では数十年かかります。組織を変えるには何年もかかるでしょう。チー
ムレベルでは数カ月かかるかもしれません。時間をかけてください。押し付け
てもうまくいきません。インスピレーションが重要になるでしょう。

3）訳注：これは、Frederic Laloux 著『ティール組織』［Laloux14］で提唱されている概念で、
　　ティール組織に欠かせない要素とされています。組織が存在する根本的な理由を示す目的のこと
　　です。詳しくは第8章の「存在目的」の節を参照してください。

自分の組織について考えてみよう

▼

　すべての組織は複雑なシステムです。部分部分で、3 つの組織パラダイムのうちのいくつかの側面が見られるでしょう。従来型、知識型、アジャイルのうちのいずれかです。しかし組織全体を見れば、最も目立っているのはいずれか 1 つなのではないでしょうか。それぞれの段階が正解だとか、不正解だとかいう話ではないのだと心得てください。組織設計は常に、置かれている環境全体の複雑性と適応の必要性を踏まえて行う必要があります。

> あなたの組織は、組織 1.0、2.0、3.0 のどれに一番近いと思いますか？
> そう考えた主な理由は何ですか？　5 年後にはどのような状態にしたいですか？

さらに知りたい人のために

◆ *The Leader's Guide to Radical Management: Reinventing the Workplace for the 21st Century*, Stephen Denning（San Francisco: Jossey-Bass, 2010）

◆ *Accelerate: Building Strategic Agility for a Faster-Moving World,* John P. Kotter（Boston: Harvard Business Review Press, 2014）.（村井章子 訳『実行する組織——大企業がベンチャーのスピードで動く』（ダイヤモンド社、2015））

まとめ

☑組織設計は、環境全体の複雑性と適応の必要性に合わせて行う必要があります。

☑アジャイル組織は、人とその関係性によって成り立っています。

☑従来の組織 1.0 と 2.0 は、効率のために最適化されていました。予測可能な問題に対処することが目的だったからです。

☑アジャイル組織は、協働的で、創造的で、適応的なネットワークです。その目的は VUCA の課題に対応することです。

第4章

アジャイルリーダー

　アジャイルリーダーは、従来のマネジメントとは異なる次元にあります。つまり、それは役職ではなく、心のありようなのです。アジャイルリーダーはいかなる階層も作らず、権限を与えられることもありません。その影響力は、組織に対する貢献によって増していきます。アジャイルリーダーは人を鼓舞することができ、魅力的なビジョンや高い水準の目的を作り出して伝えることで組織のモチベーションを高めることができます。それから常にフィードバックを求め、よりよい仕事のやり方を模索しています。アジャイルリーダーに求められるのは、みんなを巻き込み、周りの人のリーダーシップへの道のりを支援することです。新しいアイデア、実験、イノベーションに対してオープンになる必要もあります。創造性を支援すること、適切なマインドセットとコラボレーションの文化を育むことができることも必要です。アジャイルリーダーはコーチであり、ファシリテーターであり、聞き上手でもあります。

「すべては
夢から始まる…」

　アジャイルリーダーシップとは、ツールやプラクティス、方法論のことではありません。リーダーシップは夢と情熱から始まります。アジャイルリーダーシップに必要な能力は、組織をシステムの観点から見て、システムの力学を把握し、そこで起こっていることに気づき、受け入れることです。そうしてそのシステムの欠かせない一部となったら、ついにアクションを取ることができます。コーチングによってシステムに影響を与え、変化を起こすのです。

　この新しいマネジメントのパラダイムとは、コラボレーションと信頼、分権化、継続的な適応と柔軟性、そして協力とチームワークのことです。

　工業化時代には変化を前提としないマネジメントが主流でしたが、20 世紀終わりの 20 年間には戦略的なマネジメントへと移行し、ほどなくダイナミックなマネジメントへと再び移行しました。現代の、絶え間なく変化する複雑な VUCA の世界に対応しようとするマネジメントです。VUCA の世界では、アジャイルリーダーシップが必要不可欠です。それ以外のやり方では、目の前の課題に対処するのに十分な柔軟性が得られないからです。

リーダーが率先する

Rickard Jones

——アジャイルコーチ、プログラムリード、アジャイル人事マニフェスト
　の共著者[1]

　アジャイルへの道のりにおいて、移行期にある組織でリーダーシップを発揮する
のは、往々にして難しいことです。私が思い出すのは、イギリスのある大手小売銀
行のビジネスリーダーの話です。彼女は、アジャイルへの移行と、顧客サービスに
直結する重要な仕事とを両立させなければなりませんでした。重要な仕事というの
は、銀行の実店舗における顧客とスタッフとのやり取りを一からデザインし直すよ
うな仕事でした。もし失敗すれば雇用が失われるうえ、顧客は不満を持つと予想さ
れました。よくあるイケてるデジタルサービスの仕事ではなく、古典的な銀行業務
にアジャイルなアプローチを取り入れる仕事だったというわけです。担当部門を率
いていた彼女はまず、部下にアジャイルとスクラムのスキルを身につけさせるだけ
でなく、自らアジャイルリーダーシップのトレーニングを受けることにしました。
こういうことはめったにありません。多くのリーダーは、自分にはすべてわかって
いると思い込むという昔からよくある間違いを犯し、わざわざ自分に投資したりし
ないからです。彼女は自らトレーニングを受けることによって部下にもスキルアッ
プするよう促し、実際に部下もそれにならいました。この経験から、学習が必要な
ときにはリーダーが率先するということを学んだのです。

　このトレーニングが完了したことで、彼女とチームは、アジャイルへの道のりを
どう進んでいきたいかについて、十分な情報にもとづいて決断できるようになりま
した。その知識によって、チームをどのように再編成するかを決めることができる
ようになります。ここでも彼女はうまく過ちを避けました。抜本的な再編成は必要
ないと思い込んでしまう過ちを避けたのです。スタッフ全員がスキルを身につける
と、彼女はサーバントリーダーシップを発揮して、仕事についてのスタッフの決断
を支持し、スタッフが最高の状態まで成長できるようにしました。たとえ彼らの意
見に必ずしも同意できなくてもそうしたのです。彼女にとってのメリットは、リー
ダーとして一人で抱え込むことがなくなったことでした。チームのプロダクトオー

1）訳注：ボックスの肩書きはすべて、原書刊行時のものです。

ナー[2]たちは、単なる製品開発にとどまらず、リーダーシップを発揮して製品の革新に取り組むようになりました。チームメンバーの一人は実際に、ある製品の開発をやめる決断を下しました。その製品は顧客や店舗のスタッフにとってもはや価値がないことがわかったからです。このような積極的な意思決定はその銀行では前例のないことでしたが、結果として数百万ドルを節約し、その分を価値を生み出す他の取り組みに投資することができました。このようなウィンウィンの結果を実現できたのは、プロダクトオーナーがその決断をする権限を与えられ、マネージャーがサーバントリーダーシップによってその決断を支持したからです。彼女の行動は、彼女自身や直属の部下のみならず、部門全体を変えていきました。その結果、チームがすばやく価値ある決断を下す様子を何度も目にすることができました。マネージャーである彼女がリーダーシップをとってみせることによって、チームの能力を引き出し、今ではチームは自己管理するだけでなく、組織そのものをリードするようになったのです。

アジャイルリーダーとしての自分の将来を考えてみましょう。あなたの夢は何ですか？　何を達成したいですか？

サーバントリーダー

▼

　アジャイルの世界でよく話題になるリーダーシップスタイルの一つに、サーバントリーダーがあります。1970年代に Robert K. Greenleaf が *The Servant as Leader*［Greenleaf07］で提唱した用語です。この言葉はアジャイルの世界

2）訳注：プロダクトオーナーとは、スクラムにおける役割の一つで、プロダクトの価値を最大化することに責任を持ちます。

コラボレーション

サーバント
リーダーシップ

実現する

フラットな組織構造

で再び脚光を浴びています。最もよく話題になるのは、スクラムマスターの役割について話しているときです [Sochová17a]。スクラムマスターに必要とされる、コミュニティと共感力という点において注目されているのです。サーバントリーダーシップは、アジャイルリーダーシップを説明するのにとても役立つコンセプトです。サーバントリーダーになることは、アジャイルリーダーへの道のりの最初のステップです。シンプルなメンタルモデルで、リーダーの心に最初の変化をもたらすことがよくあります。

　よくある誤解として、サーバントリーダーは「仕える」もの、つまり人の「召使い」であり、上下関係が生まれると捉えられてしまうことがあります。しかし、それは間違った捉え方です。「サーバント」は文字通りの意味ではなく、かなり全体論的で哲学的な意味で使われています。サーバントリーダーは権力を共有し、組織階層や役職を重視しません。サーバントリーダーは、第一にリーダーです。他の人の成長を助け、ビジョンを持ち、日々のタスクや短期的な目標にとどまらず考えます。聞き上手で、共感力があり、システムと自分の能力や限界を認識し、良好な人間関係と文化に注力し、説得力があり、コミュニティを作り、多様性を受け入れます。「召使い」という地位を思わせるものは、名前以外にはありません。

　サーバントリーダーによって、（より）フラットな組織構造が実現できるようになります。階層構造に頼らないリーダーシップだからです。階層構造をなくすことはアジャイルな文化にとって必要です。アジャイルな文化は、その定義からしてよりフラットです。エンパワーメントと自律性がはるかに高い**自己**

組織化したチームで成り立っているからです。従来型のマネジメントは不要になっていきます。Patrick Lencioni が言うように、「私の夢は、いつの日か人々がサーバントリーダーシップについて語らなくなることです。サーバントリーダーシップこそが存在する唯一のリーダーシップになり、単にリーダーシップと呼ばれるようになるのです」［Lencioni19］。

　あと 4 カ月働けば数カ月間の長期休暇に入れるという場面を想像してみてください。あなたは夢のようなバカンスに出かけようとしています。船に乗ったり、ダイビングをしたりする旅です。海の真ん中で、外界とのつながりがない船の上でずっと過ごすのです。あなたは、組織があなたなしでうまくいくことを望んでいます。休暇の間に求められるであろうすべての判断を準備しておくことはできませんし、帰ってくるまで組織を平穏無事のままにしておくこともできません。なぜならビジネスはあまりにもダイナミックで、予測不可能で、複雑で、いまだかつてないほどに VUCA の世界の課題に直面することが増えているからです。あなたがやっていた仕事を自然と引き継いでくれる特定の誰かはいません。あなたの職場には、自己組織化したスクラムチームが集まってできたフラットな組織構造があります。そして、次のレベルに進む準備ができています。きっとみんなはうまくやれるし、組織は次のステップを踏み出すことができるとあなたは信じています。

　このシナリオは、サーバントリーダーシップを体得するために必要なことを表したよい例です。つまり、自分ではなく、自分以外の問題だということです。必要なのは、他の人がリーダーになる手助けに集中することだけです。他の人たちが成長できるように環境を整え、コミュニティを作れるようにし、リーダーシップが創発されるようにするのです。「リーダーの究極の役割は、自分が身を引いて他の人にリードしてもらうタイミングを知ることです」［Lencioni19］。困難に対処しているとき、近道したい気持ちを抑えて一貫した姿勢で臨めば、チームが準備を整える時間は十分にあります。忘れてはならないのは、あなたの目標は、効率でも、助言でも、意思決定でもないということです。目標は、チームを育てて、チームが組織の課題に対するオーナーシップと責任を引き受けることに慣れるようにし、あなたがすべての決定を下さなくてもよくすることです。結局のところ、VUCA の世界で最適で創造的な解決

策を見いだすには、個人よりも協働するチームの方が常に優れているのです。
今から変化を始めなければ、来週や来月には手遅れになるかもしれません。

Exercise

　サーバントリーダーの文脈で、自分自身について考えてみましょう。自分に正直になってください。結果は評価ではなく、リーダーとして成長するための機会を示しています。回答は感覚にもとづくものになるので、環境が異なれば結果も異なることがあります。日々の仕事の中で、あなたがどこに最も力を注いでいるかを10段階で評価してください。

	1　　　　　　　　10	
助言や決断	◆————————◆	人の話を聞くこと
タスク	◆————————◆	人間関係
日々の仕事	◆————————◆	長期目標
計画	◆————————◆	フィードバックからの学習
役割と責任	◆————————◆	コミュニティの構築
効率性	◆————————◆	他の人の成長
役職による権威	◆————————◆	創発的リーダーシップ
自分の仕事をこなすこと	◆————————◆	他の人を助けること
ワークフローと結果	◆————————◆	人とコラボレーション

　お気づきかと思いますが、右に行くほどサーバントリーダーシップの考え方に近いといえます。しかし、世界は白黒はっきりしたものではなく、このスケールもそうです。すべての質問に10と答えることが目標ではありません。この調査は、課題に対する気づきを高めるためだけのものです。アクションを考えるために、次の問いに答えてみましょう。

サーバントリーダーの役割に近づいていくには、何を変える必要があります
か？　力を注ぐ部分を変えられそうなのはどこですか？

リーダーとリーダー

▼

　もう一つの有用なリーダーシップのメンタルモデルは、David Marquet が
著書 *Turn the Ship Around*（花塚恵 訳『米海軍で屈指の潜水艦艦長による
「最強組織」の作り方』（東洋経済新報社、2014））の中で述べているもので
す。この本では、著者が原子力潜水艦サンタフェの艦長として発揮してきた
リーダーシップについて書かれています。訓練中に彼は、命令は必ずしも最善
のアプローチではないかもしれないと気づきました。Marquet は、「リーダー
シップは、主導権を握るというよりも主導権を与えることであるべきです。ま
た、フォロワー[3]を鍛えるというよりもリーダーを生み出すことであるべきで
す」と説いています［Marquet13］。この本に書かれていることは、アジャイ

リーダー　命令する　フォロワー　　　　　　リーダーとリーダー

ルへの移行を始めたばかりの企業にとって役立つ実例です。というのも、企業
は移行に際して求められるマインドセットの変化に苦しむことが多いからで
す。自分たちの組織は本とは違うから、本に書いてあるような変化は不可能だ
ろうと考えてしまうものです。しかし、海軍の潜水艦で可能だったことなら、
どの組織でも可能ではないでしょうか？

　Marquet のモデルは、従来の「リーダーとフォロワー」の関係性を、サー
バントリーダーシップにおける「リーダーとリーダー」の関係性に変えていく
のに役立ちます。つまり、人が命令に従うことを期待するスタイルから、リー
ダーの存在理由は人が成長して自らリーダーになるのを助けることである、と
いうスタイルへの変化です。個人的には、サーバントリーダーのコンセプトよ
りもこのコンセプトの方が好みです。というのも、「リーダーとリーダー」で
はパートナーシップに焦点を当てていて、サーバントという言葉にある否定的
な含みがないからです。

　リーダーとリーダーの関係性を実現することはそれほど単純ではありませ
ん。多くの練習と忍耐が必要です。他人を信頼し、自分がすでによい解決策を
知っていると思っても、みんながよりよいアイデアを出してくれるという確信
を持つ必要があります。コントロールを手放して、システムを信頼できるよう
にならなければいけません。このようなやり方は単純作業には必要ないかもし
れませんが、問題が複雑で曖昧であればあるほど、このようなアプローチの方
がよりうまくいきます。リーダーとリーダーの関係性への道のりの出発点は、
リーダーとフォロワーの関係性です。まずは、高い透明性を確実に保ち、進ん
でリーダーシップを共有し、みんなに自律性を与え、みんなが適切な判断を下
してくれると信頼することから始めましょう。

　最初の一歩としては、目的を全員で共有し、どこへ向かおうとしているのか
を全員がわかるようにするとよいでしょう。透明性を高めて、何が起こってい
るのかを全員がわかるようにしましょう。安全を確保して、自律性が高まるよ
うにしましょう。例として、あなたが来月重要な顧客を訪問する予定があると

3）訳注：周囲を導くリーダーに対して、フォロワーという言葉は「リーダーに（一方的に）導か
れ、あとをついていく者」のことを意味しています。

します。純粋なリーダーとフォロワー型のアプローチであれば、どうするかは自明です。あなたが中心となって意思決定をします。すべてはあなたにかかっています。訪問のための準備の戦略を考え、他の人にタスクを配分するのもやはりあなたです。組織で一般的なアプローチとして、このプロセスの一部をチームや個人に任せることがあります。ほとんどの人は、それをアジャイルと呼んですっかり満足しているのではないでしょうか。一方で、純粋なリーダーとリーダー型のアプローチでは、状況を徹底的に透明化する環境を作り、みんなで目的とビジョンを作り、みんなに戦略とタスクを考えてもらいます。過激に聞こえるかもしれません。実際、従来のリーダーに必要なものとは大きく異なるスキルが求められます。必要なのは、大人数のファシリテーションやシステムコーチングに長けていること、自己組織化を信じていること、他の人が常によりよい解決策を考え出すと信頼することです。アジャイル宣言の背後にある原則［Beck01a］を言い換えれば、最良のアイデアは自己組織的なチームから生み出されるのです。リーダーとリーダー型のアプローチでは、アジャイルマインドセットが非常に厳しく試されます。次のエクササイズで、あなたがどれくらいリーダーとリーダー型のアプローチで行動しているか、あるいはリーダーとフォロワー型のアプローチがどれくらい深くあなたの習慣の一部になっているかを確認してみてください。

Exercise

　あなたのことを最もよく表しているのはどれですか？　テーマごとに1つの答えを選んでください。

信頼

A．私の役割は意思決定だ。意思決定するからリーダーなのだ。

B．私は、明確に定義されたタスクを他の人に完全に任せることができる。

C．私は方向性を示す必要があるが、あとはチームが引き受けてやってくれる。

D．他の人はいつもすばらしいアイデアを出してくれるし、私よりよいアイデアを出すことも多い。

透明性

A．みんながすべてを知る必要はない。情報が多すぎるとかえって混乱を招くから。

B．ビジョン、ゴール、目標を明確にする必要がある。

C．情報は、同じ仕事に関わっている人たちの間でのみ共有する必要がある。

D．創発的リーダーシップを支援するために、誰もがすべてを見られるようにすべきだ。

自己組織化

A．人が効率的に働くためには、ワークフローが定義されている必要がある。

B．自己組織化は、単純で明確に定義されたタスクと小さなチームでのみ機能する。

C．自己組織化は日々のタスクには適しているが、緊急性の高い重要な問題には適していない。

D．チームは自分たちでなんとかできる。自律性があれば、チームはベストを尽くすだろう。

自分の答えを評価してみましょう

A．あなたは純粋なリーダーとフォロワー型のマインドセットを持っているので、アジャイルリーダーシップのコンセプトはあまりにも遠い存在かもしれません。

B．あなたはまだほとんどリーダーとフォロワー型のマインドセットを持っていて、従来の仕事のやり方にこだわっています。

C．あなたは、リーダーとリーダーの関係性を実現するための最初の一歩を踏み出しています。アジャイルリーダーになることは旅の道のりであり、あなたはその道のり

の途中です。

D. あなたはすっかりリーダーとリーダー型のマインドセットを身につけていて、ア
ジャイルリーダーシップの原則を自分のものにしています。

自分の答えと評価を振り返ってみてください。前のエクササイズで示された
テーマの中で、どれに取り組みたいですか？
カタリストリーダー[4]のアプローチに近づくためには何ができますか？

リーダーシップ・アジリティ
──エキスパートからカタリストへ

　サーバントリーダーやリーダーとリーダー型のアプローチはシンプルで、多
くの場合それだけで十分機能します。しかし、時にはリーダーシップ・アジリ
ティを別の視点から見ることも有効です。例えば、Bill Joiner が著書 *Leader-ship Agility*［Joiner06］で説明しているコンセプトを使ってみるとよいでしょ
う。このコンセプトはマネージャーをリーダーと捉えたうえで、すべてのマ
ネージャーが通らなければならない旅の道のりを示しています。

　エキスパートからカタリストへの道のりは、アジャイルな環境でのマネジメ
ントの変化について大事な一面を示しています。エキスパートは、組織 1.0 に
おけるマネージャーの原型です。組織 1.0 では、マネージャーに求められるの

4）訳注：カタリストリーダーとは、この直後の節「リーダーシップ・アジリティ──エキスパート
　からカタリストへ」で説明されている、リーダーシップのあり方の一つ。

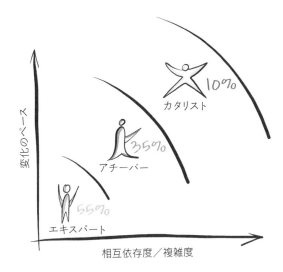

はほとんどが戦術的な意思決定だけです。アチーバーは組織 2.0 でよくあるマネージャーのタイプで、ゴールや目標の達成に集中します。カタリストは、アジャイルな組織 3.0 をうまく作り上げるために必要です。組織 3.0 ではチームは自己組織化して、創造的で革新的なソリューションを生み出します。

エキスパート

　エキスパートは古典的な上司や管理監督者です。一番知識を持っているからこそ、経験を活かして人にアドバイスしたり手本となって導いたりできる人です。Bill Joiner はホワイトペーパー *Leadership Agility: From Expert to Catalyst* の中で、マネージャーの約 45% がこのレベルに達しており [Joiner11]、約 10% はまだそのレベルにすら達していないだろうと述べています。これは恐ろしいことです。半分以上のマネージャーはエキスパートレベルであり、純粋なリーダーとフォロワー型のモデルでしかリーダーシップを発揮できないということなのです。エキスパートは意思決定が何より重要であると信じ、タスク指向で戦術的です。部下に事細かに指示を出すことも多く、マイクロマネジメントを行うことさえあります。自分が一番だと信じており、非常に高い達成基準を持っています。もし自分のクローンを作ることができれば何もかもずっ

と楽になるのに、と思っています。エキスパートは勤勉で、問題解決に長けていることが多いです。その経験の豊富さによって、メンターとしてみんなから尊敬されています。エキスパートは一対一の関係を保ち、人をコントロールして個人の効率を上げることに集中します。

　信頼がよく問題になります。エキスパートはフィードバックを与えたり受け取ったりすることを好みません。組織の中の自分の担当部分は自分一人で扱うことがほとんどです。まったくもってアジャイルリーダーではありません。しかし、働き手や問題解決者としてはすばらしいものがあります。自動化と業務フローの最適化がリーダーの仕事の中心となるような、シンプルで予測可能な環境との相性は抜群です。エキスパートになることは、リーダーシップへの道のりに必要なステップではあります。その過程で自信を得ることができるからです。しかし、エキスパート的なリーダーは、アジャイルに熱心な人とはいえません。むしろその逆で、ほとんどのエキスパートにとってアジャイルへの道のりはかなり苦痛な経験となることが多いです。エキスパートがアジャイルリーダーシップや最新の組織設計のコンセプトを聞いても、非常に抽象的で理解しがたいと感じるでしょう。そして、アジャイルのコンセプト全体をプラクティス、ルール、役割の集まりとして捉え、それをさらに強烈なマイクロマネジメントに変えてしまうことが多いのです。「ダークスクラム」[Jeffries16]や偽アジャイルの例は、エキスパート的なリーダーの周りでよく見られます。

アチーバー

　次のレベルはアチーバーです。Bill Joiner は、現在マネージャーの約 35%
はこのレベルのマネジメントができると推定しています［Joiner11］。アチー
バーは重要です。アジャイルへの道のりをずいぶん進んできているので、マイ
ンドセットとしてのアジャイルを思い描くことができ、リーダーシップのスタ
イルを変える必要性を感じられるからです。アチーバーは、アジャイル・トラ
ンスフォーメーションの中心になるであろう人たちです。アチーバーは次のス
テップへ進む準備ができていることが多く、組織がアジャイル・トランス
フォーメーションを成功させるにはアチーバーのサポートが必要だからです。

　アチーバーは依然として自分なりの仕事のやり方を大事にしていますが、エ
キスパートとは違って、少なくとも一対多の関係で仕事をすることができま
す。賛同を得ることを大事にするがゆえに、戦略的で影響力があり、時には自
分の意見を通すために人を操ることさえあります。会議では自分の意見を売り
込み、自分のアイデアを支持してもらいます。アチーバーが最も重視するの
は、結果です。競争心が強く、ストレッチゴールや明確な目標を好み、よい
チャレンジこそが最高のモチベーションになると信じています。アチーバーは
他の人たちを目標達成のためのリソースと考えています。結果がすばやく得ら
れるなら、フィードバックを受けてもいいと考えます。また、従業員だけでな
く、ステークホルダーや顧客にも目を向けます。

　アチーバーは、エキスパートよりも込み入った環境に対応することができま

す。とはいえ、プロセスや成果指標を定められるくらいには安定している環境が必要です。先に述べたように、アチーバーと一緒にやっていくことは、アジャイルへの道のりにおいて重要です。アチーバーはまだアジャイルではありませんが、変化に対してオープンです。アジャイルマインドセットを受け入れ、仕事に応用することができます。はじめのうちはジグザグに行ったり来たりしつつ、はっきりした指標や目標には没頭し続けるでしょう。ですが忍耐強く待てば、アチーバーは徐々にアジャイルに慣れ、変わっていきます。アチーバーは「アジャイルになる」のではなく「アジャイルを行う」ことが多いものの、アジャイルの全体像を捉えることには前向きです。

カタリスト

　最後に、現時点では約 10% しかいないのが、カタリストのレベルに達しているマネージャーです［Joiner11］。カタリストはまさにアジャイルリーダーであり、アジャイルマインドセットを持っています。そして、アジャイルは自分が知っているよりもさらに深く、プラクティスや役割、フレームワークを超えたものだと理解しています。カタリストは単にアジャイルを行うだけでなく、リーダーとして自らがアジャイルな存在です。その中心にあるのはビジョンと目的です。「革新的でインスピレーションを与えるビジョンを明確に描いて適切な人を集めてくれば、ビジョンを現実に変えることができる」［Joiner11］と信じているのです。カタリストであるリーダーは、みんなが成功でき

る空間や環境を作ることに集中します。多対多の関係が生まれる文化を大切にし、コラボレーション、透明性、オープンさを重視します。

　カタリストは周りの人たちに力を与え、個人だけではなくチームで仕事をします。複雑な状況を得意とし、さまざまな視点や多様性を求め、革新的で創造的な解決策を模索します。みんなを巻き込み、一緒に働く人をいかなる境界線でも制限しません。カタリストは自分の弱さをさらけ出すことができ、間違ってもいいということを強調して伝えます。また一方で、安全を必須条件とし、率直なフィードバックや実験を促して、みんなが失敗から学べるようにします。カタリストは優れたコーチ、ファシリテーターであり、他の人の成長を助けます。カタリストがいることで、組織のアジャイルへの道のりが本当の意味で始まります。カタリストのマインドセットを持つリーダーが十分にいなければ、ビジネスアジリティは生まれません。

Exercise

　あなたはリーダーとしてどのようなスタンスを取っていますか？　各質問への答えを1つずつ選んでください。

あなたにとって最も重要なことは何ですか？
A．戦術
B．戦略
C．ビジョン

リーダーを表す言葉として一番当てはまるものはどれですか？
A．リーダーは尊敬され、他の人たちはリーダーについていく。
B．リーダーは、他の人をやる気にさせるものだ。
C．リーダーは、他の人に力を与える必要がある。

フィードバックの与え方、受け取り方について、最も的確な表現はどれですか？
A．フィードバックは必要ない。
B．フィードバックが役に立つこともある。時と場合によって利用するとよい。
C．フィードバックから学ぶ機会を積極的に求めており、みんながフィードバックから

学ぶことを手伝っている。

あなたが好む関係性はどれですか？

A．一対一の関係を作る（個人）

B．一対多の関係を形成する（グループ）

C．多対多の関係を促進する（チームとネットワーク）

自分の答えを評価してみましょう

A：エキスパート、B：アチーバー、C：カタリスト

自分の答えと評価を振り返ってみてください。前の質問で示されたテーマの中で、どれに取り組んでみたいですか？

リーダーとリーダー型のアプローチに近づくためには何ができますか？

自己認識と意図

Pete Behrens

——Trail Ridge の創業者兼マネージングパートナー

　私がリーダーのコーチングをする中で、また自分自身を顧みて、カタリストリーダーシップの最も難しいと感じる点は2つあります。自己認識力不足と、リーダーが望んだ意図と周囲から認識される意図とのミスマッチです。ほとんどのアチーバーは、自分がカタリストであると信じています。なぜなら、彼らの頭の中では、自分はカタリストのように他者を会話に巻き込み、他者を意思決定に参加させていると思っているからです。しかし、このタイプのリーダーを観察しているとまったく異なる行動が見られることがあります。リーダー自身が抱える認知バイアスや盲

点によって、周りの人が見ているように自分を見ることができないのです。

　私自身がリーダーシップを実践する中で、最近はこの点に特に注目しています。というのも、私自身がこの点で失敗してそれが周囲に露呈した経験があるからです。この失敗からは多くのことを学びました。だからこそ、私たちはもっと気軽に失敗を歓迎すべきだと考えています。例を挙げましょう。今年、私は Trail Ridge に新しいメンバーを採用しました。彼女には、COO とエグゼクティブコーチを兼任してもらいます。彼女は、Trail Ridge のリーダーシップ啓発・実践プログラムに 2 年間参加した熟練のリーダーでした。リーダーとしてすばらしい経験を持ち、優れたコーチや指導役としての実績もありました。私は彼女のことをよく知っていました。しかし、私のチームのマネージングパートナーたちはそうではありませんでした。

　いくつかの選択肢がありました。自分の権限で、彼女をただ雇うこともできます（エキスパートとしての行動）。彼女の価値をマネージングパートナーたちに説明して、納得してもらうこともできます（アチーバーとしての行動）。あるいは、マネージングパートナーたちとともに、会社の中での彼女のポジションを模索することもできます（カタリストとしての行動）。私はカタリストの道を選ぶことにしました。Slack のワークスペースに彼女の職務経歴を掲載し、Trail Ridge の成長のために彼女のスキルをどのように使うのがベストか、広く意見を求めました。また、彼女の報酬構成をまだ決めていなかったので、どのような報酬構成にするか、チームにアドバイスを求めました。彼女を採用して数日から数週間の間に、彼女はリーダーシップチームとコーチングスタッフの一員として私たちを助けてくれる存在となりました。いやぁ、カタリストリーダーって最高ですね！　でも本当にそうでしょうか？

　私が望んだ意図は「共創」だったのに、他のマネージングパートナーたちが感じたのは「操作」でした。え？　あるマネージングパートナーは、私がすでに彼女を雇うと決めていて、他のマネージングパートナーはただ従っただけだと言いました。彼らは、自分たちの意見が採否に影響しないと感じていました。彼らにとって、私はアチーバーに映っていたのです。カタリストというのは難しいですね。最悪だったのは、数週間後に自分自身へのリーダーシップ・アジリティに関する360 度評価のフィードバックを受け取るまで、このことに気づけなかったことです。他のパートナーはそう感じたときには私にこのことを伝えなかったので、あとになってようやく判明したのです。

　今後の自分へのアドバイスは、他のメンバーに対して自分の思いをよりはっきり示し、問題をより小さなステップに分けて考えることで、透明性を高めていくのが

よいということです。今回のケースでは、新しいリーダーを採用しようと思っているが（すでに意思決定を下した部分）、どのような役割を担ってもらうかははっきりしていない（意見を求める部分）ということをチームに伝えるべきでした。今後は、自分が何を確信しているのか、何を受け入れようとしているのか、目の前の問題に対する自分の立場はどうなのかなど、自分の思考プロセスをもっと見直していきたいと思います。

次のエクササイズは、あなたの組織におけるリーダーシップの必要性を認識し、今組織にいるリーダーたちを視覚的にマッピングするのに役立ちます。このエクササイズで、自分のリーダーシップスタイルのどういったところを変える必要があるのか、また必要とされるリーダーシップスタイルを他のリーダーたちが身につけるためにどのような手助けができるかを考えることができます。

Exercise

あなたの組織におけるリーダーシップを視覚的にマッピングしてください。次の図に印をつけてみましょう。

1. あなたのリーダーシップ・アジリティはどのレベルでしょうか。エキスパート、アチーバー、カタリストのどれに近いですか？

2. 自分の組織について、変化のペース、相互依存性や複雑性の度合いがどのあたりに位置すると思いますか？

3. 組織の他のリーダーたちはどうでしょうか。エキスパート、アチーバー、カタリストのどれに近いですか？

4. ビジネスの複雑性と変化のペースから求められることを満たすには、リーダーたちにどのような変化が求められますか？（自分や他のリーダーの現在地と、求められるリーダーシップとをつなぐ矢印を描いてみてください）

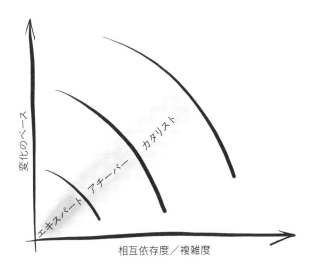

求められるリーダーのスタイルへと成長するために何をしますか？
どのようにして他のリーダーを手助けしますか？

アジャイルリーダーへの道のり

　これまでに出てきたコンセプトはどれも有用ですが、あくまでもアジャイル
への移行期にどのように考えればよいかを示すメンタルモデルにすぎません。
時と場合によっては、別のモデルがアジャイルリーダーになるために役立つか
もしれません。アジャイルリーダーへの道のりはずっと続く旅であり、終わり
のない自己研鑽です。

　あなたが今どこにいようとも、アジャイルリーダーへの道のりは、そもそも

なぜ自分がここにいるのかを理解することから始まります。目的意識があるからこそ、どんなに困難であってもやり遂げようとすることができるのです。アジャイルリーダーには高い誠実さが必要です。誠実さがあるからこそ信頼され、信頼があって初めて、みんなからついていこうと思ってもらえるからです。また、ポジティブで、観察力、傾聴力に長けている必要もあります。フィードバックから学び、常に改善を続けていくためにです。Robert J. Anderson がフォーブス誌のインタビューで語っているように、「よりよいリーダーになることは、よりよい人間になることとまったく同じプロセスだと信じています。どちらも、今の自分を超えて成長するための変革のプロセスです。VUCA の世界でリーダーシップを発揮するには、人間としてより進化する必要があります。より高い能力と意識を持ち、成熟していて思慮深く、本物らしさと勇気があり、関係性を大事にしていて目的意識のある人間になるのです。そして、自分が進化するのと同じように、他の人が進化するのを助けることが求められるのです」[Duncan19]。

ZUZI'S JOURNEY

私が初めてサーバントリーダーになろうとして、チームに仕事のやり方を自分で考えてもらおうとしたとき、私には自分の考えを手放してチームに裁量を与える覚

悟がありませんでした。するとみんなは私に立ち向かって、耳を覆いたくなるような フィードバックをくれたのです。私の意図は正しいと思っていたので、フィードバックを受け入れることは辛かったです。しかし、チームには意図通りに伝わっていなかったので、私にできることはみんなのフィードバックを受け止めて謝ることだけでした。このときはすごく驚いたのですが、みんなは私の謝罪をしっかりと受け止めてくれ、次の日にはずっと協働的でオープンなかたちで仕事を進めることができました。

　もう一つの失敗は、克服するのがはるかに難しく、何度も挑戦する必要がありました。異なる視点からの意見に耳を傾けるだけの忍耐力がなくて近道をしようとしたときに、必ず起こる問題でした。チームと協働しながらもチームの現状をよしとしないことは決して簡単なことではありませんが、私の仕事のほとんどはまさにそれをやっていくことです。チームが抱えている問題は似通っているので、遅かれ早かれ、「この状況はもう見たことがある」「自分は何をすべきか分かっている」という考えに陥ってしまいます。そしてまさにその瞬間、みんなの意見に耳を傾けることなく自分のやり方を押し付けてしまうことがいかに間違っていたかに、改めて気づくことになるのです。やり直す機会を得られることもありますし、そうでないこともあります。そうして、一歩前に進むことができるのです。アジャイルリーダーになるということは、フィードバックから学び続け、よりよいやり方を見つけていく旅の道のりを歩むことです。それには時間がかかるでしょう。コンセプトの多くは暗黙的な反応や習慣を変えるものなので、訓練が必要だからです。私は完璧にはほど遠いですが、フィードバックから学び、自分のスキルを向上させながら旅を続けています。

目的

　よい目的があれば、システムにエネルギーが得られて、みんながその目的を追求しようという気になります。アジャイルリーダーへの道のりは目的から始まります。目的とは、高次元の価値の感覚であり、よい組織となるために必要不可欠なものです。

　アジャイルリーダーへの道のりは目的から始まります。

　アジャイルリーダーの世界では、目的は「どうやってやるか」とは関係ありません。アジャイルへの道のりのステップは柔軟です。周りのチームによって共創されるものであり、状況やフィードバックに応じて変化します。そういったステップを設計するのも、道中の目標やマイルストーンを設定するのも、リーダーの役割ではありません。正しい道を見つけられるかどうかはチーム次第であり、リーダーの仕事はみんなが活躍できるように環境を整えることなのです。この仕事を魅力的に感じますか？　毎日仕事に行きたくなりますか？あなたの内なる目的が重要な原動力となります。

ZUZI'S JOURNEY

　私は、自分の会社を作りたいと思ったこともなければ、トレーナーやコーチになろうと思ったこともありませんでした。すべては偶然で、そのときどきでノーと言わなかった結果です。私は個人目標を設定しないので、年末までに何を達成したいかと聞かれても答えられません。でも、他の人たちがよりよい仕事をできるように手助けすることにはいつも魅力を感じていました。だからこそ、人と話したり、組織にコーチングを取り入れたり、フラットな組織構造を構築することに多くの時間を費やしてきたのです。クライアントと一緒に仕事をしているので、スクラムアライアンスにも参加しました。目的はいつも同じで、「世界を変える」ことでした。これがどう聞こえるかはわかっています。ありきたりな言葉です。しかし、それが私の唯一の原動力なのです。自分は世界にインパクトをもたらせるだろうか？　もしそうなら、やりたいと思うのです。

　では、なぜ私が 2 冊目の本を書こうと思ったのかをお話ししましょう。確かに、1 冊目の本は多くの人に読んでもらえました。しかし、私は自分の思いをより広める必要性を強く感じていました。多くの認定スクラムマスター研修を実施する中で、次のようなフィードバックを受けます。「うわー。わかっていると思っていたんですけど、違いました。目からウロコですよ」。最初は嬉しかったのですが、だんだん気になってきました。仮に私が大規模な研修で教えたり、なんとかしてそれを週に 3 回やれるようになったとしても（そもそもそれはもう多すぎるんですが）、何人に教えることができるんだろう？　いったい何人のスクラムマスターがもがき苦しみ続けて、スクラムマスターという役割の本当の意味を学ぶ機会を得られないままになるんだろう？　そう思って落ち込んでしまいました。私の研修がど

んなにすばらしくても、大きな変化は起こせませんでした。そこで私は、今こそまさに本を書くべきときなのではないかと思ったのです。そうして *SCRUMMASTER THE BOOK* [Šochová17a] が生まれました。変化をもたらすために。世界を変えるために。私が自分を取り組むべき仕事を選んでいるのも、自分でアジャイルリーダーシップ研修のプログラム[5]を考案したのも、本書を執筆しているのも、すべてこの目的があるからこそです。目的を持つことが重要なのです。目的がないと道を見失ってしまいます。機会が数多くありすぎて、その中からどのように正しい選択をすればいいのかわからなくなるのです。

Exercise

　あなたはどれくらい強い目的を持っていますか？　各質問への答えを1つずつ選んでください。

仕事にはどれくらい打ち込みますか？
A．仕事は仕事。家に帰ってまでやるものではない。
B．たまに熱中することもあるが、毎日ではない。
C．自由な時間にも、どうすれば仕事をよりよくできるか考えることがよくある。また、友だちや家族とも仕事の話をする。

この会社で働いていてもいなくても、同じ給料がもらえると想像してみてください。それでもあなたは会社に来ますか？
A．とんでもない。二度と来ない。他にもっとやりたいことがある。
B．私の手助けが必要な問題があれば、ときどき顔を出すだろう。
C．はい。その必要がある。大事なことだから。

自分の答えを評価してみましょう
Aは-1点、Bは0点、Cは1点です。

　評価の結果が1～2点の場合は、リーダーとしての自分の目的を書き出す時

---

5) 認定アジャイルリーダーシップ（Certified Agile Leadership, CAL）研修には、スクラムアライ
　アンスによって認定された7カ月にわたる研修プログラムがつきます。

間をとりましょう。目的は何で、何を実現したいのでしょうか？　なぜそれが
あなたにとって重要なのでしょうか？

　0点の場合は、自分の組織について考える時間を作りましょう。仕事の中で
特に熱中してしまうことはなんですか？　なぜ、あなたがそこにいて、組織を
助けることが重要なのでしょうか？　そうしてそれらしい理由が見つかった
ら、リーダーとしての自分の目的を考えてみましょう。

あなたのリーダーとしての目的は何ですか？

あなたにとって仕事で重要なことは何ですか？

　0より低い点が出てしまいましたか？　心配しないでください。あなたの答
えを変えるために、組織のどの部分を変える必要がありそうかを考えてみてく
ださい。アジャイルリーダーシップは、それでも有効です。ただ、自分自身が
十分強い目的を持っていなければ、完全に適用するのは難しいかもしれませ
ん。まずリーダーから始める必要があり、組織はそれについてきます。より高
い存在目的を持つことは、アジャイルな組織の必須条件です。

> 強い目的を持つために、あなたの組織では何を変える必要がありますか？
> あなたはそのために何ができるでしょうか？
>
> ....
> ....
> ....
> ....

ポジティブさ

　アジャイルリーダーへの道のりには、ポジティブさを求められる場面がたくさんあります。自分の周りの人に、あなたはすばらしいと伝えましょう。みんなの仕事を認めましょう。毎日、毎週、毎年です。周りの人のすばらしい瞬間を捉えて、他の人に共有する必要があるのです。人間の脳は、失敗よりも成功に焦点を当てた方が効率的に働くと言われています。人間が持つ潜在能力を引き出すには、成功の方により焦点を当てるように脳のパターンを切り替える必要があるのです。あらゆる困難な状況で（例えば習慣やマインドセット、仕事のやり方を大きく変えようとするときなど）、ポジティブさは大きな違いをもたらします。

　ポジティブさとは銀行口座のようなものです。残高が多いときに何か問題が起こるとします。例えば駐車違反をした場合、それは喜ばしいできごとではないかもしれませんが、これも勉強だと思って罰金を支払い、先に進むことができます。しかし残高が少ないときに罰金を取られるのは大打撃です。すべての出費をまかなえなくなり、月末までパンしか食べられないというような状況になってしまいます。そういう状態だと、状況をとてもネガティブに受け止めて、防御的になったり他人を非難したりするようになります。

　ポジティブさの度合いは、組織でも同じように作用します。ポジティブであ

ればあるほど、ネガティブな問題にうまく対処して問題から学ぶことができる可能性が高くなるのです。小さな成果でも祝福し、自分たち自身で成功を認めるようにしましょう。小さなことでも、うまくいったときには喜びましょう。モダンアジャイル［Kerievsky19］で提唱されている言葉で言うと、「人々を最高に輝かせる」のです。ポジティブさはものの捉え方の問題にすぎません。グラスに水が半分も入っていると捉えるか、半分しか入っていないと捉えるかという話を聞いたことがあるでしょうか。楽観的な人は「グラスに半分も入っている」と考える一方で、悲観的な人は「半分しか入っていない」、あるいは「ほとんど入っていない」と考えます。私の同僚にもそう考える人がいました。しかし、別の見方もあります。最近ある研修でこの問題について議論していたところ、そこにいたアジャイルコーチの一人が「グラスはいっぱいだ」と言うのです。みんなが驚いて彼を見ると、彼は「水と空気が半分ずつ入っているんだよ」と言いました。面白いですよね。単なるものの見方、捉え方の問題なのです。

　ポジティブさを高めるもう一つの例は、失敗の受け止め方を考え直すことです。失敗を悪いこと、責任者を探す（だいたいは叱責するため）必要のあるようなことと考えるか、それとも改善や学習の機会と考えるか。この小さな視点の変化が大きな違いをもたらすのです。

　ポジティブになることには、何のコストもかかりません。ただ習慣を変えるだけです。

Exercise

あなたの組織を最もよく表しているのはどれですか？ セクションごとに答えを1つ選んでください。

問題が発生すると…

責任者を探す必要がある。すべての行動には結果が伴うものだから。	◆————————◆	このできごとからしっかり学ぶ必要がある。また、二度と同じことが起こらないようにするために取れるステップを考える。

チームが小さな成功を収めたら…

別に何もない。それがチームに期待されていることなんだから。チームはチームの仕事をするまで。	◆————————◆	お祝いする。一緒に飲みに行ったり、ケーキを食べたり、ランチに行ったり。

誰かに助けてもらったら…

お礼を言う。以上。	◆————————◆	何かちょっとしたもの（チョコレートやサンキューカード）を渡す。

お祝いをする理由が特にないときは…

祝うことはない。普通の日は普通の日でしょ。	◆————————◆	特に理由がなくても、家からお菓子を持ってきたり、街角のカフェに立ち寄ってチームのためにケーキを買ったりすることはよくある。

お気づきかと思いますが、右側ほどポジティブな環境です。

> あなたの組織では、どのようにしてポジティブさを高めることができますか？
>
> ....
>
> ....
>
> ....
>
> ....
>
> ....

傾聴

　アジャイルリーダーとして成功するためには、高い自己認識力と自分を取り巻くシステム全体に対する認識力も必要です。傾聴のスキルが不可欠となります。「私」「私たち」「世界」という3レベルの傾聴の概念は、会話中に心が集中する3つの対象を表しています。

　最初のレベルである「私」の傾聴は、最も一般的なものです。自分の中で理解と学習を深めるために耳を傾けます。そうすれば、自分がどう反応すべきかがわかるからです。頭の中で考えを脱線させたり、関連付けたりします。今聞いていることに関連する個人的な経験を共有できないか、アドバイスできることはないか、自分がそこから学べることはないか、などと考えるのです。例えば、「去年自分も同じ経験をして…」「あなたが試してみるべきなのは…」と

いった具合です。あるいは、ただ自分の頭の中で処理していきます。「面白い
な。今度自分のチームでやってみよう」といった風に。すべて、自分のことで
すね。

　2つ目のレベルである「私たち」の傾聴は、相手やグループに焦点を当てま
す。自分と相手との間にコミュニケーションの経路を作り、自分は優れた聞き
手となります。相手が自分の感情を表現したり、その場の話題についてより多
くの気づきを得るための手助けをするのです。この傾聴は、コーチングの際に
よく使います。自分の意見はすべて抑えます。もう自分のことは考えません。
相手やチームのことを考えるのです。能動的に聴き、アドバイスや考えを共有
することはありません。考えすらしないようにするのです。自分の感覚のすべ
てを、相手や相手の考え、感情、ニーズに集中させます。あなたの役割は、相
手が自分の考えやアイデアを表現するのを手助けすることです。

　3つ目のレベルの傾聴は、「世界」に開きます。自分の周りで起こっている
ことに焦点を当てます。今置かれている文脈と周囲の状況に集中するのです。
このレベルでも会話は意識しますが、聞き取るのは本質的な部分だけです。人
と人との間のエネルギーを感じ取り、その変化に集中します。遠くの声や音が
すべて聞こえ、エアコンから吹き出す空気も感じられます。「世界」の傾聴に
は制限がありません。すべてを取り込みます。ファシリテーションの最中には
非常に有効です。ファシリテーションでは、ファシリテーターとして会話の内
容に影響を与えることなく、会話の流れに焦点を当てる必要があります。ま
た、文化やチームスピリットなど、目に見えないものに焦点を当てるときにも
必要な傾聴のレベルです。

3つのレベルすべてで、傾聴の練習をしてみましょう。どのレベルで傾聴することが多いのか、どのレベルが自分にとって最も快適なのかに意識を向けてください。やってみて気づいたことをメモしておきましょう。「私たち」のレベルの傾聴をしたとき、何に気づき始めましたか？ 「世界」のレベルの傾聴をしているとき、何が気になりましたか？

システムのレベルで聴こうと思ったら、これら3つのレベルの傾聴にとどまりません。システムの声を聞くためには、あらゆる感覚が必要です。起こって

システムレベルのシグナルについてのブレインストーミングの例

いることも、起こっていないこともすべて、システムからのシグナルです。静けさ、フラストレーション、不満、話しすぎ、非難、支え合い、笑い声、人の善意、さまざまなボディランゲージ、恐れ、防御、楽しむこと、などなどです。

　感じ取るのが難しいシグナルもあります。幽霊のようなものです。幽霊は、他のチームや前職、子どもの頃の経験といった別の文脈から生まれたものであったり、私たちの文化的な遺産や社会の一部であったりします。目には見えず、意識していないと予測もできません。

ZUZI'S JOURNEY

　かつて、前職での嫌な経験から来る「幽霊」のせいで健全な会話がすっかり変わってしまったことがあります。そのときチームはスクラムを導入し始めていました。3回目のスプリントを終えたところで、とてもうまくいっていました。経営陣は協力的で、私たちにあまりプレッシャーをかけませんでした。かなり健全な環境だったといえるでしょう。健全だったのです、ある日のふりかえりのときまでは。ふりかえりでは、不具合の修正が話題に上がりました。そのときあるベテラン開発者が、「バグを埋め込んだ開発者を見つけて責めるなんてとんでもない！」と言って、天井に届きそうな勢いで飛び上がったのです。責めるということが全然ない環境だったので、私たちは驚いて彼を見ました。すると同僚の一人が、彼は前職で非常によくない経験をしたこと、それが原因でこの話題はタブーになっていたことを説明してくれました。彼は、バグの話をするのがとても恐かったのです。私たちは好奇心と敬意を持ってこの話題について耳を傾けたことを覚えています。みんな「私たち」の傾聴のレベルで、よく話を聴きました。その中で、彼の思いや、彼が感じたフラストレーション、裏切られた、利用されたという感情を話してもらえるよう手伝いました。話が終わりに差しかかったとき、彼は私たちみんなが自分の話を聞いていることに気づき、困惑した表情で固まってしまったのです。どうしたのか聞いてみると、彼は「反論なしに話を聞いてもらえたのは初めてだった」と話しました。そして少ししてから、「さっきの不具合についての議論を続けよう」と言ってくれました。

　幽霊は理性から来るものではないので、論理的な議論をしてもその影響を最小化することはできません。よく聴き、好奇心を持つことから始めましょう。幽霊は、人がその話題に触れることを恐れているときにのみ力を持ちます。不満を吐き出す手助けをしてしまうと、幽霊はたいてい力を失い、ただの笑い話になります。

　ものごとを手放す能力は、聞き上手になるために非常に重要です。自分の問題ではありません。話してくれた人のことや話の内容について、判断したり同情したりすることなど求められてはいないのです。相手の立場になって考えることなんてほとんどできませんし、ほとんどの「幽霊」は取りつかれている人以外の人にはばかばかしく感じられるものなので、相手の立場になっても意味はないのです。「誰もが正しい、ただし部分的に」ということ、そして感情には反論できないということを忘れないでください。

自律性

　自律性は、アジャイルの中核となる概念の一つです。しかし、ほとんどの人はアジャイルへの道のりの序盤で自律性につまずきます。自律性を受け入れるためにはシステムに対する高いレベルの信頼が必要です。チームはいつでも個人よりも優れたアイデアを生み出すことができる、と信じることが必要です。そして、もしチームがよりよい解決策を見つけたとしても、あなたの能力が不

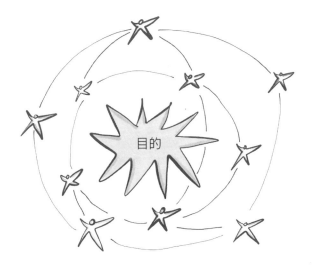

足しているわけではないと信じることです。むしろ逆で、それはあなたが、他の人が成功できる環境を作れるような優れたリーダーであることを示しているのです。

　自律性は、目的や熟達と並んで重要なモチベーション要因の一つです［Pink09］。一方で、文化として根付かせることが最も難しい要素の一つでもあります。自律性は、自己組織化とコラボレーションにおいて最も重要な要素です。自律性を高めるには、強い自信と、ものごとを手放す覚悟が必要です。そして勇気も必要になります。勇気はアジャイルの価値基準の一つですが、多くの組織で見過ごされています。結局のところ、人は組織のために働くのではなく、偉大なリーダーのために働くのです。偉大なリーダーになりましょう。勇気を持って手放すのです。チームが答えを見つけてくれると信じましょう。

ZUZI'S JOURNEY

　私が新しい部署を任されたとき、部署には階層構造を作りたくないと思っていました。私が組織の中で他の人よりもうまくやれることがあるとすれば、それは自己組織化したチームを作ることだと思っていたのです。個人がサイロの中で活動するよりも、チームが協働する環境の方が常によりよい解決策を導き出せるし、中央集

権的な組織よりも、分権化された組織の方が変化への対応力に優れていると信じていました。また私は、リーダーとしての自分の役割は純粋に環境を整えることだと考えていました。安全な空間を作ることによって、チームが顧客に価値を提供することに集中し、創造的な解決策を自由に考えられるようにする必要があったのです。ここで、ビジョンと組織の目的が重要となります。それがないと、チームはそれぞれ別の方向に進んでしまうからです。

　幸運にも、ビジョンと目的はすでにありました。自分たちが組織として何者であり、何者ではないのかがわかっていたのです。しかし、このような組織レベルでの自律性というのは目新しく、多くの人、特に他の役員たちにとっては、消化するのが難しかったようです。そこで私が学んだのが、自己組織化の仕組みは、チームの外側にいる人にはうまく言葉では説明しきれないということです。自己組織化を理解するには体験してもらう必要がありますが、簡単ではありません。また、「なんであんなにたくさんのチームがバラバラにならないの？　どうやってまとまっているの？」といった疑問にすべてきちんと答えていく必要があります。

　私はこのレベルの自律性に関するデータや経験はまだ持ち合わせていませんでした。当時の私にできた精一杯は、目的を中心に据えることでした。他の人に自律してもらうなら、共通の目的を掲げることが重要です。それは太陽系でいえば太陽であり、その周りを惑星が回るようなものです。私は自分のビジョンをフラットだとかアジャイルなどといった言葉で説明したことはありません。用いたのは、競争力を維持するために私たちはどうあるべきかというビジョンです。ビジョンの観点から、チームに起こっていることや起こり得たことをマッピングしました。私は、チームが何かすばらしいことを成し遂げたときのストーリーを意識的に共有しました。顧客へすばらしいサービスを提供したり、これまでにないユニークなものを生み出したときなどのことです。幸運だったのは、こういうやり方で働くことのインパクトを全員が実感するまでにそれほど時間がかからなかったことです。疑問は解消し、チームはより高いレベルで自律できるという信頼が育ったのです。

　あなたのチームについて考えてみましょう。あなたのチームの自律性は、1 〜 10 の間でどのレベルにあると思いますか？

	1　　　　　　　　10	
誰かがタスクを割り当ててくれるのを待つ。	◆————————◆	自分たちでタスクを定義する（自己管理）。
あらかじめ決められたルールやプロセスを守りながら一緒に仕事をする。	◆————————◆	どのように一緒に仕事をするかは自分たちで決める（自己組織化）。
仕事には詳細な仕様書が必要だ。	◆————————◆	必要に応じて足りないものを見つけ出す。
安全を担保するために、想定されるあらゆるケースをプロセスに落とし込む。	◆————————◆	オーナーシップと責任を引き受けることを恐れない。

右に行くほど、自律性のある環境だと言えます。

あなたの環境で自律性を高めるにはどうしたらいいでしょうか？

さらに知りたい人のために

◆ *The Motive: Why So Many Leaders Abdicate Their Most Important Responsibilities*, Patrick Lencioni（Hoboken, NJ: Wiley, 2020）

◆ *Leadership Agility: Five Levels of Mastery for Anticipating and Initiating Change*, Bill Joiner and Stephen Josephs（San Francisco: Jossey-Bass, 2007）

◆ *Turn the Ship Around!: A True Story of Turning Followers into Leaders*, David Marquet（New York: Portfolio/Penguin, 2013）.（花塚恵 訳『米海軍で屈指の潜水艦艦長による「最強組織」の作り方』（東洋経済新報社、2014））

まとめ

☑ アジャイルリーダーとは、役職ではなく心のありようです。

☑ アジャイルリーダーは役職による権力を必要とせず、影響力を活用します。

☑ アジャイルリーダーへの道のりは目的から始まります。

☑ 組織の目的は、自律的なチームに必要不可欠です。

第 **5** 章
アジャイルリーダーシップモデル

　アジャイルリーダーシップモデルはアジャ
イルリーダーのための指針となるメンタルモ
デルで、ORSC[1]にもとづいています。アジャ
イルリーダーシップモデルのコア要素は「**シ
ステム**」です。システムは目に見えません。
人と人とのつながりや、人とチームの関係性

の上に成り立つものです。人と人との間に生じるものであって、人に生じるも
のではありません。形がなく、数値化することも難しいものですが、それでも
見たり、聞いたり、感じたりすることはできます。システムの存在を感じ取っ
て、働きかけることはできるということです。それは白い雲の中、何も見えな
いままスノーボード（あるいはスキー）をするようなものです。坂を下ってい
るということはわかりますが、見えてはいません。時には目の錯覚で間違った
方向に進んでしまい、気づけば上り坂を前に止まってしまっているということ
もあります。結局、できるのは自分の感覚と本能に頼ることだけです。傾斜を
感じ、五感すべてを使って次にどう動くべきか判断するのです。

　これは、アジャイルリーダーシップのあり方に似ています。古い習慣を変え
るためには、脳を鍛える必要があります。データのみで意思決定してはいけま
せん。データの域をはるかに超えて、五感を鍛えることが必要です。チーム、
部署、そして組織の関係性やエネルギーを感じられるようになるためです。

---

1) Organization and Relationship Systems Coaching（組織と関係性のためのシステムコーチン
　グ）：https://www.crrglobal.com/orsc.html.

「関係性システムの知性」を活用できるようになりましょう。「情緒的知性（自分との関係）や社会的知性（他者との関係）を超えたところにあるのが、関係性システムの知性の領域です。その領域では、グループ、チーム、システムとの関係に焦点を移します」[CRR_nd]。

　アジャイル組織はソフト面、つまり人の側面により重きを置きます。健全な人間関係が極めて重要となるのです。多くの組織がアジャイル・トランスフォーメーションに失敗しているのは、そのシステムがこのような変化に備えられていないからに他なりません。システムは、チームや組織をくっつけて全体をかたち作る魔法の糊のようなものですが、同時に、チームや組織が必要とする柔軟性も与えてくれます。

　アジャイルリーダーシップモデルは、リーダーが組織を別の視点から見て、システムとのつながりを保ち、次の3つのステップを通じてシステムの潜在能力を引き出すことを手助けします。**「気づく」「受け入れる」「アクションを取る」**という3つのステップです。

　非常に簡単な例を見てみましょう。1つの製品に複数のチームが取り組んでいるとします。たびたび、システムが壊れて動かなくなることがあります。誰かが品質に注意を払わず、すべてのテストを実行しなかったからです。チームはイライラし始めます。多くの愚痴を耳にし、いらだちが感じられ、有害な行動の四騎士（あるいは毒素）である「批判・非難」「守りの姿勢」「侮辱」「壁を作ること」[Lisitsa13]を頻繁に目にするようになります。耳を傾けてみると、多くの異なる意見や視点があり、お互いに意見が合わないことが多いことに気づきます。さまざまな角度からものごとを見ていると、出口がよくわからなくなってしまいます（複雑な問題の典型です）。これが「気づく」ステップです。

　2つ目のステップである「受け入れる」が起こるのは、「これは複雑なシステムの問題だから、評価のしようがないし、正解も不正解もない」ということを理解した瞬間です。視点が異なるだけなのです。それを受け入れなければなりません。そうして初めて、システムのレベルで「アクションを取る」こと、そしてシステムに働きかけて変化を起こすことができるのです。例えば、オープンスペースやワールドカフェのワークショップ（第11章参照）を開催し、

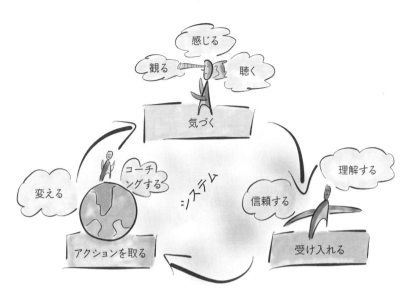

システムの創造性に委ねるということができます。これらの大規模なファシリテーション手法はいずれもシステムの自己組織化にもとづいており、チームがうまく連携したり、試してみたい実験を見つけたりするのに役立つ可能性が高いです。お気づきかもしれませんが、これはとてもアジャイルな仕事のやり方です。そして、すべてはリーダーから始まります。アジャイルリーダーへの道のりに旅立つ準備ができていて、中央集権的で個人に焦点を当てた考え方から、分権的で、自己組織化した世界へと移行しようとしているリーダーが必要なのです。

気づく
▼

　アジャイルリーダーシップモデルの最初のステップは、システムの中で起こっていることに「気づく」ことです。システムの声に耳を傾ける方法［Fridjhon14］や、目の前の現実をその多様さと多彩さのままに見る方法を学びましょう。

　どの組織もみな、常にシグナルを発するシステムです。必要なのは、そのシグナルに気づき、注目し、耳を傾けることだけです。この最初のステップで適切な視点を選ぶことによって、システム全体を上から見渡すことができるようになります。遠く離れた展望台の上から自分の周りの状況を見ているような感じです。そのような見晴らしのよい場所では、ある意味で日常業務から切り離されているので、個々人の細かいところは見えないし、声もよく聞こえません。しかし、組織内のあらゆる視点、傾向、感情、エネルギーのレベルに気づける見通しのよさがあります。

　この段階では、よく聴き、よく観察する必要があります。行動したい気持ちを抑えましょう。時間は十分にあると考えてください。禅の心をゆっくりと育てていくことに似ています。思考をなだめ、心を静かにして、手放す覚悟を持って、システムからの新しい声に耳を傾けられるよう心を開くことが必要です。

受け入れる

　2つ目のステップは「受け入れる」ことです。システムで起こっていることは何であれ、そのとき起こるべくして起こっていることであると受け入れられるようになるのです。状況を評価したり、問題をすぐに解決しようとしたりすることなく、受け入れてください。結局のところ、何が正しくて何が正しくないかなんて誰にもわからないのです。現時点では非常に悪いと思われるできごとも、最終的にはよい結果につながるかもしれません。例えば、あるバグによってシステムが一日停止し、大きなストレスと収益の低下が生じたことがありました。しかし同時に、それがシステムや製品の改善に役立つというよい結果ももたらされたのでした。チーム内のデザイナーの一人を責めることから始まった対立は、そのときはよいことではありませんでした。しかし最終的には、組織内の他のチームよりもチームとして強くなることができ、今ではその絆を活かして同じような事態を防ぐことができています。他にも例を挙げればきりがありません。

　システムの観点からすると、正解も不正解もありません。常に多くのことが

同時に起こっているのであり、判断をほんの少しだけ保留すれば「誰もが正し
い、ただし部分的に」[Šochová17a] ということに気づきます。この段階であ
なたが力を発揮できるかどうかは、ものごとをありのままに見ることによっ
て、システム全体を信頼できるかどうかにかかっています。先ほどの比喩に戻
るなら、展望台の上にいれば、特定の立場に立つことはなくなります。結果
「それはそうですね。それが正しいとか、間違っているとかいうことはありま
せん。ただ、そうだというだけです」とだけ言って、あるがままにしておくこ
とができます。受け止めて、受け入れて、判断はしないのです。

アクションを取る
▼

　3つ目のステップは「アクションを取る」ことです。前のステップで得た力
を使ってものごとに影響を与え、システムの力学やふるまいを変えるというこ
とです。劇的な変化である必要はありません。コーチングの質問や環境の小さ
な変化などといった、ちょっとしたきっかけで十分でしょう。もう少しだけ曲
がるために、車のハンドルに触れるようなイメージです。やり方はたくさんあ

ります。課題を可視化する、特定の話題についての会話をファシリテーションする、より多くの人から見える景色を知ることに集中してさらなる好奇心を持つ、アイデアについてより深い議論をする、ワークショップを開催する、実験する、コーチングする、メンタリングする、プラクティスを試す、プラクティ

スをやめる、プロセスやガイドラインを変更する、手法やフレームワークを導入する、組織構造を少し変えるなど、数え上げればきりがありません。アクションは、無数の選択肢の中から選ぶことができます。どのアクションが正しいとか間違っているとかいったことはなく、どれを選んだとしても、システムは変化し続けるのです。時にはシステムに意図した通りの影響を与えられることもあるでしょう。しかし、すべてのシステムにはもともと創造性と知性が備わっており［Rød15］、反応の仕方はさまざまです。そこで次のステップは、再び展望台に登って今起こっていることに気づき、変化を受け入れることで、次の小さなアクションを取る準備をすることとなります。

繰り返し続ける

　プロセスの全体を示す小さな例として、今アジャイルへの道のりを歩み始めたばかりだとしましょう。すべてのチームがトレーニングを受け、実践を始めました。うまくいっているチームもあればそれほどでもないチームもありますが、みんな努力しています。以前のやり方の方がよかったという声はまだあち

こちから聞こえてきますが、ほとんどの人は新しいやり方に多くのエネルギーを注いでいます。目下最大の問題は、ローカルベンダーに依存していることです。外部ベンダーの品質は疑わしく、ビジネスへの理解も不足していますし、遅延もしばしば起こっています。何とかしないと、次のリリースに間に合わなくなってしまいます。

　ここでの典型的な対応は、状況を評価して上司に判断を仰ぐことですが、結果として問題が解決し、実際のリリースに間に合うということはほとんどありません。もしあなたがアジャイルリーダーとしてこの問題に取り組もうとしているなら、評価は何の役にも立たないことに気づいているでしょう。誤った期待を作り出し、期待された成果に近づくことすらままならないことによってフラストレーションを生むだけです。アジャイルリーダーなら、システムの観点からこの問題を見ます。そこでは正しいとか間違っているとかいったことはなく、次のような異なる視点があるだけです。

- 発注する立場から見れば、ベンダーは柔軟性を与えてくれますし、場合によっては社内ではまかなえないスキルが必要とされる仕事をしてくれることもあるので、何の問題もありません。
- チームから見れば、ベンダーはひどいもので、ベンダーとの契約を打ち切って自分たちでやる必要があります。
- ベンダーから見れば、もっとまともな仕様書が必要です。
- 経営陣から見れば、興味があるのは最終的に製品がリリースされるかどうかなので、この問題は無視することができます。

　もっと続けることはできますが、言いたいことは伝わったでしょう。

　アジャイルリーダーは、あらゆる異なった視点と、それらが組織に及ぼす影響に注意を払っています。これ自体はほとんどの人がしていることとそれほど変わりませんが、意思を持って気づきを求めるようになると、より多くの見方があるとわかってきます。これが次のステップである「受け入れる」ことに役立ちます。このステップに至ると、ほとんどの人の習慣とは大きく異なってきます。

　変化が起こるのは、状況を評価するのをやめて、システムを信頼する方法を学んだときです。

　実は、状況を受け入れる能力があるかどうかは気づきの質によって決まります。このことは**複雑系**と大きく関わっています。複雑系はアジャイルが生まれた理由です。限られたいくつかの視点だけを気にかけていると、システム全体とその相互作用が見えなくなります。一方で、何が起こっているのかを判断し

て選択肢を評価し、何をすべきか選択することは容易になります。このような心理プロセスは、単純な世界や予測可能な世界では非常に効果的ですが、VUCAの世界に近づけば近づくほど、選択肢が増え、正確な評価は不可能ではないにしても極めて困難になります。ビジネスが柔軟に変化すればするほど、組織構造や文化にも柔軟性が求められ、従来のマネジメントに代わってアジャイルリーダーシップが活躍する条件が整うのです。

　複雑系には複雑系でしか対応できないので、個人だけでなくシステム全体で対応することに意味があります。今回の外部ベンダーの例では、とるべきアクションは次のように小さなもので構いません（第11章参照）。

・ワールドカフェのワークショップを開催して、みんながさまざまな視点の存在に気づきやすくする。
・全体ふりかえり[2]を行う。
・現場でチームをコーチングする。
・外部ベンダーとのコラボレーションを改善するためのコミュニティを立ち上げる。
・オープンスペースのセッションを開催して、創造的な解決策を見いだす。

　そして、3つのステップを繰り返し続けていきます。
　アジャイルリーダーは、すべての決定を下す人でもなければ、すべての状況で何をすべきかを知っている人でもありません。よい環境を作って、システムが最適な解決策を見つけてくれることを信頼する人なのです。

2）チーム間のコラボレーションに焦点を当てたふりかえり：https://less.works/less/framework/overall-retrospective.html.

ZUZI'S JOURNEY

　私が一緒に仕事をしてきたある会社での話を紹介しましょう。この会社はアジャイルへの道のりを歩んでいます。最初は1つのスクラムチームから始まりました。そして数年後にはそのチームの成功の噂が社内に広まり、会社はすべてのチームにスクラムを導入しました。さらにはビジネスサイドも巻き込み、スクラムマスターとプロダクトオーナー（PO）両方の数を増やしました。経営陣は、ビジネスや顧客へのインパクトを目の当たりにして、組織を導いてアジャイルを支援するためのさまざまな方法を検討し始めました。興味深いことに、彼らはPOたちにボーナスを支給することから始めました。POたちはチームなのだから、お金を受け取って自分たちで分配すべきだと言うのです。するとどうなったかわかりますか？　そうです。彼らはまだチームになっていなかったので、それまで以上に個人として行動するようになり、自分の利益のために戦い、結果として興味深い事態が生じました。その週の金曜日、彼らはボーナスを均等に分けることで合意しました。それが、合意に達することができそうな唯一の案だったからです。しかし、月曜日になるとそのうちの2人が戻ってきて「他の人よりも一生懸命働いたのに、他の人が自分たちと同じ額をもらうのは納得できない」と言って、この合意に異議を唱えました。解決策として、彼らは受け取ったお金を分配するのではなく、組織に返すことを提案しました。全員が同じ金額のボーナスを受け取るのは公平ではないと主張したのです。お察しの通り、個人主義的で、険悪な事態になったのでした。さて、従来型のリーダーシップモデルで考えると、リーダーシップチームは不適切な判断を下し、すべてが大失敗だったと言いたくなるかもしれません。しかし、先ほどお話ししたアジャイルリーダーシップモデルで考えるなら、正解も不正解もなく、異なる視点があるだけです。では、そのいくつかを見てみましょう。

- POがお互いに助け合わないという根本的な問題が表面化し、何年も潜んでいた対立について話し合いが持たれました。
- リーダーシップチームは、チームと、個人の集まりとの違いについて学びを得ました。
- 影響を受けた当事者たちがこの対立から立ち直るには、1年以上もかかりました。かなりのダメージでした。しかし長期的に見れば、それが彼らを強くし、1つにしたと言えるかもしれません。
- パフォーマンスを発揮していないと非難された人たちは、価値のあるフィード

バックを得ました。その日のうちには納得できませんでしたが、時が経つにつれて、自分もチームの他のメンバーに自分の価値を示す必要があることを学びました。

・対立に巻き込まれなかった PO たちは、これまでのチームとしてのあり方に疑問を呈し、より密接に働く方法を模索し始めました。

・経営陣は、長い間この PO グループをダメにしていた問題を特定して対処することができました。

・組織はより広い範囲を見据えたプロダクト指向（システム指向ではなく）へと移行し、全体的な価値を提供してサイロ化を最低限に抑えるためにスケーリングフレームワークを適用しました。

　今見たのは、あくまで数ある視点のうちの一部です。ここで起こったことは悪いことだったのでしょうか？　そうかもしれないし、そうでないかもしれません。誰にもわかりませんよね。短期的には、悪いことに見えるかもしれません。長期的には、そうでもないかもしれません。そして、これこそがアジャイルリーダーシップの核心なのです。

さらに知りたい人のために

◆ *The Responsibility Process: Unlocking Your Natural Ability to Live and Lead with Power*, Christopher Avery（Pflugerville, TX: Partnerwerks, 2016）

◆ *Mastering Leadership: An Integrated Framework for Breakthrough Performance and Extraordinary Business Result*, Robert J. Anderson and William A. Adams（Hoboken, NJ: Wiley, 2015）

まとめ

☑「システム」は目に見えません。人と人とのつながりや、人とチームの関係性の上に成り立つものです。

☑アジャイルリーダーは「関係性システムの知性」を育み、統合された全体としてのグループに焦点を当てる必要があります。

☑アジャイルリーダーシップモデルは、「気づく」「受け入れる」「アクションを取る」という3つのステップによって、リーダーが組織の潜在能力を引き出すことを手助けします。

☑複雑なシステムにおいては、何が正しくて何が正しくないかを知ることは困難です。「誰もが正しい、ただし部分的に」ということです。

第 **6** 章
コンピテンシー

　優れたアジャイルリーダーは4つのコアコンピテンシーを備えています。ビジョンを描くこと、モチベーションを高めること、フィードバックを得ること、変化を起こすことです。また、補助的なコンピテンシーである意思決定、コラボレーション、ファシリテーション、コーチングも必要です。とはいえ、優れたアジャイルリーダーは生まれながらにしてこれらのコンピテンシーを身につけているわけではありません。常にこれらのコンピテンシーを高め続けているのです。アジャイルリーダーになることは、旅の道のりを歩むことです。今どんなにすばらしい能力を持っているとしても、よりよいやり方は常にあるのです。

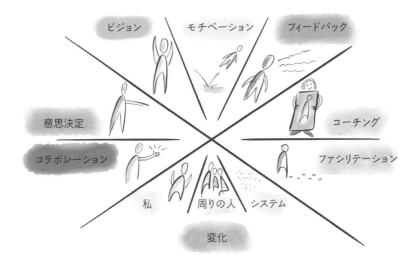

アジャイルリーダーコンピテンシーマップは、アジャイルリーダーが自分の得意なことと改善すべきことを理解するのに役立つ視覚化ツールです。

ビジョンと目的

ビジョンは成功を推進します。ビジョンは製品のみならず、組織そのものにも関わるものです。まずは次のような問いかけから考えてみましょう。夢は何でしょうか？　自分たちは何者であり、何者ではないでしょうか？　どこへ、なぜ行きたいのでしょうか？　そこにたどり着いたらどうなるのでしょうか？　どのように感じるでしょうか？　何が変わるでしょうか？　もしやめたらどうなるでしょうか、残念がる人はいますか？　これらは、あなたのビジョンを明確にするのに役立つコーチングの質問のほんの一部です。

　優れたビジョンを描く方法については、山ほど多くの論文や記事があると思うかもしれません。しかし、それらのほとんどは非常に従来型の考え方をもとにしていて、アジャイルの世界ではあまり役に立ちません。計測と高い目標をあまりにも重視しすぎていて、必要性や情緒的知性といった重要なものを見落としているのです。そうすると多くの場合、ありきたりのビジョンになってしまいます。誰もビジョンを気にかけず、ビジョンを本当に理解している人やインスピレーションを感じる人は誰もいないという結果になってしまうのです。たぶん、私がビジョンではなく夢という言葉を使いたいのはそこに理由があります。夢には未知で神秘的なニュアンスがあります。本質的にポジティブで、インスピレーションを与えてくれます。恐れずに、いつもと違うやり方でビジョンを描いてみてください。創造的になりましょう。絵を描いたり、メタファーを考えたりするところから始めるといいでしょう。それにはチームで取り組みましょう。チームや組織全体のビジョンを洗練させることは決して一個人の仕事ではありません。チーム全体がビジョンを自分たちのものとして捉

え、信じ、その一部になりたいと感じる必要があります。これこそがあなたが
生み出すべきエネルギーです。革新的な思考、創造性、エンパワーメントがも
たらされるのは、みんなが助け合い、アイデアを出し、個人的な目標を犠牲に
してでもより大きなものの一部になりたいと思うようになったときなのです。

ZUZI'S JOURNEY

　以前私がいた組織で、組織の目的を再構築してその精神を蘇らせようとしていた
ことがあります。その当時私たちは、壁に掛けられたりウェブサイトに掲載されて
いる「付加価値のあるソリューションを」という空虚なスローガンを何度も繰り返
し見ていました。しかし、誰も私たちにそのミッションステートメントの意味を説
明してくれたことはありませんでした。私たちは創業者たちにそれを尋ねに行くこ
とまでしました。すると彼らは困惑して言うのです。「どうしてそんなことを聞く
んだ？　やっている仕事を考えれば明らかだろう」と。しかし少なくとも、私たち
にとっては明らかではなかったのです。そのとき、私たちがビジョンを再構築し
て、いきいきとしたものにする必要があると気づきました。みんながビジョンから
モチベーションとインスピレーションを得て、ビジョンを生活や仕事の中に取り入
れられるようにするためです。この変化は興味深いものでした。当時の私は、本来
の目的が何だったのかを誰かに説明してもらう必要があると考えていたからです。
しかしその必要はありませんでした。それは空気中に漂っており、私たち自身の
ルーツに隠れて存在していたのです。私たちに必要なのは、注意を払って、よく聴
き、よく観ることだけでした。点と点をつなぎ、ストーリーに耳を傾ける必要が
あったのです。時間も長くはかかりませんでした。私たちがしたことといえば、目
的について会話し、何のための目的か問いかけることだけでした。
　ビジョンを作るにあたって夢やメタファーを用いることを恐れないでください。
かつて私たちが組織の目的を追求したときには、魔法も、明確なプロセスもありま
せんでした。ただ、私たちをつなぐもの、そして私たちがともに創り出す価値の本
質に常に焦点を当て続けただけです。組織の目的はプレゼンテーションのために作
るものではありませんし、正確に測るための指標でもありません。3つの現実レベ
ル[1]を通じて具体化されていくものです。すなわちセンシェント・エッセンスレベ

1）訳注：詳しくは本章の「3つの現実レベル」の節を参照してください。

ルから始まってドリーミングレベルを通じ、合意的現実レベルへ戻ってきます。私たちは、約 1 カ月で社員に対するしっかりとした説明ができるようになりました。さまざまな状況で説明を試みたり、会話してみたりした結果です。新しく入ってくる人たちに伝えるためのすばらしいストーリーができあがりました。仲間に入りたいと思えるくらい魅力的で、社員としての最初の一歩を踏み出せるくらい具体的な内容です。私たちはもともとのビジョンステートメントを変更したわけではありません。再発明し、深い眠りから目覚めさせ、蘇らせたのです。最終的に「付加価値のあるソリューションを」というステートメントは意義深いものになりました。新たなエネルギーを引き出して、会社の運営方法を変えていったのです。私たちは、積極性、創造性、そして強い顧客志向であることを重視しました。ただソリューションを提供するのではなく、パートナーとして顧客を手助けすることを目指しました。目的とのつながりを取り戻すことで、私たちは組織に再び活力を与え、よりよい未来への道筋をつけたのです。まるで魔法のようでした。

　よい目的は、顧客、従業員、株主のニーズをバランスよく満たします。優れたアジャイルリーダーは、この好循環の中で特定のグループだけに焦点を当てることはありません。この三者はバランスが取れている必要があるのです。人によっては、アジャイルではまず顧客に焦点を当て、それによって従業員

が提供すべき価値を定義し、対価を得て、結果的に株主を満足させることができると言うかもしれません。あるいは、アジャイルではまず従業員に焦点を当ててモチベーションを高めることで、顧客を満足させる創造的で革新的なソリューションが生まれ、対価を得て、株主を満足させると言う人もいるでしょう。これは鶏と卵の問題に似ています。いつものことですが、これらの主張はいずれも全体的な視点から見ると間違っており、短期的にしか役に立ちません。言い換えると、好循環の中の個々の要素に焦点を当てても対症療法にしかならず、中心にある根本的な問題の解決にはなっていないということです。強い目的があれば、どこに焦点を当てるべきかという議論をする必要がなくなります。ただ、目的に集中すればよいのです。あとは自ずとうまくいきます。

Exercise

　あなたの会社の現在の状況を最もよく表しているのは、次のうちどれでしょうか？

あなたの会社の目的を他の人に共有すると…

A．あまり関心を持たれない。最近仕事の調子はどうか、といった質問で話題を変えられてしまう。

B．魅力的な考えだからもっと知りたいと言われる。そこで働くあなたは幸運だと思われる。

もし、あなたの会社が明日倒産してしまうとしたら…

A．顧客は違う製品やサービスを利用し、あなたの会社のことは忘れてしまうだろう。

B．顧客は残念がるだろう。

従業員に対して組織の中でどのような仕事をしているか尋ねると…

A．自分自身の役割や、サイロ化された仕事のことを答える（例：コードを書く、テストする、デザインを作る）。

B．価値やビジネス、組織の目的に言及する（例：よりよい投資を手助けする、組織と組織とをつなぐ、ガン治療を助ける）。

　自分の回答を評価してみましょう。各質問でBと答えたら1点加算します。

　もしこのエクササイズで0点だった場合、あなたの組織の目的は非常に不明瞭で、誰かが目的を定めてくれるのを待っている状態です。私は目的のない組織は存在しないと強く信じています。だいたいのケースにおいて、組織の目的は、日々の仕事や問題、プロセス、変革の取り組み、買収などの山に紛れて、忘れ去られてしまっているだけなのです。時間も原因の一つです。今となっては、起業当初の目的を誰も知らないという状況がありえます。過去にさかのぼって自分たちのルーツを理解するとよいでしょう。私たちが受け継いできたものは何か？　創業者は誰で、どんな夢を持って組織がつくられたのか？　明文化されていなくても組織の中で強く信じられていることは何か？　このような質問をし始めると「ビジョンとミッションステートメントならこのプレゼン資料に書いてあります」であったり、「そんなことしている暇はないですよ。

やるべきことがたくさんあるので」といったような答えが返ってくるかもしれません。誰も目的にモチベーションを感じられていません。ゆえにみんなの意識は、少なくとも明確ではある自分のタスクや、終わらせる必要がある仕事に向けられることになるのです。

　対照的に、3 点がついた人は幸運です。というのも、本当に目的を持っている数少ない組織の一つで働いていることになるからです。人々は強いエネルギーを感じ、充足感を得ています。そのような組織はより目的に集中していて、より創造的で、より革新的です。そして、組織レベルでのアジャイルに本格的に取り組む準備ができています。

３つの現実レベル

　3 つの現実レベル［Mindell_nd］は、ビジョン策定のプロセスを説明しています。魅力的なビジョンを作るためには、次の 3 つの現実レベルを通じて具体化していく必要があるというものです。すなわち、センシェント・エッセンスレベル、ドリーミングレベル、合意的現実レベルです。このコンセプトは非常に強力です。というのも、今までとは違う新しい世界を開き、ビジョン策定プロセスに創造性と感情をもたらすからです。従来の組織では、ゴールや目標、具体的な測定基準に着目していました。「マーケットリーダーになる」や「最高の小売企業になる」、「高品質な製品を提供しつつ社会的責任も果たし、環境的に持続可能な方法でビジネスを行う」などです。組織の目的というものは、本当はそれ以上のものです。そこには、誠実さがあります。感情を揺さぶります。組織の鼓動であり、組織に存在意義を与えてくれます。私たちは、合意的現実レベルにとどまりすぎています。すべてを予測可能、測定可能、正確にしようとしすぎているのです。

　3 つの現実レベルモデルによって、これとは真逆の、センシェント・エッセンスレベルからビジョンを策定し始めることができます。感覚、エネルギー、精神といったことから始めるのです。**センシェント・エッセンスレベル**では、文化が生まれ、ビジョンが感情を引き出し、ビジョンに魂が宿ります。メタファーや希望、願望などを表現するレベルです。焦る必要はありません。しば

らくこのレベルで探索してみてください。例えば、センシェント・エッセンス
レベルをより深く探索するために、次のような質問[2]をしてみましょう。直感
的に惹かれたものは何ですか？　最初に気づいたこと、感じたこと、経験した
ことは何ですか？　最初に感じ取ったものに対して、どういうメタファーが考
えられますか？

　ここに多くの時間を費やして初めて、**ドリーミング**レベルに対する十分なイ
ンプットが生まれます。ドリーミングレベルでは、可能性や選択肢を探りま
す。その名が示すように、欲しいもの、望みや夢について考えるのです。例え
ば、次のような質問をしてみましょう。今、どんな夢を持っていますか？　こ
うなったらいいなと思っていること、望んでいることは何ですか？　何を恐れ
ていますか？　このレベルではチームやコラボレーションの基礎が作られま
す。感性で捉えていたものが、だんだん現実世界に近づいていきます。まだま
だ抽象的ですが、少しずつ具体性を増していくのです。

2）これらの質問は、ORSC プログラムの「オリジナル神話」のエクササイズをもとにしています。

　最後に、**合意的現実レベル**では、目的を具体化して現実世界に引き戻します。例えば、次のような質問をしてみましょう。私たちは何者でしょうか？ 達成したいことは何でしょうか？　どのような価値基準を持っていますか？ 取り巻く環境はどうなっていますか？　これらの質問に対してセンシェント・エッセンスレベルからドリーミングレベルを通じて湧き上がってくる答えは、大きく異なったものとなるでしょう。合意的現実レベルのみでものを考える従来型のプロセスよりも、より励みになり、より挑戦的で、よりモチベーションを引き出すものになります。このあと説明するテクニックでは3つの現実レベルを用います。3つのレベルをどのように進んでいけばよいのか、また目的を作り出すにあたってこの考え方がどのように役立つかわかるでしょう。

ハイドリーム・ロードリーム

　夢を見つけ出すためのテクニックの一つに、ハイドリーム・ロードリームのエクササイズ［CRR19］があります。ハイドリームは、あなたの最も純粋な願いであり、あなたが隠し持っている願望がすべて叶うときのことを指します。対してロードリームは、あなたの恐れによって制限されます。ロードリームは必ずしも悪いものではなく、あなたの恐れを反映しているだけです。このコンセプトでは、3つの現実  レベルを使ってこれら2種類の夢のありように気づくことに焦点を当てています。

　別の言い方をすれば、ハイドリームとロードリームは、自分が今どこにいてどこに行きたいのかを改めて考えて、組織が最高の夢を実現するために自分にできる行動をリストアップするためのよい仕組みなのです。

3つの現実レベルの順序を踏まえながら、次のようなことを考えてみましょう。

・まず、組織に対するあなたのハイドリームに注目します。それは何ですか？　どのように見えますか？　どうしてそれが重要なのでしょうか？　これらの内容について簡単にメモしてください。
・次にロードリームに目を向けて、うまくいかなかった場合にどうなるかを考えます。どう見えますか？　どのように感じるでしょうか？　その内容について簡単にメモしてください。
・それから、ロードリームが現実となりうる要因を考えて、それをメモしてください。
・最後に、ハイドリームを支えるものは何か、組織がそのハイドリームの実現に近づくために自分にできることは何かを考えてください。

ビジョンから落とし込む

私のお気に入りのツールの一つにORSCのエクササイズ「ビジョンから落とし込む」があります。このツールは、組織が本来の組織ビジョンとのつながりを取り戻したり、再構築したりするのに役立ちます。大人数でのビジョン策定プロセスをファシリテーションするための手法で、3つの現実レベルモデルを用いています［CRR19］。このツールを使うには、システムコーチングや大人数のファシリテーションについてある程度の経験を積んでいる必要がありますが、得られる結果は抜群です。私はこのツールを、製品のビジョン、組織のビジョン、役割や期待に関する調整、そしてビジョンへの思いを1つにする必要があるコミュニティのために使っています。5年後、10年後などの時間軸を

設けて、その頃どうなっていたいか、もしくは単に、理想的な組織、製品、状況はどのようなものかを問いかけます。

EXAMPLE

そのプロセスがどのようなものか、一例をご紹介しましょう[3]。この例は、みんなのビジョンへの思いを1つにし、コミュニティを活性化させたいと考えていたコミュニティのミートアップからのものです。まず尋ねるのは次のような質問です。アジャイルの未来とは何でしょうか？ 5年後のアジャイルはどうなっていると思いますか？

フェーズ1：個人のメタファー

このプロセスは、まず個人から始めます。各人がファシリテーターに導かれて、3つの現実レベルを通じて組織の比喩的なイメージを徐々に作り上げていくことになります。必ず、イメージを頭の中で膨らませて紙の上に表現するのに十分な時間を参加者に与えてください。例えば、次のようなコーチングの質問から始めて、センシェント・エッセンスレベル [CRR19] を探索することができます。

あなたの組織を、実在の、あるいは想像上の生き物として想像してみてください。その生き物は何を感じていますか？ どのような存在でしょうか？ 何を求めていて、どのような困難に直面していますか？ どうやって健康を保ち、繁栄し続けていますか？ イメージを視覚化し、メモを取ったり絵を描いたりしてもらう時間を必ず設けるようにします。できるだけ文字よりも絵の方がよいです。ぜひ、参加者にイメージを描き出してもらってください。完璧である必要はありません。実際、最もシンプルなイメージがたいていは最高のものになります。

---

3) 私がロンドンで行ったワークショップのビデオを https://www.youtube.com/watch?v=Sc3aX defa8A&t=10s から見ることができます。

フェーズ2：メタファーの共有

　それぞれのメタファーができたら、小さなチームを作ってもらいます。そして作ったメタファーを共有し、それが自身にとってどんな意味を持つのかを説明してもらいます。この際、できる限り部門を超えた多様性のあるチームを作り、さまざまな視点から意見を出してもらう必要があります。またファシリテーターは、参加者がそれぞれ違った角度からの意見を尊重し、傾聴するように促してください。ここでは好奇心が一番の味方となるでしょう。参加者が他の人のメタファーに興味を持てば持つほど、続くステップが容易になり、エクササイズ全体を通じてよりよい結果を得ることができます。

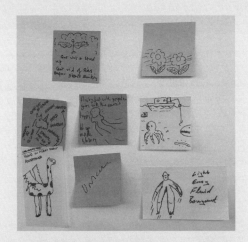

フェーズ 3：チームのメタファー

　お互いのメタファーを共有したあとは、似ているところや違うところを探して、組織の強みや課題、ニーズを明らかにしていきます。会話を通じて、整合させられるところを探っていくのです。各個人が作り出したメタファーすべての重要な側面を含む、新たなメタファーを作り出すことに挑戦します。すべてのメタファーや夢のエッセンスを融合させるために、メタファーを視覚化し、検討し、表現し、他のチームに共有する準備をしてもらいます。表現を急いで完成させる必要はありません。あとで大丈夫です。しかし、このプロセスは他の何よりも組織のビジョンの糧となります。

　このフェーズは、ワールドカフェ形式（第 11 章参照）で繰り返し行うことができます。その際、より大きなグループで足並みを揃えられるよう、壁に貼って視覚化し、さまざまな側面について投票してもらうようにします。このとき、創造性を制限する必要はありません。ただし、このエクササイズを成功させるためには、尊敬、公開（オープンさ）、集中、確約（コミットメント）、勇気といったアジャイルの基本的な価値基準が欠かせません。

フェーズ4：アクション

このフェーズでは、会話全体を合意的現実に引き戻します。まずチームは、これまでのステップで見いだした夢に組織が近づくためにとれるステップのブレインストーミングを行います。そして、いくつかのアクションに合意して引き受けます。一般的なふりかえりと同様に、巨大なアクションは求めていません。かわりに、次のイテレーションで実験的に行える小さなアクションを探しましょう。

フェーズ5：共有

最後のステップは、共有です。すべてのチームが各ステップの成果を全体で共有し、すべてのメタファーや夢のエッセンスを融合させます。アクションとコミットメントを全員で共有することで、透明性と次への期待感を高めてプロセスを終わらせます。

お気づきかもしれませんが、このエクササイズではプロセス全体でメタファーの力を使い、3つの現実レベルを通じてビジョンを具体化します。これは、一般的な企業でのビジョンや戦略的計画、ゴールや目標に関する会話とは

大きく異なります。センシェント・エッセンスレベルでは右脳を使って創造性を生み出します。ドリーミングレベルはインスピレーションを与え、みんなが企業の価値基準と再びつながって、感情的なつながりを取り戻すことを助けます。最後に、ここまでに得られたすべてのインスピレーションを合意的現実へと落とし込み、具体的な成果を生み出すことができるようになります。

モチベーション

アジャイルリーダーコンピテンシーマップの2つ目の項目は、モチベーションです。アジャイルの世界ではモチベーションの性質が異なります。アジャイルの世界を成り立たせているモチベーションの力は、自律性と目的意識に由来するものです。「ほとんどの人は、論理だけでは動かず、より大きな案件に貢献したいという根源的な欲求で動きます」[Kotter_nd]。モチベーションにお

モチベーション要因をブレインストーミングして評価した例

いて、全体の目的は重要です。ビジョン策定プロセスを適切に進めて目的との感情的なつながりを生み出せば、エネルギーは自ずと生まれてきます。モチベーションを高めるためにそれ以上のことをする必要はありません。チームはビジョンに沿って行動し、ビジョン達成のために最善を尽くします。逆にビジョンが不明確だと、本来は創造的で知的な人々が、個別の小さなタスクを遂行することに集中するようになってしまいます。予測が難しく不明確な世界の中で、それが唯一の明確なものとなるからです。そして人々はやる気を失うか、少なくとも心が離れていってしまうでしょう。このような環境では、「明確な KPI が必要です。そうすればみんなが何をすべきかわかるので」、「全員の行動をトラッキングして、ちゃんと働いていることを確認する必要があります」、「ボーナスが主なモチベーション要因です」といった意見が出てくるでしょう。

　環境や文化も、モチベーションと関係があります。アジャイルリーダーは内発的なモチベーション要因を好みます。内発的な要因の方が、アジャイルの文化の核心にあるチームスピリットとの相性がよいからです。そのような環境では、失敗を許容する文化がみんなのモチベーションを高めます。失敗を学びと改善のための機会と捉え、非難したり罰したりはしません。みんなのモチベーションを高めるのは、直面している課題に対処するためのアイデアを自ら考え出すことができる環境、学びを重視し、成長できて貢献が認められる環境、そして忘れてはならないのが、オープンで透明性があり、高いレベルの信頼がある環境だということです。これらの要因は、組織に常によい影響をもたらします。

　念のために言っておくと、複数の調査によってお金はモチベーションを高める要因ではないことが示されています。「お金がモチベーションを高めるという証拠はほとんどなく、実際にはやる気を失わせることを示唆する証拠が数多くあります。必要なだけのお金が支払われてさえいれば、お金の心理的なメリットは疑わしいものです」[Chamorro13]。言い換えると、人々は「十分な」給与を得る必要があります。自分の給与が公正であり、自分が評価されていると感じていることが重要なのです。そして、ここが問題なのですが、この評価は人それぞれであり、また必ずしも実際の給与額とは相関しません。自分の給

　与にとても満足していたとしても、新聞を開いて自分の職種の平均給与を見た
とたんにその満足は消え失せるかもしれません。「見てくださいよ。これが普
通なんだから、昇給してもらわないと」。また、たまたま同僚の給料を知り、
自分の給料は妥当ではないと感じるかもしれません。「彼は5歳年下で、経験
も少ないし、仕事量も私より少ないのに。フェアじゃない」。驚くべきこと
に、必要以上のお金が支払われている場合にも同じような影響が現れます。
「普通に仕事をしただけでいくらもらったと思う？　次は2倍もらえないか聞
いてみよう」。

　アジャイルでは、社会資本の構築に投資します。興味深いことに、お金は社
会資本を侵食します。Chamorro-Premuzic は、メタ分析[4]の結果として「マ
シュマロから現金に至るまでのインセンティブが、内発的モチベーションに一
貫して負の影響を与えることを示した」［Chamorro13］と報告しています。私
たちは、内発的なモチベーション要因によって人を動かす魅力的な環境を作ろ
うとがんばっているのに、外発的なモチベーション要因（つまり、インセン

4）E. L. Deci, R. Koestner, & R. M. Ryan, "A Meta-Analytic Review of Experiments Examining
　the Effect of Extrinsic Rewards on Intrinsic Motivation," *Psychological Bulletin* 125（6）: 627-
　668, 1999.

ティブ）によってその効果を台無しにしたり、低下させたりしているのです。とてもちぐはぐですよね。

ZUZI'S JOURNEY

　多くの組織がそうであるように、私たちの組織にも、意欲的でモチベーションが高いグループと、非常にモチベーションが低いグループがあります。私たちが解決しなければならなかった最も困難なケースの一つは、毎週、顧客のところに出張しているチームでした。車で長距離を移動する必要があり、好きでもないホテルに泊まり、技術的にも面白みに欠ける仕事をしていたのです。彼らには、その苦労を埋め合わせるための手当が支払われていましたが、手当は期待されたほどモチベーションの向上にはつながりませんでした。そんなある日、チーム全員が会社を辞めそうになります。結局、チームリーダー以外は残ることになりました。仕事の技術的な部分を変えることはできませんでしたし、手当を増やすこともできませんでした。しかし私たちは、チームが何に不満を持っているのかに対して、初めて注意深く耳を傾けました。また、財務状況を完全に透明化し、チームの自律性を大幅に高めて、予算をどこに使うか、どのようなローテーションで出張するかなどに対する決定権をチームに一任しました。その結果、彼らはホテルや移動用の車を変え、誰が出張して誰がオフィスに残るのかの決め方も変えました。このようなちょっとした変化で大きなインパクトを生み出せるというのはとても興味深いことでした。数カ月後には、彼らの製品は誰もが誇りを持って取り組めるものになり、そのチームへの配属を希望する人も出てきたのです。

X 理論と Y 理論

　モチベーションに関する最も有名な理論の一つに、1960 年に Douglas McGregor が提唱した、X 理論と Y 理論というものがあります［McGregor60］。X 理論では、人は怠け者です。働くことを嫌い、責任を避け、指示やコントロールを必要とし、行動をトラッキングする必要があるとされています。人に仕事をさせるためには脅す必要があることも多く、その裏返しとして、人への直接的な報酬は成果と結びついていなければなりません。これが、古典的なマイクロマネジメントの原点です。詳細なタイムシート、タスクの割り当て、業

績評価のすべては、X理論の信念にもとづい
ています。

　これに対しY理論では、人は仕事好きで
す。仕事を生活の自然な一部と考え、やる気
があり、常にオーナーシップと責任感を持
ち、会社で働くことを楽しみ、多くの指示を
必要とせずやるべきことは自分で見つけ、自
己管理ができるとされています。この考え方
からアジャイルは生まれました。自己組織
化、自律性、エンパワーメントによって成り
立つあり方です。

　白黒はっきりしたものなどないと覚えておいてください。どちらの理論がよ
り自社の信念に近いかにもとづいて、複数の手法を組み合わせることになるで
しょう。

Exercise

　次のエクササイズを試してみましょう。X〜Yの間で、どこかに印をつけてみてくだ
さい。

あなたが一番よく当てはまるのは？

あなたの同僚が一番よく当てはまるのは？

　さて、ここで興味深いパラドックスがあります。私は上記のエクササイズを
実験としてクラスで何度も行ってきました。そして、このエクササイズを行っ
た人の95％が、自分は同僚よりもY寄りだと評価したのです。その評価につ
いて尋ねてみると、彼らはその理由についてさまざまな言い訳をします（例え

ば、「私はマネージャーで、他の人よりも優秀なので。だから昇進してきたわけですし」、「だから私は今ここにいて、アジャイルリーダーシップについて学んでいるんですよ」、「私たちにはアジャイルへの関心があって、同僚にはないからです」など）。言い換えれば、約半数の人が「自分は他の人たちより優れている」と信じているのです。彼ら自身は、仕事をするためにアメとムチは必要ないと考えています。しかし、同僚に対する信頼と信用がないので、自分以外にはアメとムチによるコントロールが必要だと感じているのです。

　Niels Pflaeging は何年も前からカンファレンスでこの実験を行っています[5]。その内容は目を見張るものです。会議室全体、約 1000 人の人々が最初の質問に答えている様子を想像してみてください。「あなたはどちらの人間でしょうか？　ピンクの付箋に X か Y を書いて、隣の人と交換してみてください」。自分が X 理論の人間だと思っている人は誰もいません。そして、Pflaeging は 2 つ目の質問を投げかけます。「あなたの組織のすべての人について考えてみてください。X 理論の人は何%いるでしょうか？　それを黄色い付箋に書いて、隣の人と交換してみてください」。ここが面白いところです。大多数の人が、X 理論の人が存在すると思っているのです。そしてこれは非常に危険なことです。Pflaeging が言うように、他の人が X 理論になりうるという考えは、自己成就的予言であり、ひどい偏見と評価です。私たち自身が作り出す環境が X 理論の行動を生み出しています。X 理論の人がいるわけではありません。私たちは、働き方や使うツールを通じて X 理論の行動を生み出してしまうのです［Pflaeging14］。

　McGregor や Pflaeging と同じく、私は、この世界に X 理論の人などただ一人として存在しないと信じています［Pflaeging18］。私たちが昔から人をそのように扱ってきたからこそ、このような行動が生じているのです。タイムシート、業績評価、見積もり、ロードマップ、ベロシティチャートなどは、私たちが人を信頼していないことを示しています。プレッシャーやコントロールの仕組みがなくてもベストを尽くすだろうという信頼がないのです。「信頼」と口

5）Pflaeging のキーノートは https://www.youtube.com/watch?v=NAvVZlhrbig から見ることができます。

で言うのは簡単ですが、信頼を築くのはとても難しいことです。しかし結局のところ、アジャイルリーダーシップとは信頼を築くことなのです。この世にX理論の人はいないと信じてください。そして、もしX理論の行動があったとしても、環境、文化、使用するツールを変えることで、X理論の行動をなくすのが私たちの役割です。

あなたの組織では、どのようなプラクティスがX理論の行動を触発していますか？

あなたの組織では、どのようなプラクティスがY理論の行動を触発していますか？

> X 理論の行動を触発するプラクティスよりも、Y 理論の行動を触発するプラクティスの割合を高めていくためにはどうしたらよいでしょうか？

エンゲージメント

エンゲージメントは、モチベーションのとても重要な構成要素です。ADP Research Institute が出している「Global Study of Engagement」の見方は、かなり悲観的です。「世界中の従業員のうち、エンゲージメントが高いのはわずか 15.9％です…。これは、約 84％の従業員が単に仕事に来ているだけで、組織に対してできる限りの貢献をしていないことを意味しています」[Hayes19]。この調査がさまざまな産業や国の約 2 万人の労働者を対象にしていることを考えると、気にかかる結果です。また、この調査で興味深いのは、「自分がチームに所属していると答えた労働者は、そうでない労働者に比べて、エンゲージメントが高い可能性が 2.3 倍ある」[Hayes19] という発見です。「組織が優れたチームを作ることを第一に考えるようになれば、世界におけるエンゲージメントがより大きく向上することが期待される」[Hayes19] と言えるでしょう。

個人よりもチームに焦点を当てることは、アジャイルリーダーが組織内のエンゲージメントを高める方法の一つです。最初のステップは、常に意識を高め続けることです。チームのエンゲージメントに関心があるなら、このあと紹介するエクササイズを実施してみてはいかがでしょうか。このエクササイズの文言は、ADP のエンゲージメントに関するグローバル調査で実際に使われていたもので、「8 つの項目は、従業員のエンゲージメントの中でも特定の側面を測定するために設計されています。組織やチームリーダーが影響を与えられる

側面です」[Hayes19]。ただし、チームに対してエクササイズを実施する前に、まずは自分自身の答えと、何があればもっと自分のエンゲージメントを高めることができそうかを考えてみてください。よいインスピレーションが得られるでしょう。

Exercise

以下の記述に同意するかどうか、1 ～ 10 の間のどこかに印をつけてみてください。1 は「まったく同意しない」、10 は「完全に同意する」を表しています[6]。

会社のミッションに心の底から本気で取り組んでいる。

仕事において、自分に何が求められているかを明確に理解している。

チームには、私と同じ価値基準を持つ人が集まっている。

仕事において、日々自分の強みを発揮する機会がある。

チームメイトは私の味方になってくれる。

---

6) これらの内容は、ADP の「Global Study of Engagement」レポート [Hayes19] より引用したものです。

すばらしい仕事をすれば、きちんと評価される。

私は会社の将来性に大きな自信がある。

仕事のために、私は常に成長する必要がある。

1   10

　すべての答えが7以上であれば、あなたは「エンゲージメントが高い」と言えます。

　高いエンゲージメントは、リーダーシップの旅の道のりにおいて重要な部分です。このエクササイズで「エンゲージメントが高い」という結果にならなかったとしても、心配はいりません。それはあなたが意欲を失っているとか、やる気を失っているということではありません。リーダーとしての可能性を最大限に発揮できていないというだけです。エンゲージメントに関して、リーダーシップスキルを向上させる機会があるかもしれないということです。自分の点数については、自分が活躍できる環境を作れていないことを人のせいにすることもできます。しかしあなたのチームについては、すべてはあなたの手にかかっています。あなた自身がよりよい環境を作り、チームが高いエンゲージメントの力を感じられるようにすることができるのです。「労働者は、チームリーダーを信頼している場合、エンゲージメントが高い可能性が12倍になります」[Hayes19]。チームからの最初のエンゲージメントのフィードバックは、厳しく、がっかりするようなものかもしれません。しかし少なくとも、チームに何が足りないのかわかるので、改善に動けるようになります。幸いなことに、リーダーが適切な環境を作って相互の信頼関係を築くことで、エンゲージメントのレベルに大きな違いをもたらすことができます。

スーパーチキン

▼

Margaret Heffernan は、TEDWomen 2015 でモチベーションに関するすばらしいプレゼンテーションを行いました。冒頭で彼女は、パデュー大学の William Muir が行った鶏の生産性に関する研究について話しています。「鶏は集団で生活します。Muir はまず初めに平均的な群れを選び、その群れを 6 世代にわたって維持しました。一方で、鶏の中で最も生産性の高い個体（スーパーチキンと呼びましょう）を集めた第二のグループを作りました。それから繰り返し最も生産性の高い鶏だけを選びながら、世代を重ねたのです」[Heffernan15]。人事評価やレイオフのたびに、私たちは同じことをしているのではないでしょうか。筋は通っていますよね？　生産性の低い人々は、他の人々のやる気を失わせ、アウトプットの品質を下げ、グループ全体の生産性を下げるだけ。ほとんどの組織がそう言っていますよね？　それでは、研究の結果を見てみましょう。「6 世代が経過したあと、最初のグループ、つまり平均的なグループはうまくいっていることがわかりました。みんなふっくらとして、羽毛が生えそろい、卵の生産量も飛躍的に増えていました。一方、第二のグループはというと、3 羽を除いてすべて死んでいたのです。その 3 羽が他の鶏をすべてつついて殺してしまったのでした。個体として生産性の高い鶏は、残りの鶏の生産性を抑えることで成功を収めていたのです」[Heffernan15]。

　最高のチームの一員になったことがある人にとって、このことはそれほど驚くべきことではないでしょう。最高のチームは、スーパーチキンだけのチームだから成功するわけではありません。個人のスキルや多様性も重要ですが、成功を導く最も重要な要因は、人と人とのつながりです。アジャイルな組織はそのことを理解しています。だから、人間関係やチームスピリット、組織を横断してチームをつなぐさまざまなコミュニティをサポートしているのです。また、みんながコラボレーションできるようにオフィスを設計しています。そのような会社では、部屋の周りにはマジックウォールがあり、ホワイトボードとして使えるようになっています。また、可動式の家具を設置して、チームの

ニーズに合わせて柔軟にスペースを確保したり、チームが成長したときにはレイアウトを変えることができるようにしています。さらに雑談エリアにも投資しており、そのエリアはカラフルで快適、そして楽しめるように作られています。古典的なコの字型のテーブルが置かれた無機質な会議室とは違います。

アジャイルな組織では、コーヒーメーカーを費用ではなく人と人とのつながりへの投資と捉えます。コーヒーどころではない投資をしていることもよくあります。社員がカフェテリアで大幅な割引を受けたり、完全に無料で食事したりできるようにしているのです。また、ゲームのためのスペースを作って、人が集まって一緒に遊び、リラックスできるようにしている場合もあります。キッチンエリアにテーブルフットボールの台を1つ設置しているだけではありません。アジャイルな組織は、従業員同士が関係性を築く場に投資することで、モチベーション、エンゲージメント、オーナーシップのみならず、創造性、イノベーション、そして最終的にはパフォーマンスにも大きな価値がもたらされることを理解しているのです。

従来のアメとムチのアプローチとは全然違うと思いませんか？　誤解しないでいただきたいのですが、月間MVP、キャリアパスの階層、業績評価などのプラクティスはすべて、よかれと思って組織に導入されています。しかしそれらは、高度な専門性とスキルを持ち、高いパフォーマンスを発揮する個人だけが組織を成功に導くことができるという誤った信念から来ているのです。企業は過去50年の間、スーパーチキンの群れができることを期待して、スーパーチキンと呼べるような社員に投資してきました。そして、今こそアプローチを変えるときが来たのです。自己組織化したクロスファンクショナルチームや、チームのコラボレーションやソーシャルスキルへの投資といったプラクティスの方が、はるかに成功する可能性が上がるでしょう。

Exercise

あなたの組織では、どのプラクティスを実践していますか？

☐ 月間 MVP ☐ クロスファンクショナルチーム

☐ キャリアパスの階層 ☐ 役職をなくす

☐ 業績評価と KPI ☐ 創発的リーダーシップ

☐ ゴールと目標を定義する ☐ 自己組織化

☐ 個人ボーナス ☐ 相互フィードバック

　左側につけたチェックの数だけ－1点、右側につけたチェックの数だけ＋1点で計算してください。結果から、あなたの組織がだいたいどのくらいアジャイルかがわかります（あくまでプラクティスからわかる範囲の結果です）。点数が低いほどアジャイルな文化やマインドセットを弱らせており、高いほど強めています。

どのプラクティスを試してみたいですか？　どのプラクティスはやめておきたいですか？

Avast プラハ本社のリラックスエリア

Avast プラハ本社での可動式の会話スペース

フィードバック

▼

　アジャイルリーダーコンピテンシーマップの3つ目の項目は、フィードバックです。アジャイルチームにとって、フィードバックは非常に重要です。フィードバックはアジャイルチームの DNA の一部であり、チームの文化に欠かせないものでもあります。なぜなら、フィードバックによってチームは自分たちの仕事のやり方を検査して適応する機会が得られ、改善の可能性を探し続けることができるからです。同じことがアジャイルリーダーにも当てはまります。定常的なフィードバックフローは、リーダーシップスタイルを改善するために欠かせません。フィードバックを与えることはフィードバックフローの一部にすぎず、フィードバックを受け取ることの方がより重要です。さて、あな

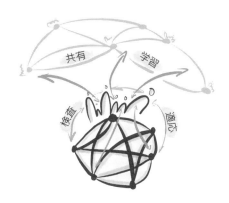

たはこれまでに、仲間からのフィードバックにもとづいて仕事のやり方を変え
たことが何度ありますか？　心の中で「全体像をわかっていない」「関係ない」
と思って拒否したことが何度もあったりしませんか？　確かに、他人の言うこ
とすべてに同意する必要はありません。しかし、もしフィードバックの中に
2%でも真実があるとしたら、それはあなたにとってどんな意味があるでしょ
うか。その2%はどう役立ちそうですか？　すべてのフィードバックをシステ
ムの観点で捉え、「誰もが正しい、ただし部分的に」と考えていれば、フィー
ドバックから学ぶ能力は大きく向上します。

　一般的に、フィードバックに関して十分という状態はありません。頻繁にや
り取りすればするほど、自分も他人もフィードバックに対する心理的障壁が下
がっていきます。アジャイルリーダーはフィードバックをルーティンにしてい
ます。習慣になっているので、フィードバックをやり取りしていることに気づ
いていないことさえあります。もしあなたが年に一度しかフィードバックを求
めていないとすると、フィードバックは一大事です。非日常的で、ストレスを
感じるものになります。私に不満を持っていたらどうしよう、私の仕事の価値
をまったく認めていなかったらどうしよう、という考えが心を占領し、防御的
な行動や非難で反応してしまいがちになります。

信頼、透明性、オープンさ、定期性がよいフィードバックを生み出します。

　一例として、スクラム[7]のふりかえり（レトロスペクティブ）は、チームが
行動につながるフィードバックをやり取りする定期的な習慣を作り出す効果が
あるので、スクラムチームに必要不可欠となっています。同じように、LeSS
[LeSS19a]で定義されている全体ふりかえり[8]は、より大きな組織規模で定期
的にフィードバックをやり取りする習慣を作るものです。ふりかえりのコンセ
プトをどこで用いるかに制限はありません。フィードバックは、個人、チー

7）スクラムガイド：https://www.scrumguides.org.
8）全体ふりかえりはLarge-Scale Scrum（LeSS）フレームワークの構成要素です（https://less.
　works）。

ム、組織のレベルにとどまるものではないのです。優れたアジャイル組織は、外の世界からのフィードバックを求めて、インスピレーションを得るために自分たちの仕事のやり方をブログで共有したり、組織外の人を呼んできて見てもらったりしています。そうすることで、他の組織から学ぶ方法も模索しているのです。

ZUZI'S JOURNEY

フィードバックを気軽に行えるようになるには長い時間がかかります。私たちの場合、小さなステップから始めました。最初は、チーム内で正直で率直なフィードバックを気軽に行える状態にしました。定期的なふりかえりを小さなチームの中で実施したのです。そのふりかえりは、心理的安全性を高めるために非公開で行いました。時間がかかりました。チームレベルでの信頼が確立されてメンバーが慣れてくると、ふりかえりに頼ることが少なくなり、その場でお互いにフィードバックできるようになってきました。より協働的で優れたチームになっていき、フィードバックが日々の仕事の一部になっていったのです。チームは強く、内部で起こることに向き合っていました。しかし、チームの外からやってくるものに関しては潜在的な脅威として受け止めていました。

ある時からチームは、チーム間での共有を行い、お互いに学び合うことに対して抵抗を感じることがなくなっていきました。また、他のチームとフィードバックのやり取りを行うことに対しても抵抗を感じなくなっていきました。そのタイミングで私たちはコミュニティ[9]を立ち上げ、組織横断的な問題を議論するようになります。そこで重要だったのは、誰が何をしたかという責任の所在を明らかにすることではなく、ともに学び、そのような問題が再び起こらないようにすることでした。このとき、私たちは個々のチームというよりもネットワークのようになったのです。相互のつながりが強くなり、組織として足並みが揃うようになりました。

最終的に、私たちが組織として内部的に強くなり、率直に発言してお互いにフィードバックをやり取りできるようになったとき、私たちの働き方を外の世界に共有する準備が整いました。私たちは、組織の外の人たちに自分たちの働き方を見

9）実践コミュニティとは、やっていることについての関心や情熱を共有し、定期的に交流することでよりよいやり方を学ぶ人々の集まりのことです。

てもらい、フィードバックをもらい始めました。カンファレンスで話したり、学生を惹きつけるために学生向けのワークショップを開催したりしました。私たちの仲間として働くかどうかを考えている候補者に対して、自分たちを知ってもらうためにオフィスに一日招待したりもしました。私たちは共有するだけでなく、他の人が何を感じ、何に対して興味を持ち、何が重要で何が難しいと感じているのかについても興味を持っていました。私たちはフィードバックを受けることに心を開きました。なぜなら、常によりよいやり方は存在するからです。最初のうちは、相手の意見を「わかっていない」と言って否定しないようにするのが大変でした。しかし最終的には、「誰もが正しい、ただし部分的に」という事実を受け入れたことで、より効果的に改善を行うことができるようになりました。

Exercise

ここ数カ月間の、チーム内でのフィードバックについて考えてみてください。

仲間がそこから学べるような、正直でオープンなフィードバックをどれくらい行いましたか？
A．一度もなかった
B．まれに
C．ときどき
D．頻繁に
E．常に

他の人たちからのフィードバックを受けて、どれくらい学び、やり方を変えてきましたか？
A．一度もなかった
B．まれに
C．ときどき
D．頻繁に
E．常に

> 行動につながるフィードバックをもっと頻繁にやり取りするためには、何を変えればよいでしょうか？
>
> ....
>
> ....
>
> ....
>
> ....

フィードバックを与える

ときには、組織の文化があなたの理想から遠く、人間関係やチームワークを構築するうえで有害となる行動が多く存在することもあります。フィードバックが必要であっても、そのやり取りが難しい環境です。みんながお互いを信頼していない場合、何をどのように伝えるかについてより慎重になる必要があります。そのような環境では、COIN の会話モデルがメッセージを伝えるのに適した方法です。GROW モデルのような他のコーチングツールと同様に、

COIN の会話モデルは会話を導き、気づきを与えます。COIN とは context/connection（コンテキストの把握）、observation（観察）、impact（影響）、next（今後）の頭文字をとったものです。

- **コンテキストの把握**：まずはコンテキストの把握から始めます。過去に起こったことの具体的な時期、内容、状況といったコンテキストです。いつの話なのでしょうか？　どんな状況だったのでしょうか？　ポジティブになって、すべては善意で行われたと想定しましょう。
- **観察**：観察は具体的に、ただし中立的に行わなければなりません。どちらか

の立場に立ってはいけません。ただ何が起こったかを説明してください。評価してはいけません。なぜなら、このような状況での評価はたいていの場合、非難として受け取られるからです。観察のためには、距離を置いてアジャイルリーダーシップモデルを用いる必要があります。正しい状況も間違った状況もありません。さまざまな観点や視点があるだけです。

・**影響**：影響はとても個人的なもので、あなたが何を感じるかということです。何が正しいか、正しくないかではありません。あなたはどう感じているでしょうか？　あなたからはどのように見えているのでしょうか？　チーム、部署、組織にはどんな影響があったでしょうか？

・**今後**：最後に、今後を考えることで具体的なアクションへ立ち戻ります。別の対応の仕方もあったし、今もあることを認識してもらいましょう。かわりに何ができたのでしょうか？　次はどうすればいいでしょうか？　求めているものを明確にしましょう。何を変えてもらいたいのでしょうか？

EXAMPLE

　次の状況を想像してみてください。同僚の中で最も経験豊富な人が、ワークショップの最中にずっとテキストメッセージを送り続けていて、チームに協力していません。他のチームメンバーはミーティングのあとのプライベートな場で、彼が自分たちと反対の意見を持っているのではないかと感じたので怖くて発言がためらわれた、と言っています。

コンテキストの把握

　「あなたがこの製品を大事に思っていることも、チームが製品をすばらしいものにするための手助けにあなたが多くの時間を使ってくれていることもわかっています」

観察

　「昨日のワークショップで気づいたんですが、かなり頻繁に携帯電話を触っていましたね。あまりグループの活動に参加していなかったと思います。集中していなくて、ミーティングから気持ちが離れてしまっているように見えました」

影響

「結果として、チームメンバーが発言をためらってしまっていました。みんなが
やっていることがあなたの気に食わないのに、言わないようにしているだけなん
じゃないかと恐れていました」

今後

「何か事情があってそうしていたのは理解できます。お願いなんですが、他に何
かやらなきゃいけないことがあるときは、一度ミーティングを離れて、その理由も
チームにオープンに話すようにしてもらえますか？　そうすれば、あなたがみんな
の仕事を信頼しているということを伝えることができて、みんなも安心すると思い
ます」

最近、自分が何かフィードバックしたかった状況を思い出して、COIN の会
話モデルに沿って話す練習をしてみましょう。

フィードバックから学ぶ

▼

　リーダーシップへの道のりにおいて、フィードバックから学ぶ能力は非常に
重要です。フィードバックを活かす方法はたくさんあります。リーダーシッ
プ・サークル・プロファイル［Lead19］は優れた 360 度プロファイルで、一
人ひとりのリーダーの育成に焦点を当てています。このプロファイルでは、世
界中の 10 万人以上のリーダーから導き出した基準と、あなた自身とを照らし

合わせます。私たちは自分のことを他人が見ているのとは違ったように見る傾向があるので、たいていは驚くような結果になります。

　リーダーシップ・サークル・プロファイルでは、リーダーのパーソナリティの4つの次元を組み合わせて表現します。クリエイティブ（自己主導的）な能力（リーダーの効果性と高い相関関係がある）とリアクティブ（反応的）な傾向（より短期的な結果を得る）、および人と関係性を重視する傾向と任務を重視する傾向とが、それぞれ対比されています。自分自身をよく知り、フィードバックをリーダーシップスタイル改善のためのインプットとして得ることは、アジャイルリーダーへの道のりにおいて重要なステップです。

　私自身がアセスメントを行ったときは、リアクティブな面よりもクリエイティブな面が強く結果に現れると期待していました。結果を見ると、確かに自己主導性は強く、期待していた以上の結果でした。しかし、リアクティブな面には意外な部分がありました。私自身について聞きたくないことが書かれており、私はそのアセスメントの結果に言い訳を考え始めていました。しかし、現実は違ったのです。リアクティブな面について、「独裁」と「保守的」の項目で高い値が出るとは思っていませんでした。振り返ってみれば、自分の行動にそれらの傾向があったことはよくわかります。今は改善されたとは思っていますが、これらの特徴はいまだに望ましい程度よりも強く現れているようです。

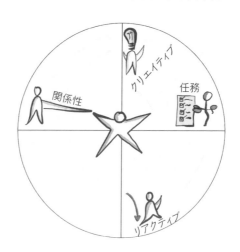

私が大きく前進することができたのは、コーチが私を批判することなく、自分の中のそうした傾向に目を向けて受け入れるのを助けてくれたからです。気づき、受け入れ、アクションを取りましょう。私もまだまだではありますが、私のリーダーシップへの道のりは大きく前進しました。あのフィードバックを聞いたとき、諦めなくてよかったと思います。

　世界は VUCA の課題であふれているのに、ほとんどのリーダーはいまだにリアクティブなままです［Anderson15a］。研究によると、リアクティブなマインドセットで行動するリーダーは、ある程度までしか成果を上げることができないことが示されています。ある段階からは高いパフォーマンスを生み出すことができなくなるのです。「リアクティブなリーダーの多くは、一般的に結果を出すことよりも慎重になることを、生産的に仕事に打ち込むことよりも自分を守ることを、そして人と協調することよりも攻撃することを重視します」［Duncan19］。対照的に、クリエイティブなマインドセットを身につけたリーダーは、新しい可能性に対してオープンです。

　リアクティブなリーダーについての理解を深めるために、3 つのタイプのリーダーとそれぞれが持つ傾向を見てみましょう［Anderson15a］。

- **ハート型**：自分を中心とした人間関係を作り、人に好かれ、受け入れられることに満足感を覚えます。人との関係性を大事にしているので、人に拒絶されるのではないかと不安になると、衝突を避け、非常に受け身になります。ハート型のリーダーがこのようなリアクティブな面を見せると、他者依存的な人だと見なされます。人間関係を重視することで、アジャイルの原則に沿うことができます。
- **ウィル型**：どんな手段を使ってでも勝とうとします。負けず嫌いであり、結果を出したいと考えており、やるべきことをやり遂げようとします。他者には依存しません。責任者になること、昇進すること、ものごとを操作することに関心があります。他の人に任せたり、協力したりすることはありません。ウィル型のリーダーは失敗を嫌います。なぜなら、失敗によって自分が弱く見られることを恐れているからです。なんとしても自分が一番でなけれ

ばならないのです。完璧主義であり、しばしばマイクロマネジメントを行います。ウィル型のリーダーがこのようなリアクティブな面を見せると、操作的な人だと見なされます。そして、アジャイルな働き方を受け入れることは非常に困難です。

- **ヘッド型**：スマートで分析的です。合理的な考えの持ち主で、意見が対立する複雑な状況であっても距離を保って考えることができます。内なるモチベーションは、他の人から、知識豊富で、すばらしいアイデアを持った優秀な思想家だと思ってもらうことですが、冷たく、よそよそしく、分析的で、批判的だと思われています。ヘッド型のリーダーがこのようなリアクティブな面を見せると、防御的な人だと見なされます。アジャイルな環境にあっては、分析しすぎる傾向があります。

　クリエイティブな能力は新しい機会をもたらします。リアクティブなマインドセットだけでリードする場合に比べると、何倍ものインパクトになります。「クリエイティブな自己に生まれ変わることは、人生とリーダーシップにおける大きな転換です」［Anderson15b］。クリエイティブなマインドセットを持つリーダーは、情熱と信念を生み出すビジョンと目的から始めることが多いです。ビジョンと目的は明確な具体像につながり、チームが成功に向けて急上昇していく手助けになります。「クリエイティブなリーダーシップとは、自分たちが信じるチームや組織をつくり、最も重要なことに対して成果を生み出し、望ましい未来を創造するための能力を高めることです」［WPAH16］。クリエイティブなリーダーシップは、協働的でアジャイルな組織と文化を育むための鍵となります。

　　　クリエイティブなリーダーシップはアジャイルな文化への鍵です。

リーダーシップの成長はアジャイルさのコア要素

Kay Harper
──リーダーシップと関係性システムのコーチ

　21 世紀は複雑で変化の速い時代なので、リーダーの効果性における差は大きく

なってきています。データが示しているのは、世界がより相互に結びついてビジネス環境がより不安定で複雑になるにつれ、効果的なリーダーシップの定義も変化しているということです。また、リーダーシップの効果性と業績に相関関係があることを示すデータも存在します。私はコーチとして、人々が現在どの程度リーダーシップコンピテンシーを満たしているか、また過去の経験がリーダーシップのアプローチにどのような影響を与えているかを理解できるよう手助けしています。リーダーとしての自分の影響力を認識できるようにすることが目的です。リーダーが自覚を持てば、自分自身が組織の利益に対してどのように影響を与えるかを意識的に選べるようになります。

　ある大企業の一部門のリーダーシップチームと仕事をしたことがあります。そのリーダーシップチームは、どのようにチームやチームメンバーと関わればチームがより多くの意思決定に対して責任を負うことができるようになるかを知りたがっていました。そうすれば、よりすばやく価値を提供できるようになるからです。シニアリーダーのリーダーシップスタイルが意思決定の分権化を可能にする（あるいは不可能にする）環境を作り出すとわかっていたので、私たちはこのシニアリーダーシップチームとの共同作業を始めました。リーダーシップ・サークル・プロファイルとそれにもとづいたコーチングを通じて、リーダーたちはそれぞれ、チーム、同僚、ステークホルダー、そして組織全体の経営陣と仕事をする際に、自分がどのような影響を与えるかを示唆するデータを得ました。リーダーたちは、自分の強み、クリエイティブな能力、リアクティブな傾向、そしてリーダーとしての効果性を改善できそうな部分に対する、より深い理解を得ることができたのです。それぞれアクションプランを作り、個人やリーダーシップチームレベルでのコーチングが行われました。リーダーたちは、自分たちが約束した改善の実行に対する説明責任をお互いに負うようになりました。時間をかけて（そしてチームコーチングを通じて）、デリバリーチームは、より多くの意思決定を行っていく中でリーダーのサポートを受けられることを学びました。チーム内およびチーム間のコラボレーションが活発になるにつれて、サイロ化が解消されていきました。チームのメンバーがデリバリーにおいてより自律性を感じられるようになると、ポジティブさが増しました。結果として、生産性と従業員満足度の両方が向上したのです。私は、組織がアジャイルになるのを助けるパートナーとして、組織のすべてのレベルにおけるより多くのリーダーたちが、これまでとは異なるやり方でリードする必要性を感じ、これらの新しい能力をさらに深めるための行動をとるようになることを願っています。

意思決定

▼

　アジャイルな環境であっても、時には自分自身で決断を下す必要があります。アジャイルとは投票や終わりのない会話のことではありません。みんなで話し合って決めるか、自分で決めるかは、常にトレードオフの関係にあります。

　意思決定ができることは、人に活力を与えます。エネルギーとモチベーションが高まるのです。従来型の組織1.0では、上司は意思決定のために存在します。知識をより重視する組織2.0では、マネージャーは権限委譲を期待されます。アジャイルな組織3.0では、リーダーはメンバーを力づけて、みんなが一歩踏み込んで日々の意思決定の責任を引き受けられるようにします。権力よりも影響力に頼るのです。

　いつものことながら、自分の現在地を知るとよいでしょう。システムを信頼して権限委譲できますか？　手放すことをイメージできますか？　こういった質問は、意思決定プロセスに関する自分の立場を考える出発点になります。

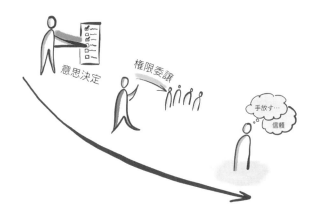

Exercise

　あなたの組織について考えてみましょう。以下の項目について、1 ～ 10 の間でどこに当てはまりますか？　1 は「まったく当てはまらない」、10 は「完全に当てはまる」を表しています［Bockelbrink17］。

私たちは、実験を通じて課題に取り組んでいる。

私たちは、常に改善点を探し続けている。

私たちは、すべての情報を透明化して誰もがアクセスできるようにしている。

私たちは、目標を達成することに集中している。

私たちは、納得できない行動や決定が行われた際には常に率直に意見を言っている。

私たちは仲間はずれを作らず、ある決定によって影響を受ける人には常に議論に参加してもらっている。

私たちは、必要に応じてオーナーシップと責任を引き受けている。

　右に行くほど、決定権を手放してチームに権限委譲した際の意思決定プロセスはより効果的になるでしょう。

意思決定プロセスをより効果的にするために、環境をどのように改善できるでしょうか？

ソシオクラシー

　従来の組織では行われた意思決定にみんなが従いますが、アジャイルな組織では意思決定そのものを協力して行う必要があります。小規模なチームで意思決定を行うことは比較的容易に想像できるでしょう。しかし、大規模になるとどうでしょうか？　ソシオクラシー 3.0 のフレームワークには、「ダブルリンク」によって組織の足並みを揃えていく仕組みがあり、合意形成に役立ちます [Esser_nd]。簡単に言うと、完全なクロスファンクショナルチームがダブルリンク（チーム側の代表者とマネジメント側の代表者）と呼ばれるものを常に備え、局所的な最適化だけでなく、高いレベルで組織の足並みを揃えられるようにするということです。このソシオクラティック・サークル組織手法は、1980 年に Gerard Endenburg[10]が生み出しました。そして何年もかけて完全なフレームワークへと発展し、アジャイルの世界でよく使われるようになったのが、ソシオクラシー 3.0[11]です。ソシオクラシー 3.0 では、7 つの原則と一連の

パターン［Bockelbrink17］を定義しています。メンバーが自律的に行動し、不測の事態にも柔軟に対応できるようなかたちで組織運営と意思決定を行う方法を示しているのです。

　ソシオクラシー3.0の原則のうち、経験主義、継続的改善、高い透明性は、一般的なアジャイル環境において目新しいものではありません。また、「目的達成に近づくことだけに時間を割く」という効果性の原則［Bockelbrink17］は、アジャイルの価値基準の一つである「集中」として捉えることができます。最後に残った3つの原則が、意思決定の文脈において特に重要です。

・**合意**の原則は、反論や意見の相違をオープンにすることを促します。
・**同等性**の原則はインクルージョンを促し、意思決定によって影響を受けるすべての人を意思決定プロセスに参加させます。
・**説明責任**の原則は、オーナーシップと必要に応じて行動する責任をもたらします。

10）Gerard Endenburg によるソシオクラティック・サークル組織手法：https://www.sociocracy.info/gerard-endenburg.
11）ソシオクラシー 3.0：https://sociocracy30.org.

　ソシオクラシー 3.0 の合意形成に対する協働的なアプローチは、高い透明性と継続的な評価と相まって、ゆるぎない意思決定をもたらします。結果、組織が問題に対応する際には高い柔軟性が得られるのです。

パワーサイクルとコントロールサイクル

　さて、問題に直面すると脳の中では何が起こるのか、どんな反応をするのかを詳しく見てみましょう。Christopher Avery は、自身のプログラム「リーダーシップ・ギフト」[12]の中で、またさらに詳しくは著書［Avery16］の中で、その説明をしています。このコンセプトは心の中を深く掘り下げ、思考のプロセス、感情、反応を明らかにするものです。なぜ問題に直面すると決まった反応をしてしまうのでしょうか？　Avery が言うには、「恐ろしいのは、パワーと自由を増大させるためにはコントロールを諦める必要があることです」［Partner17］。すべての始まりは恐れです。失敗への恐れ、コントロールを失うことへの恐れです。

　困った状況に直面したとき、脳はパワーサイクルとコントロールサイクルのどちらかに舵を切ります。コントロールサイクルは、コントロールを失うことへの恐れを反映したものです。これは、コントロールがすべてであるという従来型のマネジメントの考えに根ざしています。コントロールができないと弱くてどうでもいい人物だと思われ、昇進できなかったり、仕事を任せるのにふさわしくないと思われたりする、というわけです。問題が発生するたびに頭が恐怖でいっぱいになり、コントロールを自分に取り戻そうとするのです。状況を見極め、すべてのプラス要素とマイナス要素を徹底的に比較検討して、同じようなことが起こらないように新たなルールを作って問題を解決する方法についてアドバイスしようとしたり、コントロールを取り戻すためのプロセスを求めたりします。そうして心理的な罠が発動するのです。状況の見極めとそれに続くアドバイスのたびに、何が正しくて何が正しくないかを判断し、決めた通りにみんなが動いてくれることを期待するようになっていきます。それが実現し

---

12)　The Leadership Gift：https://christopheravery.com/the-leadership-gift.

ないと、コントロールを失うことへの恐れはさらに大きくなり、裏切られたと感じることでその恐れが強くなっていきます。また新たな状況を見極めて、それが起こるべきことかどうかを判断し、コントロールを取り戻す方法を探す、というサイクルが続くのです。コントロールを失うことへの恐れは膨れあがり、より広範囲にわたる強いフラストレーションにつながります。恐れが環境に対するプレッシャーを増大させるのです。

　もう一つの選択肢として、パワーサイクルを選ぶこともできます。難しくはありませんが、現在の習慣を断ち切って、これまでとは違うやり方で反応する必要があります。問題が発生したら、それを見極めるのではなく、問題が発生した理由を探り、根本原因を見つけて、システムの観点から問題を見ようとするのです。理由を探るプロセスの中で問題がより明確になります。さまざまな視点が得られ、好奇心がかきたてられます。問題が明確になることで心に静けさと安らぎがもたらされます。それはやがて自分自身や他者への信頼につながり、結果として以前よりも大きな力が得られるというサイクルになるのです。「パワーサイクルを選ぶのは、はじめは簡単ではありません。しかし、パワーサイクルには自己強化の力学があるので、信頼することをすばやく学べるのです」［Partner10］。

　パワーサイクルに入るためには、まず自分がいつもどのような道を選びがちなのかを認識することです。よく注意して、いつもの反応をする前に自分のパ

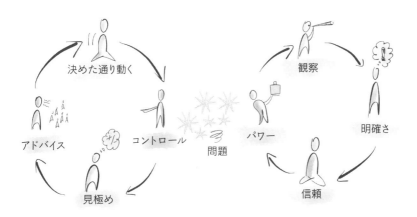

ターンを認識できるようになれば、問題の理解に努め、システムの観点で見て、アジャイルリーダーシップモデルを用いる道を、意志を持って選べるようになります。状況を見極めてものごとの正否を求める道をたどらずにすむのです。すべての変化がそうであるように、時間はかかりますが、それだけの価値があります。

コラボレーション

　アジャイルとは、つまるところチームとコラボレーションのことです。個人はそれほど重要ではありません。このコンセプトは何も不思議なことではありません。人々が個人として働くことに慣れすぎて、コラボレーションとは何かをただ忘れてしまっただけなのです。しかし、コラボレーションはアジャイルの重要な側面です。コラボレーションができなければ、アジャイルリーダーになることはできません。

　従来の組織では、プロセス、ルール、権限委譲がすべてです。状況を分析し、どのように対処したいかを決め、プロセスに落とし込み、そのプロセスに従うことだけを求められます。それで十分なのです。プロセスに頼って日々の意思決定をする世界です。「プロセスが解決してくれる」というわけです。単純な状況では、プロセスはうまく機能し、透明性と予測可能性が得られるという利点があります。入り組んだ状況では、このモデルでは十分な柔軟性が得ら

プロセスで解決する

れないことがあり、人や組織が適切な対応をするのに苦労するでしょう。複雑な状況では、何が起こるか予測するのは難しく、この方法はたいてい失敗に終わります。

厳格なプロセスは創造性を奪うので、単純で予測可能な状況でしか機能しません。

　企業が日々直面している状況が入り組んでいればいるほど、従うべきプロセスを定めるのは難しくなります。ルールや手法だけではうまくいかないのはやむを得ないことのように思えます。そこで権限委譲が行われ、プロセスの中のある特定の部分に責任を持つ人のために新しい役割や役職が作られます。個人が責任を負う世界です。窓口を一人設けて仕事を担当させ、うまくいかないときには責任を取らせるのです。「私がやります」と名乗り出ることもあれば、「あなたがやってください」と誰かに割り当てることもあるでしょう。いずれにせよ、そこに本物のコラボレーションはありません。とはいえ、このように役割分担をすることで柔軟性は高まるでしょう。なぜなら、プロセスで解決するアプローチと違って実際の状況に応じた判断ができ、プロセスに厳密に従うよりも効果的に問題を解決できるからです。

個人の責任が、コラボレーションとチームスピリットを台無しにします。

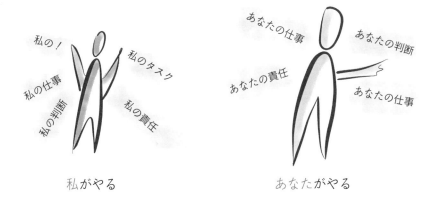

私がやる　　　　　　　　　あなたがやる

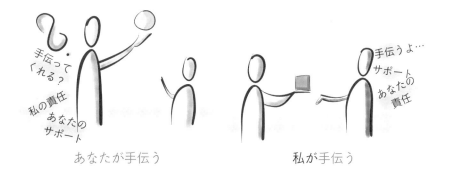

　　　　あなたが手伝う　　　　　　　　私が手伝う

　お互いに助け合いを始めることで、コラボレーションの世界に一歩足を踏み入れることができます。みんなが一緒に働き、他の人を助けたり、助けを求めたりするようになるのです。より多くの人が一緒に働くことで、少なくとも一見するとコラボレーションができていると感じられるようになります。

　しかし、一人の責任者がいることには変わりなく、もう一人は単なる助っ人です。最初の一歩としてはよいのですが、結局のところコラボレーションというよりは権限委譲に近いものです。オーナーシップが偏っているので、結果を出すために一方の人がより多くのリソースを注ぎ込むことになるからです。普通はオーナーが計画を作ったり意思決定をしていて、責任も感じています。もう片方の人は情報提供してオーナーを手伝っているのです。これではまだ、オーナーシップや責任感を共有する感覚よりも、非難を生んでしまう可能性が高いでしょう。助け合いは最初の一歩ではありますが、アジャイルの文脈におけるコラボレーションとは言えません。

　　　作業をお互いに手伝うことはコラボレーションではありません。コラボ
　　　レーションには平等なオーナーシップが必要です。

　最後に、本物のコラボレーションのあるところでは、人々は責任やオーナーシップを共有し、単一の目標を持っています。「一緒にやろう」というわけです。誰が何をするかは重要ではありませんし、前もってタスクを割り当てることもありません。全員が必要とされることを行い、必要に応じて意思決定をす

私たちがやる

るのです。このようなコラボレーションがアジャイルやスクラムチームをすばらしいチームにし、ハイパフォーマンスな環境を生み出します。本当にアジャイルになりたいと思っていて、プラクティスをいくつかやれば十分だと思っているわけではないのなら、組織図や役職制度、キャリアパスに表れているような「個人の責任」をなくすときが来ているということです。そして、本物のコラボレーションがあり責任とオーナーシップが共有される環境を作る方法を学ぶときが来ているのです。どうすれば「一緒にできる」か、学んでいきましょう。

組織に真のコラボレーションを増やしていくためには何ができるでしょうか？

ペアワークの重要性

Yves Hanoulle
——クリエイティブ・コラボレーション・エージェント

　一人よりも二人の目で見る方がものごとがよく見えるということは、理屈としては誰もが理解しています。それでも、ペアでエクササイズのファシリテーションをしているときにパートナーが私の話に割り込んで私が見落としたことについて話し始めると、いつもはっとさせられます。私にとって、このようなその場ですぐにもらえるフィードバックこそが最高のフィードバックです。そのときやっているトレーニングが改善されるわけではありませんが、今後行うすべてのワークショップの改善につながるのです。

　2009年から私は、海外で行うワークショップの主催者に対して、そのテーマについて興味と知識がある人を紹介してほしいとお願いするようになりました。このとき紹介される人と私はペアを組み、遠隔でワークショップを準備、運営するようにしています。ほとんどの場合、ワークショップの前に直接会うことはありませんが、それでも信頼関係を築くことができています。どうやって相手の話に割り込むかなど、互いにシグナルを送り合う方法をいつも話し合うようにしています。私が気に入っているテクニックは、色分けされた付箋をプレゼンテーションに使うコンピュータに貼っておくことです。

- ・緑：予定よりも早く進んでいます。少し長めに時間をとって話したり、おまけの話を追加したりできます。
- ・黄色：予定通りです。リハーサル通りに話を続けてください。
- ・赤：予定より遅れています。スピードを上げて、いくつか話を省く必要があります。

　ペアコーチングにはもう一つ別の使い方もあります。私が新しい会社で働き始めるときは、知識や経験を買われて採用されています。しかしこれまでの経験から、自分を雇ってくれる会社のことを知ってよく理解しないことには、自分の知識を活かすことはできないということもわかりました。そのため私は、その会社のことをよく知っている人とペアを組んで仕事をするのを好んでいます。自分の経験をそこで伝え、引き換えに会社のことを学ぶのです。

ファシリテーション

▼

　アジャイルリーダーコンピテンシーマップの右側には、ファシリテーションとコーチングのスキルがあります。チームによるコラボレーションがごく当たり前な働き方になるまでの間、ファシリテーションは効果的なコミュニケーションを可能にする非常に重要なスキルです。「知識ベースでネットワーク化された新しい経済において、よく話し、ともによく考える能力は、競争優位と組織の有効性の重要な源泉となります」［Isaacs99］。

　アジャイルの世界では、ファシリテーションはコアコンピテンシーです。ファシリテーションとは、効果的なやり方でお互いに話し合う能力のことです。そこから創造性やイノベーションが生まれます。場の空気を読み取り、さまざまなコミュニケーション様式を理解する能力は、コラボレーションが生まれやすい構造をかたち作る出発点となります。最初はチームから始めますが、やがてコミュニティやチームのネットワークといった組織レベルにまでスケールし、さらには組織の枠までも超えて誰もがコラボレーションできる環境を作れるようになる必要があります。

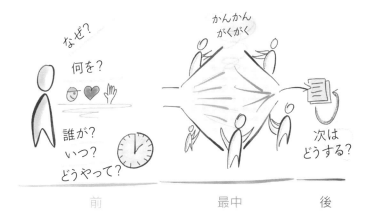

ファシリテーションはアジャイルリーダーシップのコアスキル

Marsha Acker

——*The Art & Science of Facilitation: How to Lead Effective Collaboration with Agile Teams* の著者

　ファシリテーションは、うまくいっているときにはあまり目立たないスキルです。アジャイルの考え方に出会う前、私は専門のファシリテーターをやっていました。うまいファシリテーターは、会議の中で起こっていることに対してどう立ち回るかをわかっていて、何が話されていて、何が話されていないかの両方に気づくことができます。私自身のリーダーとしての経験においても、ファシリテーションは大いに役に立ってきました。キャリアの初めの頃、会議で意見の相違が生じると、私はほとんど何もできないような感覚に襲われていたのを覚えています。沈黙してしまい、うまく声が出せないこともありました。しかしその沈黙の中で、私は他の人に見えていないもの、つまり双方の意見がよく見えることに気づきました。ただ、私は何も言うことができませんでした。何か言うと私がどちらかの立場に立つことを意味してしまうのではないか、あるいは、どちらの主張にも一理あると思っているのに、どちらかが「勝つ」ことを助けてしまうのではないかと恐れていたからです。

　ファシリテーションスキルの実践を深めるとともに集団力学への理解を深め、場の空気が読めるようになったことで、考えを変えることができました。生産性の高い会議を行うためには意見の相違を避けるべきだと考えるのではなく、グループを前進させるためにはさまざまな視点が必要だと気づき始めたのです。集団力学の中に見られるパターンに名前をつける方が、新しい解決策を提案するよりも重要な場合があることを学びました。以前は対立や意見の相違が表面化するのをできるだけ避けながら会議のファシリテーションをしていましたが、対立や意見の相違はグループの会話や対話に必要なものだと考えるようになったのです。それからは、みんなが建設的なやり方で自分の意見を言える環境を作るために、意見の相違を表面化させる方法を考えるようになりました。

　Patrick Lencioni は、*The Advantage*（矢沢聖子 訳『ザ・アドバンテージ——なぜあの会社はブレないのか？』（翔泳社、2012））の中で「組織文化を変えるのに、会議のやり方を変える以上の方法はない」と書いています。私はこの真実

を、クライアントの組織で何度も目の当たりにしてきました。週に何時間も会議に参加しているのに、さらなるイノベーションや新しい考え方につながるようなよりよい対話の機会を逃していることがよくあるのです。

４つのプレイヤーモデル

コミュニケーションを説明するとても興味深い概念として、システム心理学者の David Kantor が考案した「４つのプレイヤーモデル」があります［Kantor12］。ファシリテーターにとっては、さまざまな参加者（Kantor が言うところのプレイヤー）がどのような立場にいるのかを知るのに役立つ、興味深いメンタルマップです。すべての会話において、人は次の４つの異なるアプローチに立つことができます。「提言」「支持」「反対」「傍観」の４つです。

まず提言者がある話題で会話を始めます。やがて新しい考えが生まれ、別の話題に移ります。すると、ある人はそれを受け入れ、言われたことを支持します。またある人はその考えに賛成せず、反対意見を述べるかもしれません。他

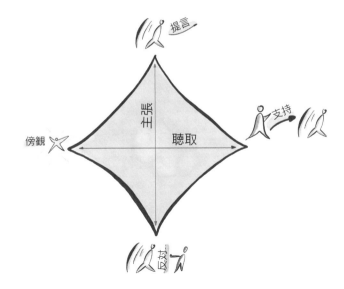

には、傍観することで、目の前の会話について異なる視点を提供してくれる人もいるかもしれません。健全な会話を行うためには、これら4つのアプローチのバランスが取れている必要があります。そしてとてもよくあるのが、システムの中に傍観者を欠いていることです。傍観者は、よしあしの判断をしない高い視点をもたらしてくれます。新たな選択肢を生み出し、異なるレンズを通して状況を見られるようになる視点です。

　提言者しかいないと、誰もお互いの話を聞かず、本物の会話は生まれません。誰も理解しようとしない状況です。反対者がいないと、深みの欠ける会話になるかもしれません。しかし反対者ばかりになると、他の人を黙らせてしまうので、会話が広がらなくなります。

　「提言」と「反対」の間のラインは「主張」を示し、「傍観」と「支持」の間のラインは「聴取」を示しています［Isaacs99］。健全な環境には、この2つのラインのバランスが必要です。さもないと、コラボレーションは多様な視点を欠いてしまいます。

Exercise

　ランチの行き先を決める場面を例に、会話のバランスが取れていない場合と取れている場合との違いを示します。

提言者のみの場合

John 　：「タコタコ」に行こう。すごくおいしいんだよ。（提言）
Maria 　：「フレッシュ」にサラダを食べに行きたいな。（提言）
Fred 　：金曜日だから、角にある「フォースターピッツア」に行こう。（提言）
Jenny：「トリトリ」はサンドイッチがおいしいし、近いよ。（提言）

この人たちは合意に近づいてすらいません。それぞれが自分の好きな案を出していて、お互いの話を聞いてすらいないようです。

主張のラインが強すぎる場合

John 　：「タコタコ」に行こう。すごくおいしいんだよ。（提言）
Maria 　：メキシコ料理はヘルシーじゃないなぁ。（反対）

Fred 　：遠すぎるし、いつも料理が出てくるまですごく時間がかかるよね。（反対）

John 　：少し歩くのは健康にいいし、行く前にネットで注文しておけば早く出てくる
　　　　　よ。（提言）

Jenny：遠すぎるんだって。会議に間に合うように戻らないといけないし。（反対）

この場合も合意には近づきません。反対意見が押し付けがましく感じられるため、摩擦
まで生まれてしまいます。このようなコミュニケーションは通常、防御的な行動を生み
出します。そのような行動はどんな会話にも役立ちません。

聴取のラインが加わってうまくいく場合

John 　：「タコタコ」に行こう。すごくおいしいんだよ。（提言）

Maria　：メキシコ料理はヘルシーじゃないなぁ。「フレッシュ」にサラダを食べに行く
　　　　　方がいいな。今週はカリブ料理をやってるし、おまけに近いし。（反対、そし
　　　　　て提言）

Jenny：私も絶対に近いところがいい。会議に間に合うように戻らないといけないか
　　　　　ら。「トリトリ」はどうかな。近いし、ヘルシーなメニューもあるよ。（支持、
　　　　　提言、支持）

Fred 　：おいしいものが食べられて、歩いてすぐで、ヘルシーなメニューがあるところ
　　　　　をみんな探しているみたいだね。他によさそうなところはある？（傍観）

　このような会話はとても健全に感じられます。みんながお互いの話に耳を傾けるだけ
でなく、全体の状況を把握できています。

　ランチの話は、小さなチームでの非常にシンプルな会話の例です。ランチを
決めるだけのためにモデルが必要か、疑問に思うかもしれません。しかし、同じ
ような会話のパターンが大規模な組織レベルでも起こっているのです。会話の
バランスを取り戻せるように、こういったパターンを意識する必要があります。

Exercise

　コミュニケーションするときに自分が快適に感じる好みのやり方を誰もが持っていま
す。あなたは次のどのやり方でコミュニケーションすることが一番多いでしょうか？

・提言
・支持
・反対
・傍観

　サポートスキルの観点からは、ファシリテーターは「声に出す」「耳を傾ける」「尊重する」「保留する」を実践する必要があります。「会話の質を高めるには、次の 4 つを実践しましょう。自分の本音を声に出し、他者にもそうするよう促すこと。参加者として耳を傾けること。他者の意見を尊重すること。そして、自分の確信を保留することです」[Isaacs99]。アジャイルリーダーシップモデルに話を戻すと、耳を傾けることによって、「気づく」ことができます。システムの中のすべての声に耳を傾け、あらゆる視点を探ることで、会話に多様性と、より多くの色彩をもたらすことができるのです。また、保留することで、受け入れ、手放すことができます。それから、主張のライン上の「提言」や「反対」によってアクションを取ります。その際は声に出したり、尊重したりしましょう。声に出すことは、最も勇気が必要でやり遂げるのが難しいことです。自分が感じていることを表現し、それをより広い文脈に沿って伝える必要があるからです。「自分の本当の思いを声に出せば、新たな秩序を築き、新たな可能性を切り開いて創造することになるのです」[Isaacs99]。声に出すことは、うまくやれば会話を新たな地平へと導き、これまでと質の違う対話を生み出す可能性を秘めています。最後に、尊重することによって信頼が生まれます。信頼によって、他の人たちが会話に集中でき、積極的に参加しやすくなるのです。「誰もが正しい、ただし部分的に」です。

　サーバントリーダーとしては、自分自身がそれらのスキルを実践するだけでなく、他の人たちがよりうまく「声に出す」「耳を傾ける」「尊重する」「保留する」ことができるよう手助けする必要があります。そのために投資すればするほど、みんながよりよい、効果的な会話をできるようになり、コラボレーションに成功してすばらしいチームになる可能性が高くなります。

あなたは次のどのスキルに強みを持っていますか？

・声に出す
・耳を傾ける
・尊重する
・保留する

> あなたはどのスキル（声に出す、耳を傾ける、尊重する、保留する）を一番
> 向上させる必要がありますか？　そのために何ができるでしょうか？
>
> ....
>
> ....
>
> ....
>
> ....

コーチング

▼

　コーチングは、アジャイルリーダーとして成功するために欠かせないもう一つのソフトスキルです。国際コーチング連盟[13]は、コーチングを「思考を刺激し続ける創造的なプロセスを通して、クライアントが自身の可能性を公私において最大化させるように、コーチとクライアントのパートナー関係を築くこと」と定義しています［ICF20］。ほとんどの人が組織の中で用いてきたスキルとは大きく異なるものです。人に気づきを促し、自分の道を見つけられるようにすることこそがコーチングなのです。何をすべきかを教えたり、説明したり、助言したり、自分の経験を話したりすることではありません。本書の文脈では、一対一で行うコーチングのことは話しません。優れたアジャイルリー

13）国際コーチング連盟（ICF）は、コーチングの専門性を高めることを目的とした世界的な組織です（https://coachfederation.org）。

ダーがコーチングを使うのは、システムレベルでの複雑さに対処し、組織をシステム全体としてコーチするためです。

　リーダーシップ・アジリティモデル（第4章参照）の観点からコーチングを考えてみましょう。エキスパート的なリーダーにとって、コーチングは別の星から来たもののように感じられます。「何をすべきかを指示せずに、どうやって人を助けろっていうんですか？」と聞くことになり、最終的にはがっかりしてしまいます。コーチングはエキスパートの問題解決には役立たないからです。

　アチーバーから見れば、コーチングは役に立ちますが、たまにしか使えません。なぜなら結果の方が大事だと思っていて、コーチングは時間がかかりすぎるからです。アチーバーは仕事やワークフローに集中することを好み、たまたま使えそうなときだけ、まれにコーチングを行うのです。

　最後にカタリストから見れば、コーチングは極めて重要です。人間関係を健全に保ち、みんなが成功できる場を作る助けになります。コーチングは次のレベルへの鍵です。人を信じれば信じるほど、周りの人たちは賢くて創造的で、自分には想像もつかないようなことを考え出し、すばらしいアイデアを持っていることがわかってきます。それでも、人はときどき自分の世界にとらわれてしまい、状況のある一面だけを見てしまうことがあります。一歩引いて全体を見ることができなくなるのです。過去の経験に縛られて、ある層に閉ざされてしまいます。今も昔も変わらず、どんなにすばらしい人であっても、当たり前

のことが見えていないことがあるのです。コーチングは、チームが新しい視点を探し出し、システムに対する気づきを高めるのに適したツールです。誰もが、その人の背景や過去の経験、そして目の前の状況によって作られた自分の世界の中で生きています。コーチングはその境界線を破り、人が自分の世界から一歩踏み出して、現状の境界線を広げることを可能にするのです。

ZUZI'S JOURNEY

「コーチングはどうやって始めるのがいいんですか」と聞かれることが多いので、私がやったことを紹介しましょう。私は技術者出身で、ソフトスキルを学ぶという考えはあまりありませんでした。何年も前、私は開発者としてキャリアをスタートし、C++で低レイヤーのソフトウェアを書いていました。かなり予測可能な世界だったと言えます。数年後、私はスクラムマスターになり、ファシリテーションやコーチングについて初めて耳にしました。そのときの私の反応は単純でした。否定したのです。ただただ私の世界には合っていませんでした。私は周りの人たちのことをみんな賢い専門家だと思っていました。なのに、どうしてファシリテーションが必要なのでしょうか？　会話くらい、自分たちでうまくやれるでしょう。コーチングもそうです。質問するだけなんて役に立つわけがありません。そう思い、私はファシリテーションやコーチングを拒否して他のことに集中しました。

　時間が経つにつれて、ファシリテーションやコーチングの話題がさまざまな場面で出てくるようになりました。変化が訪れたのは、ある講演会に参加したあとのことです。心理学者でありコーチでもあるRadovan Bahbouh氏が、講演を通じて「コーチングは意味がない」という私の考えをどうにか変えてくれたのです。コーチングのことが頭から離れず、私は友人や同僚とその話をするようになりました。その後すぐの週末に、私はスノーボードに出かけました。他のスノーボーダーたちが何の苦労もなくスムーズに坂を下っていくのを見て、私は絶望的な気持ちになりました。数年前からスノーボードを習いたいと思っていて、前の年にはプライベートレッスンに申し込んだこともありました。しかし、まったく上達しなかったのです。そんな悩みを友人に打ち明けたところ、コーチングを受けてみないかと聞かれました。私が驚いたような、信じられないような顔をしていると、彼は「さっきコーチングをやってみたいって言ってたから。せっかくの機会だし、よかったら受けてみなよ」と言うのです。手短に言うと、その日のうちに私は、何の苦労もなく

カーブを曲がることができるようになりました。私がリフトの上から見ていた他の
スノーボーダーたちと同じようにです。そのときの感動は今でも忘れられません。

　スノーボードから帰ってきて、私は本屋でコーチングの本を買って練習を始めま
した。その後、アジャイルコーチング協会[14]のクラスに参加してアジャイルコーチ
ングとファシリテーションの基本を学び、さらに組織と関係性のためのシステム
コーチング（ORSC）[15]のクラスに参加してシステムコーチングの領域を深く学ん
でいきました。長い道のりでしたが、私がコーチングを信じるようになった最も重
要なきっかけは、身をもって体験したことだと言えます。ある問題に直面してすべ
てがうまくいかなくなったときに、コーチングが変化をもたらしてくれました。な
ので、もしあなたがコーチングを信じることに抵抗があるのであれば、コーチを見
つけて、問題に取り組む手助けをしてもらいましょう。

変化

▼

　アジャイルリーダーコンピテンシーマップの最後のピースは、変化を起こす
能力です。変化は3つのレベルで起こります。まずは自分自身の変化です。信
念、反応、アプローチ、行動、習慣といった、自分の働き方に変化が起こるの
です。その変化によって、あなたはアジャイルリーダーのロールモデルとな
り、みんながついてくるようになります。「自分を使いましょう。変化を起こ
すための最も重要なツールは自分自身です。共感、好奇心、忍耐、観察といっ
た自分のスキルを使うのです」[Derby19]。どんな変化も起こすのは難しいも
のですが、自分を変化させることは通常最も困難です。しかし、やる価値は絶
対にあります。リーダーがまず変わる必要があります。そうすれば組織はつい
てくるでしょう。

　　自分自身から始めましょう。アジャイルリーダーのモデルになるのです。

14）アジャイルコーチング協会：https://agilecoachinginstitute.com.
15）ORSC：https://www.crrglobal.com.

　2つ目は、人に影響を与える能力です。周りの人たちをチームの一員にして、まずチームメンバーが支えてくれる環境を作ります。そして、チームとしてどんどん影響力を広げながら一緒に組織を変えていくのです。

　最後に3つ目は、システムのレベルでの変化です。組織全体に焦点を当て、システムの視点を持ち、アジャイルリーダーシップモデルを組織に取り入れていきます。システムの声に耳を傾けて、システムに対して気づき、受け入れ、アクションを取るのです。この観点においては、個人のみならずチームもまた重要ではありません。システムのレベルでは、組織の全体的な調和、エネルギーのレベル、文化やマインドセットに焦点を当てます。

変化の力学

▼

　組織を変えるということは長期的な仕事です。多くの人は始まりに集中します。計画を立てて最初の一歩を踏み出す準備に多大な労力を注ぎ込みます。抵抗を乗り越えられるように、初期の推進力にとりわけ注意を払うのです。また、みんなが最初の一歩を踏み出すための指導にも気を配ります。そしてすべてが動き出すと、他の仕事に気を取られ、別の問題に再び集中するのです。

　最初のうちはすべてがうまくいき、首尾よく変化を進められているように見えます。みんなに裁量を与えて、前へ進ませ、障害を乗り越える方法を自分たちで見つけてもらうのです。それこそが自己組織化というものではないでしょうか？　しかし、ものごとはそう単純ではありません。

　When: The Scientific Secrets of Perfect Timing（勝間和代訳『When 完璧なタイミングを科学する』）［Pink18a］の著者である Daniel Pink は、さまざまな研究の例を挙げて中間地点の重要性を説明しています。「中間地点はとても興味深く、あるときは私たちを奮い立たせ、またあるときは私たちの足を

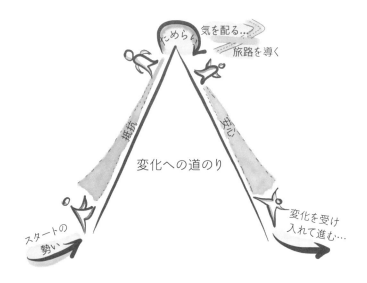

引っ張ります。それを意識するだけで、より効果的に中間地点を定めることができます」［Pink18b］。変化のプロセスの中で自分がどこにいるのかを意識することは、アジャイルリーダーとして最も重要なことです。中間地点は難しいところです。心理的に、新しい仕事のやり方、新しい考え方に向かって一歩を踏み出す必要があります。みんなはためらうでしょう。中間地点では、新しい働き方への抵抗感はなくなりますが、情熱もなくなっています。みんなは中間でバランスを取りながら、何らかの保証や支援、励ましを求めています。微妙な局面を乗り越え、安心感を得て、新しい働き方を受け入れるためのガイドを求めているのです。

武器を降ろして、耳を傾けよう

Linda Rising
——*Fearless Change*、*More Fearless Change* の共著者

　私は中堅の通信会社で、スクラムの非公式な「チェンジリーダー」を務めていました。熱心に取り組んではいましたが、製品開発のために自分が重要だと思うことに他人を巻き込む方法については学んでいるところでした。私は、抵抗を続ける数

人の古参メンバーを簡単に見分けることができました。スクラムをちょっと学ぶための気軽なランチセッションに来ようとしなかったのです。彼らは、小さな実験をして新しいアプローチが自分たちの役に立つか確かめるということには興味がなさそうに見えました。興味があるのは、うまくいかないと思うことを指摘し、その話題が出るたびに反発することだけのようでした。どうしようもない人たちだと思いました。そのため、私は彼らを避けようとしていました。私の方へ向かって来ようものなら、角に隠れて通り過ぎるのを待ちました。ところがある日、私がカフェテリアから出たとき、気づくのが遅すぎたのですが、最も反発的な人の一人がすぐ近くにいて、私に向かってまっすぐ歩いてきていたのです。私は捕まってしまいました。逃げ場を求めてあたりを見渡しましたが、見つかりませんでした。彼は私のところへ来て話し始めます。スクラムの何が問題なのか、なぜ私たちのチームではうまくいかないと思うのか。私がいかに「本当の」製品開発について何も知らないか、彼や他の古参メンバーたちがいかに多くの経験を持っているか。それなのになぜ誰も真剣に自分たちの話を聞いてくれないのか。そういったことを延々と話すのです。私はその場で立ちすくんでしまいました。ただうなずきながら、「ああ、そうなんですね」、「知りませんでした」、「教えてくれてありがとう」、「面白いですね」、「あなたがそう感じるのもわかります」と短く答えることしかできませんでした。下手な対応でしたが、そのときの私にはそれが精一杯でした。そして、不思議なことが起こります。私はそのときのことを一生忘れないでしょう。彼は怒りをぶちまけ終わると、少し間をおいてから「よし、俺のチームでもやってみようかな」と言ったのです。唖然としました。私はそのとき、彼と議論をしていなかったことに気づいたのです。彼の間違いを指摘するようなこともしていませんでした。彼の発言に対してうなずいたり、短い返事をしたりする以外は、ただ黙っていたのです。今振り返ってみると、私が「聞き役」に徹したことによって、彼がスクラムを試すことに賛成してくれたのだとわかります。彼が話をする時間を作ったのです。礼儀正しく、敬意を持って、本当に耳を傾けていたということです。

このとき私は、反発する人の多くが内心では自分の意見を気にかけてくれる人を求めているということを理解しました。話を聞いてくれる人や、チェンジリーダーからの関心と尊敬さえ得られれば、彼らはたいてい、乗り気になってくれます。結局のところ、彼らはいい仕事をしたいと思っている賢い人たちなのです。彼らに機会を与えること、それが私の学んだことです。機会を与えることで、あらゆる組織を前に進められるかもしれません。

フォースフィールド

▼

　変化は複雑なプロセスですが、非常にシンプルな可視化ツールによって簡単になることもあります。この分野で私が愛用しているツールの一つに、フォースフィールド分析[16]があります。変化の端緒となる推進力と抑制力を描いて可視化するのに特に有効で、何がシステムに影響を与えているかを明確に把握することができます。

　例えば、アジャイルな組織への変化はいくつかの推進力に支えられています。変化への対応力、従業員の高いモチベーション、フィードバックにもとづいて検査・適応する能力、顧客満足、柔軟性、チームのコラボレーションなどです。一方で抑制力としては、スキルのサイロ化、窮屈なプロセス、個人の競争文化、個人中心主義、固定的な計画・予算管理プロセスといったものがあるでしょう。

　次のステップとして、推進力と抑制力それぞれの力を評価し、双方の結果を計算する必要があります。私たちはよく、0から5の相対的なスケールを用います。0はこの指標の影響がないこと、5は影響がとても大きいことを意味し

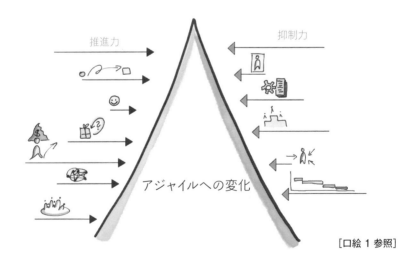

推進力　　　　　　　　　　　　　抑制力

アジャイルへの変化

［口絵 1 参照］

16）この原理は、1940 年代に心理学者の Kurt Lewin が開発したものです。

ます。相対的な重みを足し合わせた結果は、その変化を起こすのがどれだけ難しいかを知るのに役立つ指標です。決定を下すための数値ではありません。

　評価が終わったら、次のステップは変化に有利な状況を作るために力の比率を変えることです。そこでコーチングが非常に役立ちます。というのも、力の比率を変えるには、創造力を働かせ、革新的な解決策の可能性を引き出す必要があるからです。力の比率を変えて成功の可能性を高めるには、2つの方法があります。それは、変化の推進力を強化する方法と、変化の抑制力を軽減する方法です。このツールは個人で使うこともできますが、ワークショップで使うとさらに効果的です。みんなを巻き込むことができ、システムの知恵と創造性を活用して状況に対処することができます。

EXAMPLE

フォースフィールド分析ワークショップのファシリテーションスクリプトの例

・準備として、次のエクササイズにあるような山頂が尖った山を描き、その中央にテーマを書いておく。

・参加者に、テーマを推進するものは緑の付箋に、抑制するものはオレンジの付箋に書き出してもらう。

・書き出した付箋を両端に貼り、似たような項目をグループ化してもらうことで視覚的にわかりやすくする。できたグループを見直して、項目の抜けや重複がないことを確認する。

・相対的な重み付けをしてもらう。単純にドット投票[17]をしたり、色の違うシールを使って力の強さを赤、黄、緑で分類するカラーコーディングをしたり、プランニングポーカー[18]をしたりする。決まったやり方があるわけではない。ツールではなく、会話が重要。

・双方の結果を確認して、比較する。

17）訳注：ドット投票とは、ワークショップにおける投票方法の一つ。それぞれの参加者が同じ枚数ずつ小さな丸いシールを受け取り、好きな付箋に貼り付けます。

18）プランニングポーカーは、アジャイルな見積もりと計画作りの手法です。

・ここからが本番。比率を変化させるために、推進力をどのように強化するか、抑制力をどのように軽減するかを話し合う。

　このようなワークショップは、コーチングやファシリテーションに慣れている人であれば簡単にできますし、非常に強力なツールとなります。変化に対応するための創造的な選択肢を示し、コラボレーションを通じて本物の賛同を得ることができるのです。

Exercise

　あなたの組織が今苦労している状況について考え、変化の推進力と抑制力を描いてみてください。それができたら、それぞれの力に相対的な重みを付けてください。

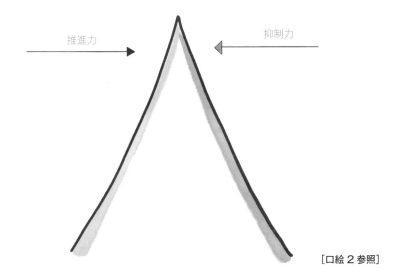

推進力　　　抑制力

［口絵 2 参照］

どうすれば変化の推進力を強化できるでしょうか？　また、どうすれば抑制力を軽減することができますか？

コンピテンシーの自己評価

▼

　このエクササイズは、あなたのアジャイルリーダーとしてのコンピテンシーをうまく反映してくれます。アジャイルリーダーシップは旅の道のりであり、このマップが次のステップを指し示すガイドとなります。誰もが完璧ではなく、常によりよいやり方があるのです。

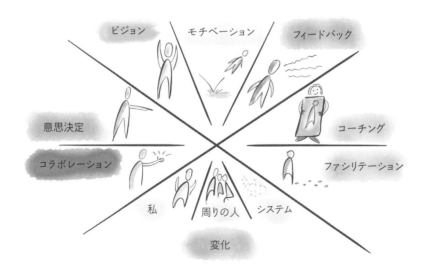

Exercise

　時間を取って、自分の能力がアジャイルリーダーコンピテンシーマップにどう反映されるかを考えてみましょう。あなたのリーダーとしての強みは何ですか？

　このマップをもとに、アジャイルリーダーコンピテンシーマップについてもう少し深く考えてみましょう。

　それらのコンピテンシーが高いおかげで、あなたは何ができるようになっていますか？　なぜそれが重要なのでしょうか？

あなたのリーダーとしての弱みは何ですか？

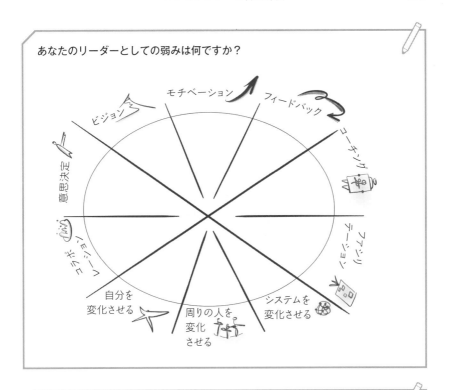

もしそれらのコンピテンシーが高ければ、何ができるでしょうか？

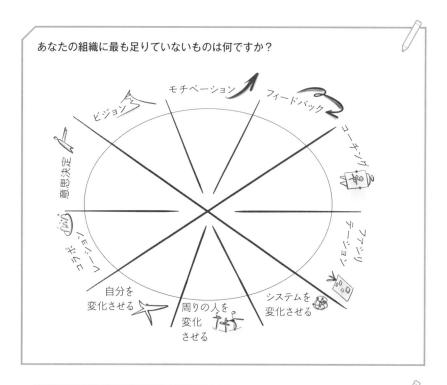

あなたの組織に最も足りていないものは何ですか？

もしそれらのコンピテンシーがあなたの組織にあれば、何が変わってくるでしょうか？

さらに知りたい人のために

◆ *Fearless Change: Patterns for Introducing New Ideas*, Mary Lynn Manns and Linda Rising（Boston: Addison-Wesley, 2005）.（川口恭伸 監訳『Fearless Change アジャイルに効く アイデアを組織に広めるための 48 のパター

ン』（丸善出版、2014））

◆ *7 Rules for Positive, Productive Change: Micro Shifts, Macro Results,* Esther Derby（Oakland, CA: Berrett-Koehler Publishers, 2019）

◆ *Leading Change: An Action Plan from The World's Foremost Expert on Business Leadership,* John Kotter（Boston: Harvard Business School Press, 1996).（梅津祐良 訳『企業変革力』（日経 BP、2002））

まとめ

☑メタファーはビジョンの種になります。恐れずに、自分のハイドリームとロードリームを探索してみてください。

☑優れたビジョンを作るには、3つの現実レベル（センシェント・エッセンスレベル、ドリーミングレベル、合意的現実レベル）を経ることです。

☑人はもともと創造的で、オーナーシップを持って責任を引き受け、やるべきことは自分で見つけて自己管理できる存在です。

☑真のコラボレーションは、責任とオーナーシップを共有して全員で協力することから始まります。

☑ファシリテーションとコーチングは、アジャイルリーダーに欠かせないスキルです。

☑自分自身から始めましょう。アジャイルリーダーのモデルになるのです。

第 7 章
メタスキル

ときには自分のスキルを高いところから見渡してみるのもよいでしょう。コンピテンシーが具体的で専門的なのに比べて、メタスキルはより抽象的です。適用範囲は広く、仕事や私生活のほぼすべての面に応用でき、システムのレベルでも使えます。メタスキルには3つの領域があります。「私」「私たち」「世界」です。

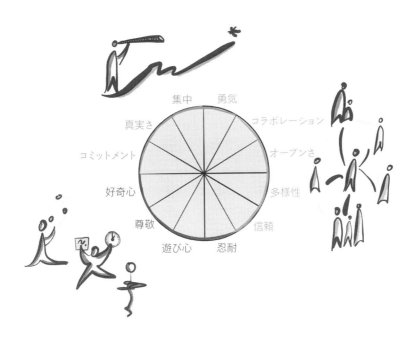

「私」の領域

▼

　「私」の領域は内発的です。スタンスを自分で選んで、好奇心、遊び心、尊敬、忍耐のどれを使って目の前の状況に取り組むかを決めることができます。

　好奇心は、アジャイルリーダーシップモデルの「気づく」ステップにおいて重要な要素です。好奇心があれば、異なる視点を探したり、システムの声に耳を傾けたりしたくなります［Fridjhon14］。好奇心はシステム思考の中核となるメタスキルの一つです（第11章参照）。

　遊び心は、アジャイルリーダーシップモデルに馴染んできて、システムを理解するためのよりよいやり方を探し始めた頃に出てきます。遊び心があれば、アジャイルリーダーシップモデルの2つ目のステップである「受け入れる」ことを楽しめるようになります。そして、やることすべてが今まで以上に楽しくなるのです。

　尊敬は、「受け入れる」ステップのコア要素です。尊敬があれば、目の前の状況をしっかりと認識し、システムの声は多様で、正解も不正解もなく、ただ異なるだけだということを受け入れられるようになります。「誰もが正しい、ただし部分的に」ということを念頭に置けば、真の社会的平等が培われ、間違うことへの恐れを手放すことができ、改めて遊び心と好奇心を持つことができるようになります。

　最後に忍耐は、アジャイルリーダーシップモデルのステップを急ぐことなく、時間をかけて状況を受け入れるために必要になります。システムのレベルでは、時間は無限にあります。急ぐことはありません。完璧も、終わりもありません。複雑なシステムには、常によりよいやり方があるだけなのです。この「時間は無限にある」という考え方を体得することが、忍耐を身につけるための第一歩です。

ZUZI'S JOURNEY

　以前に私は、非常に機能不全なチームの一員となったことがあります。信頼に乏しく、透明性に欠け、政治的な動きの多いチームで、忍耐を発揮するのはとても大変でした。チームはどこにも向かっていないように思えました。あまりにもイライラするので、諦めてやめてしまおうかと思ったことさえありました。しかし、私はめったに諦めません。文句を言ったり、イライラしたりすることはあっても、どうにか立ち直ってなんとかするための別のやり方を見つけるようにしています。このとき私の頭に浮かんだのが、メタスキルを訓練しようということでした。もし私が変化を起こしてこのチームの精神を変えることができないとしたら、そこには私のスキルや能力について何かしら示唆するところがあるんじゃないかと思ったのです。私は好奇心と忍耐を鍛えようと決め、すべての場にこの2つのメタスキルを意識して臨みました。話す量を減らし、まず耳を傾け、チームメンバー全員の意図を理解するために質問を増やし、彼らの立場がどうなっているのかに好奇心を持つようにしました。驚いたことに、この訓練はさまざまな場面で役に立ちました。私は以前とは違った反応をするようになり、以前よりコントロールを手放すことが多くなりました。他人を変えようとするのではなく自分が変わることに集中すると、とても興味深いことが起こる場合があるとわかったのです。1年も経たないうちに、このチームは私にとって最も親密なチームの一つとなり、それまで相手にしてきたすべての機能不全から解放されました。すべて私のおかげだと言うつもりはありませんが、2つのメタスキルがチームによい影響を与え、より健全なチームにするのに役立ったのは間違いないと思います。

「私たち」の領域

▼

　「私たち」の領域は環境にまつわるもので、一緒に働くことを推進します。「私」の領域と同じく、どのメタスキルに重点を置くかは選ぶことができます。「私たち」の領域のメタスキルは、コラボレーション、信頼、オープンさ、多様性です。

　コラボレーションは、すべてのチームにとって中核となるアジャイルのメタスキルです。コラボレーションがないと、チームは単なる個人の集まりになってしまうからです。また、リーダーはチームの一員としてともに活動することを忘れがちであるという側面もあります。コラボレーションによって共創の精神が息づき、イノベーションと創造性が育まれます。リーダーはチームに不可欠な存在です。コラボレーションが強ければ強いほど、チームの質は高まります。緊密なコラボレーションは人間関係を強化し、社会的な相互のつながりを作り出し、チームに力を与え、自律性を確立するのに役立ちます。

　信頼はコラボレーションの必須条件です。信頼がないと、個人がそれぞれ自分の立場を守るばかりになってしまいます。誰も自分の弱みをさらさず、誰もオープンにアイデアを共有せず、チーム環境全体が過度に自己防衛的になります。信頼の欠如はチームスピリットを台無しにし、有害なふるまいや社内政治を引き起こす可能性があります。

　最後に、香辛料が食事にすばらしい香りや風味を加えるように、オープンさと多様性は環境にさまざまな視点やエネルギー、そして深みを加えます。オー

プンな環境では、透明性に欠ける閉鎖的な環境よりもはるかに高い責任感と迅速な学習が見られます。多様性のあるチームの方が、同質的なチームよりも創造的で革新的な傾向があります。それはそうと、多様性というのはチームの構成に気を配ること以上のものです。すなわち、視点の多様性に気を配ることです。多様な意見を積極的に求めていますか？　それとも、お互いに支持し合う似たような意見ばかりになっていますか？　多様性のメタスキルは、さまざまな視点を探すことに集中してシステムに対する気づきを高めるのに役立ちます。

「世界」の領域

そして最後に、「世界」の領域があります。世界に対してどのような姿勢で臨むかということです。「世界」の領域のメタスキルは、コミットメント、集中、真実さ、勇気です。

コミットメントは、アジャイル・トランスフォーメーションの推進力です。コミットメントがなければ、何の変化も起こらず、どの問題も解決されず、何も決まらないでしょう。

集中は、推進力であるコミットメントを強化するものです。集中は、ものご

とがよどみなく進んでいる状態、つまりフローを生み出す可能性を秘めています。コンテキストスイッチは生産性を激減させますが、ビジネス価値に集中すればモチベーションが高まります。

　真実さは、誠実さを生み出します。いつも真実を語っていますか？　行動は伴っているでしょうか？　目の前の状況を楽にするために、何かを偽ったり隠したりしていないでしょうか？

　最後に、勇気によって現状を打破できます。実験に踏み出す勇気を持っていますか？　現状を打ち破ろうとしているのでしょうか、それとも確立されたプラクティスやプロセスに従おうとしているのでしょうか？　人によって反応は異なるでしょうが、勇気なきリーダーシップはなく、勇気なきアジャイルもありません。

　あなたの組織を念頭に置いて、組織の文化において重視されているメタスキルをそれぞれの領域から 1 つずつ選んでください。

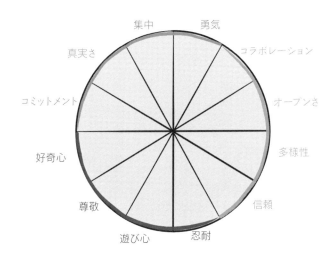

選んだメタスキルはあなたにとってどういう意味がありますか？　なぜそれが重要なのでしょうか？

　第2のステップとして、組織の文化に欠けている、あるいはあまり重視されていないメタスキルをそれぞれの領域から1つずつ選んでください。

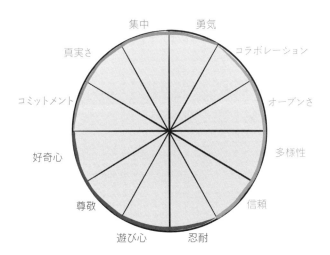

選んだメタスキルはあなたにとってどういう意味がありますか？　どのよう
にしてそのメタスキルが欠けていると気づきましたか？　もしそのメタスキルが
重視されていたら、組織はどうなっていたのでしょうか？

....

....

....

....

さらに知りたい人のために

◆ *Creating Intelligent Teams: Leading with Relationship Systems Intelligence,*
Anne Rød and Marita Fridjhon（Randburg, South Africa: KR Publishing,
2016）

まとめ

☑好奇心とは、さまざまな視点を探し求めるための重要な要素です。

☑複雑なシステムには、完璧も、終わりもありません。常によりよいやり方が
あるだけなのです。

☑信頼はコラボレーションの必須条件です。

☑多様性のあるチームの方が同質的なチームよりも創造的で革新的です。

☑勇気なきリーダーシップはなく、勇気なきアジャイルもありません。

第 **8** 章
アジャイルな組織をつくる

リーダーがアジャイルなやり方を身につけ
て新しいリーダーシップスタイルを取るよう
になったら、組織が同じ価値基準と原則を受
け入れられるように手伝い始めるのが自然な
流れです。アジャイルな組織は、始め方もア
ジャイルです。組織がアジャイルになるため
にフレームワークは必要ありません。必要なのは、組織のすべてのレベルでア
ジャイルに取り組むことです。実験を繰り返し、頻繁なフィードバックを通じ
て自分たちなりのやり方を見つけていくのです。この取り組みに終わりはあり
ません。常によりよいやり方が存在するからです。アジャイルな組織は地平線
上の星のようなもので、決して触れることはできませんが、一歩一歩、短期間
の実験を繰り返しながら近づいていくことはできます。

> アジャイルな組織は地平線上の星のようなもので、決してそこにたどり
> 着くことはできませんが、一歩一歩近づいていくことはできます。

必要なのは、確約（コミットメント）、集中、公開（オープンさ）、尊敬、勇
気です[1]。「アジャイルになる」ことは「アジャイルをやる」ことと同じでは
ありません。フレームワークやメソッド、プラクティスは、アジャイルへの道
のりをより速く、より楽しく、より効率的にするためのツールにすぎません。

1）確約、集中、公開、尊敬、勇気はスクラムにおける5つの価値基準です。

ツールだけでマインドセットを変えることはできないのです。とはいえ、どうすればアジャイル組織をうまく作り上げられるかを理解するのに役立ついくつかのコンセプトがあります。

内から外へ

▼

ほとんどのアジャイル・トランスフォーメーションは外側から始まります。つまり、プロセスや組織構造を変えて、経営層が組織に対して新しいフレームワークを押し付けるかたちで行われるのです。しかし、価値基準や文化の本当の変化は伴いません。単純で実践的なので、一見よい始め方に見えます。しかし結果はというと、たいていはアジャイルになるのではなく、ただアジャイルをやるだけに終わります。期待していた組織的成功には近づくことすらできず、得られるのは意味のないプラクティスを実行する「偽アジャイル」や「ダークスクラム」［Jeffries16］だけです。

　　　　持続可能な変化を起こすには、内側から始めて価値基準を変えていく必
　　　　要があります。

　持続可能なアジャイルを実現したいのなら、内から外へと変えていくしかありません。価値基準を変えるところから始め、マインドセットを内側から変化させていくのです。実験を通じた学習やチームのコラボレーション、価値提供、変化への対応を大切にしていますか？　それらの価値基準を体現できているでしょうか？　自分たちにこう問いかけるところから始める必要があります。価値基準を変えないと、どんなフレームワークも役に立ちません。

　アジャイルを導入しようとしている組織で最もよく見られる失敗の原因は、アジャイルを新たなプロセスと捉えて、導入すること自体を目標としていることです。これではうまくいきません。だいたいのケースで「アジャイルのトレーニングを○人に行う必要がある」という要求から始まります。そして全員がトレーニングを受ければ、「アジャイル・トランスフォーメーション」は終わったというわけです。単純でわかりやすいですね。しかしそこに組織構造や

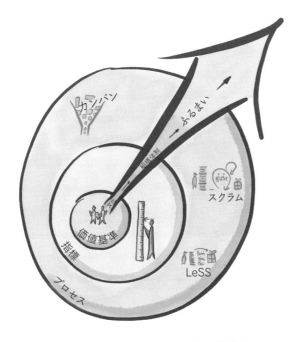

文化、価値基準の変化はなく、成果に対する明確な期待もありません。私はこのようなやり方でアジャイルにアプローチする組織を多く見てきましたが、この近道は決してうまくいかないことを学びました。

ZUZI'S JOURNEY

　ある失敗談を例に見てみましょう。あるとき、私は非常に小さなソフトウェア開発組織で、アジャイルとスクラムの導入のファシリテーターを頼まれました。小さな組織は柔軟で協働的な傾向があるので、アジャイルな働き方に切り替えるのはたいてい簡単です。最初はある特定のチームと話をしていましたが、やはりとてもシンプルに感じられました。参加者は好奇心旺盛で、内容にも興味を持っていましたし、役員や経営陣も協力的に見えました。しかし、2日間をかけた導入のうちの1日目を終えようとしていたとき、アジャイルへのスムーズな移行には暗雲が漂い始めました。「まだ終わっていません」という声が聞こえたのです。というのも、彼らはその日に計画していた仕事を終わらせなければなりませんでした。結局、2日とも深夜まで仕事をすることになりました。厳しいノルマを達成するために遅くま

で残業するのは例外的なことであり、プロジェクトが終了する 2 週間後にはもっと時間があるはずだというのが、チームの共通見解でした。私たちはいつも継続的なコーチングによる支援を提供しているのですが、彼らは「もうコーチングの必要はない」と確信していました。

　約半年後、この組織から 1 日レビューに呼ばれました。そして、組織はあまり変わっておらず、非生産的な会議を何度か開いただけだということが明らかになったのです。相変わらずチームメンバーには個々にタスクが割り当てられ、忙殺されていました。彼らは仕事のやり方をどう変えていくのか議論するために数時間立ち止まることすらできていないと、私が察するまでに時間はかかりませんでした。唯一起こった変化は、用語の変化です。当然ながら、それだけでは何の成果も得られませんでした。私たちは、チームや経営陣の内側から始める必要があると伝えましたが、残念ながらその後も同じことが起こりました。組織は今度はさらにプロセスを追加し、スクラムを導入するために経験の浅いスクラムマスターを雇ったのです。以前と変わらず、組織は一切のアジャイルコーチングを拒否しました。アジャイルのことは関係者全員が明確に理解しており、問題ないと考えられていました。特に驚くことではありませんが、8 カ月後、私は再びその場にいました。今度は、多くの人が辞めてしまったので新しいチームメンバーのトレーニングをするためです。スクラムマスターも完全に燃え尽き、月末には退職する予定になっていました。今回は全員が耳を傾け、仕事のやり方を変えようとしていました。私たちは変化を起こすためのトレーニングのあと、1 日ワークショップを行いました。そこで変化を起こす戦略的な強い理由をはっきりさせ、最終的には何とかして仕事のやり方を変えるための時間とサポートをチームに与えることができました。このときの変化は、内から始まって外へと向かっていきました。用語やプロセスを変えるよりも大変でしたが、うまくいって報われました。

アジャイルに変えたい戦略的な理由を少なくとも 3 つ挙げてください。

組織がアジャイルになるためには、まずどの価値基準を変える必要がありますか?

どうすれば目的地に近づいているかわかりますか?

アジャイルを実現するために、どのようなプロセスやプラクティス、またはフレームワークが役立ちそうですか?

存在目的

▼

　組織の自己組織化や分権化が進めば進むほど、より強く明確な目的が必要になります。みんなが、その目的を信じているからこそ働いているという状態になっていくのです。たいていのスタートアップ企業を動かすのは、そのような存在目的です。優れた存在目的は、方向性を示し、人に目標を与え、一体感をもたらします。自分たちが何者であり、何者ではないのかを定義するものです。「存在目的は、組織が存在する根本的な理由を反映します。組織が活動しているコミュニティやサービスを提供している市場に、どのようなインパクトをもたらしたいのかということです。競争や競合に打ち勝つことに関心があるのではなく、重要なのは『社会善』に貢献することなのです」［Reinvent_nd］。

　従来の組織では、このような目的は非常に縁遠く、想像するのも難しいものでした。従来の組織が生きているのは、数値化された指標、ゴール、目標の世界です。その世界では、従業員はやるべきことを指示される必要があり、その結果にもとづいて評価されます（X理論）。優れた存在目的があれば、みんなが自然にモチベーションを得て（Y理論）、存在目的に沿って行動する世界になります。あなたがすべきなのは、みんなに自律性を与え、みんながうまくやれると信じることだけです。

あなたの組織の目的は何ですか？

あなたの組織の目的を最もよく表しているのは、どちらの記述ですか？

	1	10	
目的を知っている従業員はほとんどいない。あるにはあるが、あまり気にしていない。	◆———	———◆	目的は組織が存在する根本的な理由を示すもので、みんな目的のために日々を過ごしている。
目的は、組織の内部がどうなっていてほしいかを示している。外部に向けた明確な方向性はない。	◆———	———◆	目的は、組織がコミュニティや市場にもたらしたいインパクトを示している。
要は競合に勝つことだ。他社よりも高いパフォーマンスを発揮し、市場シェアを拡大し、他社を犠牲にしてビジネスを成長させなければならない。	◆———	———◆	社会善に貢献することが重要だ。より大きな社会善を目指すために、仲間を探している。利益は、提供した価値の副産物にすぎない。

右に行くほど、組織はより高い存在目的を持っています。

　存在目的はアジャイル組織の必須条件です。存在目的がないと、完全な自律性はカオスを生み出します。先ほどのエクササイズの質問に答えた結果、十分に強い目的がないとわかったとしても、心配する必要はありません。アジャイ

ル組織は一夜にしてアジャイルになるわけではありません。優れた目的とは探求し続けるものです。いつかそのときが来ます。たぶん、思っていたよりもずっと早く見つかるでしょう。

創発的リーダーシップ

▼

　従来の組織では役職のある人がリーダーシップをとるのが普通でしたが、アジャイル組織では創発的リーダーシップがより求められます。言い換えると、強い思いとオーナーシップを持って踏み出す勇気があれば、誰でもリーダーになれるということです。創発的リーダーシップは、**自己組織化**した組織に欠かせない推進力です。うまくいっているアジャイル組織では、リーダーシップはチーム全体に広がり、分散しています。リーダーシップはもはやどの役職にも結びついておらず、チームや個人は自らリーダーシップをとることができます。誰でも自由に、自分の考えをもとにチームを作ることもできるということです。誰もがリーダーになれます。責任とオーナーシップを引き受ける覚悟さえあれば、リーダーになるかどうかは自分で選べるのです。

　創発的リーダーシップがうまくいくために欠かせないのは、徹底的な透明性と頻繁なフィードバックです。アジャイルな組織であれば、どちらもすでに実践されていることでしょう。誰もがアイデアを思いつき、それをみんなに共有し、フィードバックを求めることができます。周りの人たちはそのアイデアを取り入れる価値があることを確認します。最初は、小さな取り組みから始めるとよいでしょう。のちには、より大きく広がっていくでしょう。創発的リーダーシップが従来のリーダーシップと根本的に違うのは、リーダーの報告先が必ずしもマネージャーではなく、同僚であったり、組織全体ということもある点です。これが創発的リーダーシップです。従来の組織では成り立たないようなことですが、まず小規模な、自己組織化したチームのレベルから始めることで、やがてフラットでアジャイルな組織構造へと成長させていくことができます。

　創発的リーダーシップという概念を理解するのはなかなか難しいかもしれません。そこで、Googleが創発的リーダーシップを重要な原則の一つとしてい

ることから、Google で言われていることを
見てみましょう。「Google で重視しているの
は、一般認知能力とリーダーシップです。特
に、従来のリーダーシップではなく創発的
リーダーシップを見ています。従来のリー
ダーシップとは、チェス部の部長だったか、
セールス担当副社長だったか、どのくらい早
くその地位に登りつめたか、といったことで
すが、私たちはそういったことをまったく気
にかけません。私たちが重視するのは、その人がチームの一員として問題に直
面したとき、適切なタイミングで踏み込んでリーダーシップを発揮するかどう
かです。また同様に重要なのは、一歩下がってリードするのをやめ、他の人に
任せられるかどうかです。なぜなら、Google で効果的なリーダーになるため
には自ら進んで権力を放棄しなければならないからです」[Friedman14]。

　読めば納得できますね。だからといって、簡単にやれるわけではありませ
ん。私たちはみな、何十年にもわたって積み重ねてきた、組織階層や役職にも
とづくリーダーシップという社会的・文化的遺産と戦っているのです。ここ数
年になってようやく、創発的リーダーシップが成功の主な原動力となっている
企業の話を耳にするようになりました。このことは、産業界が VUCA の課題
に対処する必要が出てきたのがここ 10 年、20 年ほどのことであることを反映
しています。複雑系には複雑系で対処する必要があります。創発的リーダー
シップは、組織がより創造的かつ革新的になり、複雑系の問題によりうまく取
り組むためのコンセプトの一つなのです。

企業におけるチーム形成

Ondrej Benes
――Deutsche Telekom チェコ支社の IT 部門責任者

　国際的な通信事業者である私たちの会社は、アジャイル組織への移行に向けて大
規模な変革を進めていました。社内では何年も前からアジャイルで働いているとこ

ろもあれば、始めたばかり、あるいは近々始めようとしているところもありました。そんな中私たちは、今後組織にアジャイルなチームをもっと増やしていくためにどうすればいいかの議論を始めました。そしてすぐに、「実験しよう」という結論に達しました。みんなに自分たち自身でチームを作ってもらうのです。そして、これから作るチームが満たすべきいくつかの条件を定めました（チームの最大人数、クロスファンクショナルであること、分析から運用までのライフサイクル全体に対応できることなど）。

　それだけではありません。私たちは民主的なチーム形成の点でさらに踏み込んで、新しく立ち上げるチームには自分たちのスクラムマスターを選んでもらうようにしました。また、誰がどのチームでプロダクトオーナーの役割をするのかは、プロダクトオーナーとチームとの間で決めてもらうことにしました。これから何が起こるのか、みんなが興味津々でした。幸い、スポンサーが結局認めてくれなかったり、経営陣から決定が覆されたりといった緊急事態は起こらず、どんな道を歩むことになるのかまったくわからないながらも、自己組織化システムがうまく働くことを信じていました。

　ある日、オフィスとは違う場所でチームのみんなとミーティングを行いました。任意参加で、参加しない人は代理を立てて出席者の誰かに投票を委ねていました。ミーティングのはじめはためらいが見られましたが、だんだんとみんなが動き始めます。チームの名簿を表すフリップチャートにメンバーの名前を書き加えたり消したりして、みんなでチームを作る様子が見られました。制限時間が近づくにつれ、白熱していきます。話し合いのあと、親指を上か下に出すサインを使って、結果に満足しているか、もう一度話し合いが必要かを確認しました。チームができたら、前もって提出された候補者（スクラムマスター、プロダクトオーナーなど）を一緒に確認し、出席者のアイデアをもとにリストを修正して、さらに選考を進めました。チームの編成と役割を投票で決める実験は半日のうちに完了しました。参加者全員がリアルタイムに対面でコミュニケーションを取り合って、透明性のあるかたちで行うことができました。

　このアクティビティは、生まれながらにアジャイルなスタートアップ組織にとってはあまり劇的なことではないどころか、常識的なことのように聞こえるかもしれません。しかし、巨大な国際企業であり、当時まだ非常に階層的な組織であった私たちにとっては、少なくとも普通ではありませんでした。

　勇気を出して、スクラムマスターやプロダクトオーナーなどの役割も自分たちで

決めてもらうようにしたのもよかったです。この実験がチームによいメッセージを
伝えたと今でも思います。口先だけではない、生きた透明性やエンパワーメント、
シェアド・リーダーシップを示すことができたと思うのです。また、「次にやると
きはここを変えたい」という教訓も得られました。例えば、スクラムマスターやプ
ロダクトオーナーなどの役割の候補者を集める際に資格基準を設けることです。そ
の役割に興味があってチームを説得できる能力があれば誰でも候補者になれるとい
うやりかたは、「リベラル」すぎたのかもしれません。今回のやり方は最善の方法
ではなかったかもしれません。このやり方を取るなら、組織の全体的な成熟度を注
意深く考慮する必要があります。あとになってわかったことですが、自分たちで役
割を取り決める仕組みにはうまくいかなかった部分もありました。チームは、よく
知らないけれどより高いポテンシャルを秘めている可能性がある候補者よりも、よ
く知っているけれどいくつかの資質で妥協した候補者を選ぶことが多かったので
す。人間には未知のものを避けようとする傾向（生存本能）があることを改めて確
認することができました。

　もし同じ状況になったとしたら、私はまた同じような方法を取るでしょう。この
ようなチームの作り方は、ものごとの舵を取りたい、自分たちが働く環境を変えた
いと思っているすべての人を巻き込むのに効果的な方法だと思います。エンゲージ
メントと創発的なシェアド・リーダーシップを支えてくれるのです。

文化
▼

　Edgar Schein が著書の中で言うように、「リーダーにとって本当に重要なこ
とはただ一つ、文化を作り出し、管理することだけです。文化を管理しない
と、文化に管理されることになります。文化にどの程度管理されているのか気
づくことすらないかもしれません」[Schein17]。それなのに、リーダーの多く
がプロセスやフレームワークにばかり目を向け、文化の話題を避けています。
理解はできます、私も時間がかかったので。文化は目に見えません。触れるこ
ともできません。定義するのも、測定するのも困難です。それでも、文化は組
織の成功に欠かせない要素です。文化は、私たちの価値基準や哲学、あり方を
反映しています。アジャイルになることは**マインドセット**を変えることです。

十分に多くの人がマインドセットを変えれば、文化が変わり、組織はアジャイル組織になるのです。こうやって言うのは簡単ですが、実現するのは難しいことです。

　文化は二枚貝のようなものです。**マインドセット**と**構造**という 2 つのパーツでできていて、それらはつながっています。この 2 つを切り離して考えることはできません。もし切り離してしまうと、文化は死に、組織は苦しみます。また、やはり二枚貝のように、この 2 つのパーツは変化に対応するために開き、お互いに離れていきます。閉じるのは構造がマインドセットと出会うときです。そのときポジティブなエネルギーが生まれ、次の変化への準備が整います。マインドセットが先か、構造が先かには議論があるかもしれませんが、私はそれが重要だとは思いません。重要なのは適切なバランスです。両方を意識して、片方を犠牲にしないことが大切なのです。

　マインドセットを変える方が難しいですが、長期的な成果をもたらします。目的を持って始めましょう。強い目的を考えましょう。毎朝ベッドから起きて、実現のためにエネルギーを注ぐことができるほどの目的です。自分が心から信じ、オーナーシップを持って自ら責任を負いたいと思えるものです。その

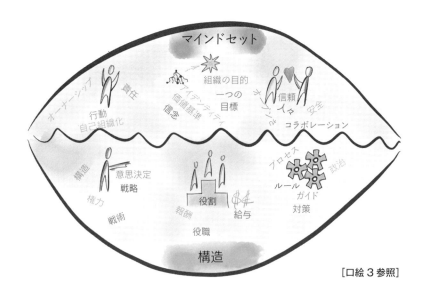

［口絵 3 参照］

ために他の人と協力しようと思うような、そして一日を充実させるようなもの
です。マインドセットの転換に成功すると、既存の構造にプレッシャーがかか
り、構造を変えるエネルギーが得られます。

　一方で、変化に対応するために既存の構造を変えるしかない場合もありま
す。例えば、コンポーネントチームからクロスファンクショナルチームへの変
更などです。構造が窮屈すぎるとマインドセットは育ちません。

ZUZI'S JOURNEY

構造が窮屈すぎると、マインドセットはダメになる

　ある組織を手伝ったときのことです。その組織のマインドセットはすっかりダメ
になってしまっていました。人が深呼吸するゆとりすら与えない固定的な構造のせ
いです。その会社のチームにアジャイルとスクラムの基本的な研修を行ったのです
が、研修中にすでに、これは大変な道のりになりそうだと感じさせることがありま
した。

　クロスファンクショナル、コラボレーション、学習、リファクタリングといった
ことについて話していても、チームが「時間がないんです」と言って終わりになっ
てしまうのです。トレーニングの初日にメトリクス[2]について触れたとき、私は冗
談のつもりで、各開発者が書いたコードの1日あたりの行数を測定することもで
きますよ、と言いました。私がそう言うといつもはみんな笑うのですが、このとき
は逆にけげんな顔をされました。「それ、やってるんですけど」と言うのです。「誰
も人のことを手伝いません。自分の分のコードを書く時間が足りなくなってしまう
からですね」と彼らは続けました。彼らの給料は、コードを書いた行数というメト
リクスにもとづいているということでした。また、新入社員の退職が続いていると
いうことです。というのも、新入社員が手助けなしでできる仕事は多くはありませ
ん。そして誰も助けてくれないので、学ぶスピードもゆっくりになってしまいま
す。結果として、納得できる給与までなかなか上がらないのです。この問題にどう
対処しているのか聞いてみると、それこそが研修に参加した理由だといいます。彼
らは、自分たちに変化が必要だと感じていました。一部のメトリクスを無視して、

2）訳注：メトリクスとは、システムの状態やチームの活動状況を定量的に測るための指標のこと。

もっと協働するようになり始めていました。

　この例は、最も奇妙な例の一つです。このチームは個人のプロセスを細かく管理
し、個人の効率を最大化することに集中し、みんなが激しく競い合うようにしてい
ました。そのことに価値があるのかどうかはそっちのけで、です。このチームの
ディレクターは、チームの休暇計画を直前になってキャンセルすることがよくあり
ました。もっと働く必要があるとか、週明けまでに何かを終わらせる必要があると
かいったことが理由です。なぜメンバーは辞めなかったのかと思うでしょうか。推
測ですが、少なくとも給与は支払われていたのと、その地域にはあまり仕事がな
かったからではないかと思います。「次のプロジェクトではもっとよくなるよ」と
いうのが常套句でした。しかし、一度も実現しませんでした。

　残念ながら、この組織はマインドセットを転換することができませんでした。ス
クラムによる開発チームを作ることもできず、頻繁にふりかえりを行うことさえで
きませんでした。スコープや優先順位について議論することもありませんでした。
「すべて」を終わらせる必要があったからです。最後には、私は従業員から「上司
と話をしてくれませんか」と言われました。もちろん、すぐにでも話しましょう。
しかし、結局実現しませんでした。経営陣が取り合ってくれなかったのです。経営
陣が持っていたのは純粋なアチーバーのマインドセットで、従業員はプレッシャー
がないと働かないと考えていました（X理論）。また、とても階層的な組織設計を
変える気もありませんでした。彼ら経営陣は、権限委譲は自分の立場を脅かすもの
と見なしていたのでしょう。

　残念ながら、このような組織に特効薬はありません。すみません。環境に
よっては、まだ準備が整っていないこともあるのです。アジャイルになるに
は、危機意識（このケースではまだなかった）、経営層の覚悟（まったく足り
ていなかった）、あるいは文化の中でも構造の部分にマインドセットが育つよ
うなゆとりがあること（これもなかった）が必要です。アジャイルになろうと
する試みは、構造を少し変えて新しいマインドセットのためのゆとりと機会を
作らない限り、失敗するでしょう。

　そんな環境を変えたいなら、アジャイルリーダーシップが役に立ちます。先
ほどの組織をシステムの観点で見てみましょう。アジャイルリーダーシップモ
デルを用いて、シナリオの中で書かれていたことに間違いも正解もないことを

認めるのです。ただ読むだけでは1つの視点しか得られません。もう少し聞く側に回って、積極的に異なる視点を探し求めることで気づきを得ましょう。共通理解が重要で、透明性は常に大きな助けとなります。そして、なんとか手放して、あるがままに受け入れることができれば、3つ目のステップとしてアクションを取る際にはまったく異なる機会が得られるでしょう。何が正しくて何が間違っているかを判断する側に立った場合とは大きな違いです。

アクションの取り方の一つとして、先述したフォースフィールド分析があります。先ほどの組織では、アジャイルマインドセットを受け入れることへの推進力と抑制力が均衡していないことは明らかでした。それどころか大きな差があります。しかしこのツールを使えば、チームがどこに焦点を当てれば力を均衡させてアジャイルの方へと傾けていけるか、特定できるようになります。

またもう一つのアクションの取り方は、権力やコラボレーションを可視化して、異なった働き方による成果を見せるというものです。チーム全員が現状はプレッシャーが強すぎると感じているなら、すでに危機意識を持っているのかもしれません。先ほどのシナリオでは、一部ですがすでにやっていましたよね。時には、必要なのは最初の障害を乗り越える勇気と諦めない気持ちだけだったりします。とにかく続けてみることです。

ただし、他にも選択肢はたくさんあるので、分析しすぎないようにしましょう。ただ試してみて、少し続けてみて、「気づく」ステップから何が得られるか見てみてください。将来の計画を立てるのではありません。「今」に集中しましょう。

ZUZI'S JOURNEY

オープンすぎる構造はカオスを生む

マインドセットが定着していない状態で構造をオープンにしすぎると、カオスになり、うまくいくはずのプラクティスもうまくいかなくなります。例えば、私が一緒に仕事をしたある組織は、あまり権限委譲せずにすべての決定を行う階層的なマネジメントから、非常に高度なアジャイルプラクティスへと移行しようとしていま

した。経営陣は手放すのに苦労していました。従来型のマインドセットを持っていたマネージャーたちは、従来と異なる権限委譲のステップを認識してさえいませんでした。彼らにとっては、自分で決めるか、手放すかのどちらかしかありませんでした。黒か白かの世界だったのです。ある日彼らは、自分たちはアジャイルで、チームレベルでスクラムを導入しているので、プロダクトオーナーのボーナスに関する決定をプロダクトオーナーチームに委ねるべきだと考えました。問題は、このプロダクトオーナーのグループはチームとはほど遠く、さらにはそれぞれのメンバーが異なる目標を持ち、成功を競っていたことでした。彼らは共通の目標を持っていませんでした。組織のビジョンはかなり抽象的で、統一のための存在目的として機能していなかったのです。個々人の人間関係も非常に希薄だったため、非難や侮辱が日常茶飯事で、かなり毒の強い環境でした。

　ボーナスを自由に決められるというのは、うまく機能しているチームにとってはすばらしいプラクティスですが、ここではそれが大喧嘩につながっただけでした。人工的な調和のカーテンの後ろに隠れていた対立が火を噴き、かつてないほど強くなりました。その対立は醜く、プロダクトオーナーと経営陣の両方にフラストレーションを与えていました。明確な正解も不正解も見当たらなかったからです。

　このことから経営陣はいくつかのフィードバックを得ました。チームは放っておいてもまとまるわけではないこと、単なる個人の集まりとは違うこと。そしてこのような従業員たちをチームにするためには、経営陣がチームの環境を整える必要があることを再認識したのです。また、私はチームへのフィードバックも行い、彼らがどう見えているのか正直に伝えました。最初の数週間、そして初めの頃のふりかえりは大変でしたが、長期的には、ふりかえりによってより正直で率直なフィードバックが得られ、プロダクトオーナーたちがよりよいチームを作ることにつながりました。見えないふりをしていた問題が表面化し、改善されることもありました。目の前の状況とはまったく関係のないことまでです。さて、何が正しくて、何が正しくないか判断できる人などいるのでしょうか？　複雑系では、評価は役に立ちません。ただ気づき、受け入れて、アクションを取るのです。

　強い目的、価値基準、アイデンティティを持つことがアジャイル文化への鍵です。さもないと、組織をつなぎとめるものは人工的なルール、規制、プロセスのみになります。そしてルールや規則、プロセスを取り去ると、みんなは突然何をしたらいいのかわからなくなり、同僚と争うようになってしまうので

す。伝統的な組織では、従うべき命令やプロセスがないと仕事はほとんど行われません。アジャイルな組織では、方向性は組織の目的によって定まり、「どうやってやるか」は価値基準やアイデンティティによって決まるので、仕事を押し付けなくても自然にものごとが進みます。

ZUZI'S JOURNEY

マインドセットと構造のバランス

　次の例は、アジャイル文化を一歩一歩成長させていった中堅企業でのことです。数年前、この企業はマインドセットを変えることから始めました。あるプロジェクトで、チームレベルでスクラムを試すことにしたのです。私が経営陣と話したところ、彼らがスクラムの実験を承認したのが次の2つの理由によることは明白でした。まず、実験がプロジェクトに限定されていたこと。そして、人を大切にする会社だったがゆえ、経営陣は社員にノーと言うことを嫌っていたことです。しかし、自己組織化についての議論となると、常に避けて通っていました。コントロールを失うことへの恐怖が原因でした。

　どの段階でも、組織はこのプロジェクトを、他とは違う、奇妙で厄介なものと見ていました。そしておそらく経営陣にとって驚きだったのは、このプロジェクトがうまくいっていたことです。マネージャーたちはスクラムの用語を採用し始め、スクラムマスターという役割を受け入れ始めました。プロジェクトチームの外ではほとんど何も起こっていないように見えたでしょうが、チームのメンバーは仕事のやり方を完全に変え、その結果はたちどころに現れました。品質は上がり、モチベーションは高まり、創造性も増し、提供価値が高まったのです。

　この実験、つまり単一プロジェクトでの結果が非常に魅力的だったので、ついには別の部署のマネージャーが、自分のチームのうちの一つでも試してみることになりました。そして、一歩一歩、組織文化の中でもマインドセットの部分が変わり始め、新しいチームがこの取り組みにどんどん加わっていったのです。チームによっては、クロスファンクショナルにしてビジネスサイドと密接な関係を持てるようにするために組織構造を変える必要がありましたが、大きな組織変更なしでクロスファンクショナルにできたチームもありました。そうして、組織はスケールアップの準備が整いました。ばらばらだったいくつかのプロジェクトをより幅広いビジネ

ス価値を重視した顧客中心の製品に統合し、1 人のプロダクトオーナーが率いるよ
うにしました。経営陣は、アジャイルリーダーシップ、チームのコラボレーショ
ン、そしてアジャイル文化について語り始めました。そして新しい CEO が選ば
れ、人事、財務、ひいては組織全体の働き方に変化をもたらしました。チーム指向
で、コラボレーションと文化にもとづく働き方になったのです。

　この変革の道のりは、決して平坦でも短くもありませんでした。数百人規模の組
織が 10 年近くかけて変わっていき、もともと非常に従来型のマインドセット、個
人に焦点を当てた構造、そしてエキスパートのリーダーシップだったのが、かなり
アジャイルな組織になったという話なのです。価値の流れに集中し、チームのコラ
ボレーションを DNA に組み込んで、アジャイルリーダーシップが大きな存在感を
発揮する組織です。ここに至るまですべてのステップで、彼らは構造とマインド
セットの間のバランスを確認し、一方がもう一方から離れすぎたときには頻繁な
フィードバックループを用いてそのずれを修正しました。彼らは完璧だったでしょ
うか？　完璧にはほど遠いでしょう。しかし、この組織はアジャイルへの道のりで
大きな進歩を遂げ、結果としてビジネスに具体的な数字で表せるよい結果をもたら
したのです。

　小さな実験を行い、頻繁なフィードバックループを通じて学習する反復的な
アプローチは、アジャイルへの道のりへのよい出発点です。組織を変えるやり
方には正解も不正解もなく、多くの場合、やってみるまでその影響はわかりま
せん。先ほどの例の会社は多くのことを試しましたが、その中でたびたび一歩
下がって状況を整理し、マインドセットが構造に、あるいは構造がマインドセッ
トに追いつくための時間を与える必要がありました。アジャイルリーダーにとっ
て、最も難しいメタスキルは忍耐です。忍耐は、アチーバーのリーダーシップ
スタイルとカタリストのリーダーシップスタイルとで決定的に違う部分です。
目先の結果を重視するか、長期的な目標を重視するかの違いです。文化の移行
を押し付けることはできません。適切な文化は、育てる必要があるのです。

　　文化の移行を押し付けることはできません。適切な文化は、育てる必要
　　があるのです。

現在の会社の文化を表現する言葉を、いくつか考えてみてください。

あなたが望む会社の文化を表現する言葉を、いくつか考えてみてください。

上の２つのリストを比較して、あなたが望む状態へ会社が移行していくのを
支援するために、あなたにどのような行動がとれるかを考えてみてください。

今やってみたエクササイズは、通常、組織内でワークショップとして行うも
のです。付箋を使ってドット投票をしてもよいでしょう。デジタルツールを使
うのも手です。オンラインサーベイや投票ツールを活用すれば、データ収集を
より簡単、迅速、かつ透明性の高いものにすることができます。他のやり方も
知りたい場合は、第11章を参照してください。
　私の仕事では、ほとんどの場合マインドセットの変化に焦点を当てます。マ

あなたが望む会社の文化を表現する言葉はどれでしょうか？

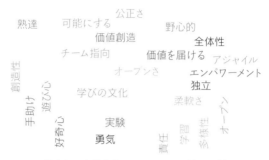

望ましい企業文化のアセスメント結果の例

インドセットの変化は組織内の力のバランスを変化に適したものに変え、構造の変化を支えてくれることにつながるからです。小さなステップから始めます。少しずつ、仕事のやり方を変えていくのです。コラボレーションし、透明性、柔軟性、適応性を高め、成功事例は常に共有します。誰にとっても変化の影響がわかるように、組織がアジャイルになっていることを感じられるようにします。社内報に成功談を掲載してもよいし、定期的にアジャイルの勉強会を開催してもよいし、ブログを書いてもよいし、Facebook でライブ配信をしてもよいでしょう。どのチャンネルが優れているといったことはありません。どのチャンネルでも、注目してもらい、関心を持ってもらうことはできます。プロセスやガイドラインにわずらわされないようにしましょう。マインドセットが育って透明性が高まれば、ものごとはより明確かつ具体的になります。組織は現在の構造が望ましい変化を成し遂げるのを妨げていることに気づき、文化全体が変わっていくでしょう。文化の貝殻が閉じていき、マインドセットと構造が出会います。そしてまた新たなサイクルが始まるでしょう。マインドセットと構造は再び互いに離れていき、次の変化が受け入れられるのを待つのです。

　ここで朗報です。それは、変化を受け入れるマインドセットができていれば、構造を変えるのは比較的簡単だということです。ただしこれは終わりのな

いプロセスです。マインドセット、構造、マインドセット、構造、マインドセット、構造…という、継続的な文化のピンポンラリーなのです。

文化の力

Debra Pearce-McCall
――Prosilient Minds のオーナー兼創業者

　以前私が昇進したとき、家族で海外に移住するという大きな決断をしました。そのときは、その役職がわずか２年で終わるとは思ってもみませんでした。そして、アジャイルリーダーシップについて一生ものの教訓を学ぶことになろうとは――。それは重要な仕事でした。私たちの仕事はお客様の健康や生活に関わるもので、時にはお客様の命に関わることもありました。会社ではあらゆることについてパフォーマンスを測定していました。秒数（例えば、電話に出るまでの時間）から、セント単位の金額（保険加入者１人あたりの毎月の保険料）、重要な健康上の成果、利用率（低く抑える）と顧客満足度（90％以上）という、両立するのが難しい項目までの、あらゆることです。結果は出せていたのですが、契約更新の時期が来ると、私たちの発注元企業は再びアウトソーシングするのではなく、すべて自社で行うことを決めてしまいます。私は次の決断として、透明性を重視することにしました。私たちの店舗が廃業することになりそうだとスタッフ全員にどのように伝えるのがベストかを考える必要があります。しかも、それを伝えながらも、これから１年間同じレベルのサービスを提供し続ける必要があるのです（お客様の人生に関わる問題がどこかに消えてなくなることはありません！）。私はアジャイルの直感から、正直で、仲間はずれを作らず、実験的であろうとしました。そのやり方は、その後１年間持ちこたえることになります。ビジネスは続けるけれど、同じままではいられない、と考えていました。

　心理学と人間の社会システムの分野で、人の心や関係性のパターン、変化のプロセスを研究して取り組んできた長年の経験は、リーダーとして働くのにすでに十分役立っていました。私は、心理的安全性、明確なコミュニケーション、誤解を解くことなどの「ソフトスキル」の重要性を知っており、それらを予算や会議の議題、厳しい決断、業績基準と統合することができたのです。私はしっかりとその場にいることができ、臨機応変に、創造性を発揮することができました。周囲の人たちにもそうあるよう促しました。課題は明確でした。何を変えれば、いずれなくなって

いく仕事にみんながとどまってくれる気になるでしょうか？　私がそれからの1年間に立ち上げた数々のアジャイルな取り組みは、すばらしい上昇スパイラルを生み出します。みんなが仕事に集中し続け、コミットメントを保ってくれたのです。結果として、退職金（最後まで残った場合にのみ受け取れる）の交渉もやりやすくなりました。いくつもの取り組みを行った中から、まず面白い例を1つ挙げましょう。私たちの拠点は本社から遠すぎてオフィス機器を送り返すことができなかったので、私は別の方法を提案しました。社員がオフィス家具や消耗品を驚くほど安く買える「スペシャルセール」を開催し、そのお金で社員とその家族を招待して豪華なフィナーレパーティーを開いたのです。次は、キャリアを変えた例をご紹介します。私は、資格と関心のある人なら誰でもクロストレーニングを受けられるプログラムを開発しました（例えば、クリニックの医療従事者はケアマネジメントや利用審査を、インテークコーディネーターは請求やクレーム管理を、あるいはその逆を学ぶことができる、というものです）。ほぼすべての従業員がこのような機会を活用したことで、従業員の定着率は100％となり、廃業後もみんなが簡単に職を得ることができたのでした。最後の1年を終えたとき、このような状況下にもかかわらず、私たちはすべての業績指標を達成し、すべての顧客が契約の引き継ぎ先にスムーズに移行できるようにできる限りのことを行いました。それ以来、私は長いことあらゆる業界でさまざまな状況におかれたリーダーを指導してきましたが、その中で見てきたのはあの1年間に学んだのと同じことでした。人生とは変化し、適応していくこと。だから、好奇心を持って変化を受け入れる。現実を見ること。さもないとエネルギーを無駄にする。明確にコミュニケーションを取ること。可能な限り共創すること。親切で、みんなを受け入れようとすること。そうすれば、あとは自ずとなんとかなること。予想もできなかったような結果になることも多いのです！

「私たち」の文化

▼

　アジャイルな組織には適切な文化が必要です。つまるところは、コラボレーションです。チームとしてどのように働き、お互いに支え合い、チームとしての責任とオーナーシップを引き受けるか、ということです。アジャイルリーダーはそのような文化を作り出す必要があります。そのような文化がないと、

アジャイルは決してうまくいかないからです。

　Tribal Leadership: Leveraging Natural Groups to Build a Thriving Organization（『トライブ——人を動かす5つの原則』（ダイレクト出版、2011））には、アジャイル組織において大半の人がたどる必要のある道のりがまとめられています。この本によると、「部族」とは人々がごく自然に集まった形態だといいます。「鳥や魚が群れるように、人は部族を作ります」[Logan11]。どんな組織にも、さまざまな種類、段階の部族があるのです。

　Logan が最初に説明している部族は、「人生は最悪」族です。朗報として、このような部族は多くはありません。世の中の組織のうち約2%だけが「人生は最悪」族に支配されています。つまり、刑務所、マフィア、ストリートギャングのことです。彼らは世の中にある幸せが理解できません。彼らのマインドセットは「人生は最悪」です。その気持ち

は、これを読んでいるあなたにはわからないでしょう。トンネルの先に光はなく、いつかはマシになるという希望もない世界です。

　もし、あなたの組織でこのような部族によるリーダーシップに遭遇したら、忍耐を持ってください。彼らに対して、キラキラした「チームって最高なんですよ！」という話をしても、たぶん聞いてもらえないでしょう。彼らにアジャイルへの移行について話すことは、火星への移住について話すようなものです。

　2つ目の部族は、「私の人生は最悪」族です。このような部族は従来型の組織 1.0 によく見られます。従業員は見下されていると感じていて、やる気をなくし、あらゆることに不平を言っています。なお、それぞれの部族は、マインドセットを育てる旅における一つひとつのステップを示しています。この部族

では、「給料が少ないから、私の人生は最悪」、「毎日2時間もかけて通勤しな

ければならないから、私の人生は最悪」、「無能な上司がいるから、私の人生は最悪」といった不満を耳にします。ささいで、簡単に解決できるような問題に対する不満さえあります。「職場においしいコーヒーがないから、私の人生は最悪」といった具合です。

　「私の人生は最悪」族の人は、少なくともトンネルの先にある光を見ることができます。全体として、約25%程度の組織ではこのような部族が多数派を占めています。そのような組織は通常、X理論にもとづいて人を扱い、アメとムチが幅を利かせています。マイクロマネジメントが徹底しており、従業員は制度を悪用しようとし、病欠の割合が高く、定着率が低く、わずかな宝くじでも当たろうものなら間違いなく退職してしまうような組織です。

　この段階に到達するために何ができるかを見てみましょう。「人生は最悪」族が多くはないとしても、そこから始めることが重要です。なぜなら、「人生は最悪」族の人たちにとっては、「私の人生は最悪」という考え方さえも大きな進歩を意味するからです。最初の段階である「人生は最悪」では、人生そのものに光がありません。そのため、次の段階の部族の友人を見つける手助けをするとよいでしょう。「私の人生は最悪」族はまだ幸せを感じていませんが、光を見てはいるからです。

　3つ目の部族は、「私はすばらしい（でも、あなたは違う）」族です。この段階になってようやく、人は自分の成功を実感し、最高だと感じます。「私は他の人よりもできる」というわけです。「私はこれができるけれど、みんなはできない。私は管理職で、みんなは平社員だ」、「私は仕事がすごくできる。他のみんなは、私ほどできるよう

にはならないだろう」。ここが「私はすばらしい」族におけるグラデーションの中での片端です。こちらの端にいるマネージャーは、よく「私の人生は最悪」族の社員を生み出しています。そしてもう一方の端には、この段階の部族リーダーシップの中ではよいバージョンである「専門化」があります。「私は

ビジュアルファシリテーションが得意です」「私は探索的テストが得意です」
「私は UX デザインが得意です」「私は会社の椅子を選ぶのが得意です」などと
いった声が聞こえてきます。フレーズの後半部分（「でも、あなたは違う」）は
まだ残ってはいますが、それほど重要ではなくなっています。誰にでも何かし
ら得意なことがあり、自分がすごいからといって他の人がダメなわけではない
とわかっています。この部族は、約 49 ％の組織で多数派を占めています。「私
はすばらしい」は、従来型の組織 1.0 の中ではいい方です。そして、知識と専
門性を重視する組織 2.0 ではよくある部族です。

　この段階の部族リーダーシップのグラデーションの中で最もよい側の端にお
いては、全員の成功を目指します。人はそれぞれ違います。誰もが何かに秀で
ることができるのだから、それを見つけて実現させましょう。みんなが成功す
るように手助けをしましょう。私たちの組織でよく見られる古い慣習、例え
ば、月間 MVP、明確なキャリアパス、専門性を重視した詳細な職務内容、さ
らには KPI、詳細なゴールや目標、ボーナス、業績評価などはすべて、この段
階の部族リーダーシップを支えるために考案されたのです。みんなが個人の成
功を実感し、「私の人生は最悪」族のリーダーシップ段階から離れられるよう
にするためです。「私はすばらしい」の段階では、自分の周りに個人的に成功
している人が増えれば増えるほどよいのです。

　この段階では、コラボレーションが不足しています。昇進すれば喜びます
が、会社全体に対して熱意を持つことは特にありません。この段階の人は、仕
事をどう思うか聞かれると、「どこにでもあるような仕事だけど、悪くないで
すよ。いい仕事です。給料もまあまあだし、そうですね、問題ないですよ」と
答えるでしょう。もしかしたら会社が提供している福利厚生のことも付け足す
かもしれませんが、やはりそこに本物の熱意はありません。たいてい、このよ
うな従業員は同僚とおしゃべりするのが好きで、もし小さな宝くじが当たった
としても、ずっと家にいるよりも気晴らしになるからといって、パートタイム
で仕事を続けるかもしれません。「私はすばらしい」族の人は、在宅勤務や残
業をほとんどしません。仕事は仕事として、生活とは区別しているようです。

　4 つ目の部族リーダーシップ段階は、「私たちはすばらしい」です。まだほ
んの少し「他の人たちは違う」という気持ちが残ってはいるものの、前の段階

ほど強くなく、また個人レベルでそう思って
いるわけではありません。チームの世界であ
り、アジャイルが意味を持ち始める世界で
す。ここがアジャイルへの道のりの始まりで
す。いくつかの小さなチームがコラボレー
ションし、助け合い、ともによくなっていく

ことから始まります。初めて個人ではなくチームが重要になるのです。約
22％の組織で、この部族が多数派を占めるとされています。ここまでくれば大
きな成果です。最初の数チームで、「私たち」の文化が現れ始めます。個人の
成功ではなく、チームとしての成功が重要視されるのです。「私たちはすばら
しいチームだ（組織内の他のチームよりも優れている）」というわけです。
チームのみんなはアイデンティティ、帰属意識を感じています。

　この段階は、自分の組織に誇りを持つことでもあります。「私たちはすばら
しい会社だ（でも、他の組織は私たちほどではない）」と。この段階の部族
リーダーシップでは、コラボレーションするチームのネットワークが作られ始
めます。「私たち」の示す範囲はずっと広くなり、コラボレーションはもっと
強くなっていきます。そうしてチーム間のコラボレーションが活発化し、チー
ムの重要性は再び薄れていきます。個々のチームの成功には何の意味もないの
です。私たちはお互いに助け合い、ともに価値を届ける必要があります。組織
として強くなればなるほど、顧客にとってもビジネスにとってもよいことなの
です。

　「私たちはすばらしい」の段階は、組織3.0によくある段階です。組織3.0に
は、チームレベルでアジャイルを受け入れ、スクラム[3]、LeSS[4]、Nexus[5]など
のフレームワークを取り入れてアジャイル・トランスフォーメーションを始め
た組織や、Agile@Spotify[6]の例に触発されたような組織が該当します。そう

3）スクラム：https://www.scrumguides.org.
4）大規模スクラム（LeSS）：https://less.works.
5）Nexus：https://www.agilest.org/scaled-agile/nexus-framework.
6）Scaling Agile@Spotify：https://blog.crisp.se/wp-content/uploads/2012/11/SpotifyScaling.
　　pdf.

いった企業は、ビジネスアジリティや、IT 部門以外もアジャイルにすることについて語ります。チームレベルでは Y 理論を用います。つまり、人は多くの指示を必要とせず、やる気があり、オーナーシップと責任を負うと信じます。組織レベルでは、依然として難しいかもしれません。なぜなら、組織は従来の世界から多くのプロセスを受け継いでいて、まだそれらを取り除いていないからです。しかし一般的には、クロスファンクショナルであることを重視する傾向が見られ、結果として職務内容はより幅広くなり、組織階層がよりフラットになります。アジャイル・トランスフォーメーションの過程で、企業の組織図は典型的には、10 階層以上あったものが 3 階層程度に減ります。組織は個人の KPI からチーム指向の目標へと移行し、OKR[7]の実験を行い、さらには変動ボーナスからより高い基本給へと移行します。透明性ははるかに高く、結果として彼らはケーススタディを共有し、アジャイルへの旅の道のりについてブログを書き、カンファレンスでストーリーを共有しようとします。一方でビジネスにおいてはまだかなり保守的で、他の組織と競争することに重点を置いています。

　コラボレーションによって、強いオーナーシップの感覚、共通のアイデンティティ、そして共通の目標が生まれます。みんな意欲的で、仕事は生活と一体のものと捉えていて、必要であれば在宅勤務や残業もします。友人にもこの会社で働くことをためらいなく勧めますし、ちょっとした宝くじが当たれば休暇を取るかもしれませんが、すぐに職場に戻ってきます。一般的に、「私はすばらしい」族よりも「私たちはすばらしい」族を多数派にしたければ、アジャイルを取り入れるとよいでしょう。

　部族リーダーシップの最終段階は、「人生はすばらしい」です。この段階はまだかなりまれで、このような部族が多数派を占める組織は約 2%だけです。そのような組織では、アジャイルマインドセットが組織に行き渡っています。競合他社は存在しません。というのも、周りにいる他の組織は潜在的なパートナーで、協業したり提携したりする可能性がある存在なのです。アジャイルへ

7）目標と主要な結果（OKR）は目標とその成果を定めてトラッキングするためのフレームワークで、Google の取り組みによって有名になりました（https://en.wikipedia.org/wiki/OKR）。

の道のりを歩む他の組織と柔軟なネットワークを形成し、組織の存在目的が成功の鍵となっています。1＋1が2よりも大きくなる世界です。徹底的な透明性は必須です。このような組織は一般社会に対して開いており、訪問者のためのツアーを企画し、知見を共有します。

　これこそ真のアジャイル組織です。チームレベルだけでなく、組織レベルでもアジャイルなのです。今あるほとんどの組織にとっては長い道のりになりますが、すでにすばらしい事例があります。明日にでも彼らのようになる必要はなく、急ぐ必要もありません。どんな組織も、アジャイルマインドセットへと成長する必要があります。しかし、まさに今、インスピレーションを得て歩み始めることができるのです。

　　　アジャイルを「やる」意味はありません。アジャイルに「なる」必要が
　　　あるのです。

　この段階では、人は目的への情熱を持ち、目的を実現するために必要なことは何でもします。コラボレーションし、社内外の新しいアイデアを積極的に取り入れます。これまでに試した人がほとんどいないような非常に独創的なアプローチをとることもよくあります。勇気、集中、尊敬、公開（オープンさ）、確約（コミットメント）を備えています。彼らはアジャイルをやっているのではなく、アジャイルに生きているのです。このようなマインドセットを持つ人が宝くじに当たったとしても、みんなが組織の存在目的を実現するのを手伝うために、組織と関わり続けるでしょう。なぜなら、目的を信じていて、それが自分にとって重要だからです。

　もし、組織の中で「私たちはすばらしい」族よりも「人生はすばらしい」族を多数派にしたければ、組織レベルでアジャイルになりましょう。透明性と自

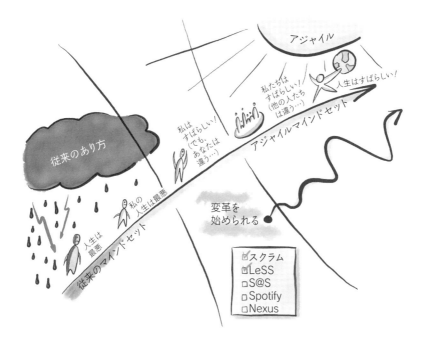

律性を組織の重要な価値基準とし、実験に対してオープンになり、組織を協働的な複数チームからなるネットワークとして捉え、顧客中心で目的志向になりましょう。競合他社は存在せず、創発的リーダーシップを阻害するような社内での境界線もない状態です。アジャイルリーダーシップは働き方として、組織全体に浸透させる必要があります。みんなが成長してアジャイルリーダーになるのを助け、その道のりをサポートしましょう。アジャイル組織のロールモデルとなり、業界全体にインスピレーションを与える存在になりましょう。

　部族リーダーシップのコンセプトは、文化のマインドセット部分の発展を可視化するために使える興味深いメンタルモデルを示しています。どんなに迅速に組織を変えたいと思っても、ステップを飛ばすことはできません。「私の人生は最悪」族が多い状態から、一気に「私たちはすばらしい」族が多い状態へとジャンプする方法はないのです。マインドセットはそんなにすぐには変わりません。とはいえ、何年もかける必要もありません。ここまで説明した道のりを順番にたどり、アジャイルプラクティスを着実に取り入れていけばよいのです。

EXAMPLE

　例として、私がワークショップでこのモデルを使って、さまざまな組織や、組織の中のさまざまな部門についての会話を始める様子を紹介しましょう。企業を部族リーダーシップのモデルに当てはめていくのですが、正しい企業と間違っている企業を分類したいわけではありません。むしろこれは、主観に立脚したエクササイズであるといえます。組織が持つ側面についてオープンな議論を始めることが目的です。例えば、「組織がそこに当てはまると思うのはなぜですか？」「将来、組織がどこに当てはまるといいと思いますか？」といった議論です。

　参加者はまず、付箋に自分の会社名や所属する組織の名前を書き、部族リーダーシップのマップを見て、組織の中で多数派の部族が当てはまると思うところに貼ることから始めます。参加者の中には、名前ではなくシンボル（例えば星）を書く人もいます。このマップがワークショップの参加者以外に共有されるかもしれないと思うと安心できないから、というのが理由です。それから、私たちは付箋を貼ったマップについて話し、ストーリーを共有し、それぞれの組織で多数派の部族がその位置に当てはまると感じる理由を聞きます。次のステップとして、他の組織についてブレインストーミングを行ってインスピレーションを得たり、会話を深めたりします。改めて言っておきますが、組織がどこに位置するか正解を見つけようということではありません。そもそも正解も不正解もないのです。そして最後には、来年自分たちの組織や部署がどうなっていてほしいか、そのために何ができるのかを考えます。

企業を部族リーダーシップのモデルにマッピングしてみた結果

Exercise

　あなたの組織について考えてみてください。あなたの組織（またはあなたの部署）の中で多数派の部族はどれですか？

・人生は最悪
・私の人生は最悪
・私はすばらしいが、あなたは違う
・私たちはすばらしい
・人生はすばらしい

1年後、あなたの組織や部署の部族はどうなっていてほしいですか？
・人生は最悪
・私の人生は最悪
・私はすばらしいが、あなたは違う
・私たちはすばらしい
・人生はすばらしい

> あなたの組織や部署をその部族へと導くために、何ができるでしょうか？
>
> ....
> ....
> ....
> ....

　パートナーシップや協業については、お互いの部族リーダーシップの段階が異なる場合、相性がよいこともあれば悪いこともあります。組み合わせによって、パートナーシップや協業がうまくいくかどうかを予測することができます。想像してみてください。「私たちはすばらしい」の段階にある組織が、別の組織とビジネスの関係を築こうとしています。その別の組織では、マネージャーは「私はすばらしい」の段階にあり、従業員の大半は「私の人生は最悪」の段階にあるとしましょう。この場合、両者の価値基準は補完し合うものでも、一致するものでもないので、この関係はうまくいかない可能性が高いといえます。

ZUZI'S JOURNEY

　一例として、私が働いていた組織では、顧客とバランスの取れたパートナーシップを築いていました。アジャイルな組織では、顧客との関係性、信頼、そしてコラボレーションのことがよく話題になります。簡単なことのように聞こえます。しかし、企業側と顧客側双方のマインドセットが、そのようなパートナーシップを築けるようになっている必要があるのです。このような関係を支えるために、私たちは契約書の書き方を変えて、パートナーシップによるコラボレーションを反映させました。契約書にはスコープやスケジュールは定義せず、私たちが一緒に仕事をする方法だけを記しました。スクラムを用いること、協力し合うこと、透明性のあるバックログを持つことなどです。スプリントごとに価値を届け、スプリントレビューでは届けたものに対するフィードバックを受け、さらなる価値が必要であれば新しいスプリントを計画するようにしました。最終納期は定めませんでした。そ

れまでに届けた価値が顧客にとって十分となれば、そこで仕事を終わりにしました。本当にアジャイルな環境では、ビジネスの周りにそれほど多くのプロセスは必要ありません。私たちは顧客をプロセスの重要な一部と見なし、顧客に対して透明性を保ち、協働するだけです。

　アジャイルはこのようなパートナーシップと相性がいいのです。しかし、双方のマインドセットがその段階に達している必要があります。「私はすばらしい」（またはそれ以下）のマインドセットを持つ企業が、「私たちはすばらしい」式の仕事のやり方を十分に信頼していないと、非常に多くのプロセスを守ることや、規則、保護の仕組みを求めるようになります。最終的にはあらゆるパートナーシップの精神を台無しにし、全体のマインドセットを部族リーダーシップの1つ下の段階に落としてしまうでしょう。さらにもう一段階下がることさえありえます。まるで、2つの異なる言語を話しているかのようです。一方はさまざまな失敗の可能性を精査していますが、もう一方は、コラボレーション、フィードバック、透明性を信頼し、顧客の目的に対して同じ理解を持てるよう努力しています。一方は仕事への意欲など大して役に立つまいと思っていますが、もう一方はシステムを信頼しており、契約によって色々と保証するのは冗長だと捉えていて、こう言うのです。「目標は同じです。さあ、一緒に達成しましょう」。

　大きなマインドセットの断絶に直面したときは、忍耐強く、一つひとつ相手にメリットを示していくことです。安全なパイロットプロジェクトを作って組織が経験を積めるようにし、組織が歩むアジャイルへの道のりをうまく導いていきましょう。変化には時間がかかります。マインドセットを変えるには、構造を変えるのに比べて倍の時間がかかるものです。

対立する価値基準

▼

　文化は複雑なシステムですが、そんな文化を考えるにあたって、4つの「対立する価値基準」の関係性に注目してみることもできます。対立する価値基準のフレームワーク[8]は、効果的な組織であることを示す主要指標の研究にもと

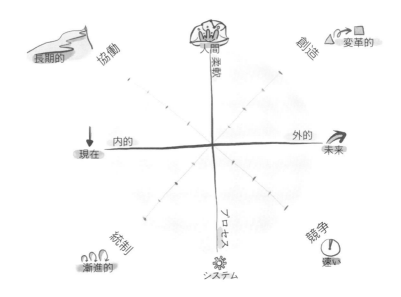

づいており、アジャイル組織についてさまざまな視点を与えてくれます。対立
する価値基準とは、（1）内的な現在か外的な未来か、それから（2）柔軟なプ
ロセスか固定的なプロセスかです。これらの対立する価値基準が、文化を 4 つ
の象限（統制、競争、協働、創造）に分けることになります。それぞれが対角
線を作り出します。協働するのか、それとも競争するのか。そして、柔軟であ
ろうとするのか、それとも長期安定なシステムを構築してそのシステム内で仕
事をする方を好むのかです。いかなる組織においても、組織文化には 4 象限す
べてが混ざり合っています。ただし、その割合は組織ごとに異なります。

　非常に従来型の組織では統制と競争が文化を支配していて、アジャイルな組
織では創造と協働が文化に根付いています。モダンアジャイル［Kerievsky19］
のコンセプトにおける「人々を最高に輝かせる」「高速に実験 & 学習する」と
いう原則は、組織を対立する価値基準のフレームワークの上半分の領域へと移

8）このフレームワークは、もともと R. E. Quinnand と J. Rohrbaugh による A Spatial Model of
　Effectiveness Criteria: Towards a Competing Values Approach to Organizational Analysis
　（*Management Science* **29**(3), 1983 の 363 ～ 377 ページに掲載）で説明されているものです。

します。「私たちはすばらしい」の文化は、競争の領域にいた組織を協働の領域に移します。協働はチームレベルから始まり、やがて組織のレベルに至ります。そして、「人生はすばらしい」文化は組織の協働をさらに広げます。協働は市場全体へと広がり、より幅広いパートナーシップと協業関係をかたち作るようになるのです。

ZUZI'S JOURNEY

例 1：中堅 IT 企業

　1 つ目の例として、私が数年前に働いていた中堅 IT 企業で柔軟性が足りずに苦しんでいたときのことをお話ししましょう。私たちのビジネスでは、柔軟性の高いクロスファンクショナルチームが必要でした。チームはすばやく学習する必要があります。顧客の環境はそれぞれ異なるので、すばやく学ばなければならないという非常に強いプレッシャーがありました。一方で、技術力も高め続ける必要があるのです。やがて限界がきました。メンバーの成長は期待されるレベルに達せず、新規顧客への対応も後手に回るようになりました。組織は従来型の機能別部門構成になっており、組織の大部分が極めて階層的でプロセス指向でした。アジャイルのパイロットチームはいくつかありましたが、組織全体でアジャイルを実践しているわけではありませんでした。経営陣は競争と防御のマインドセットを持っていましたが、組織の中には協働もありました。イノベーションはゼロに近く、あったとしても純粋に技術的なレベルにとどまっていました。

　アジャイル組織への道のりを歩み始めたとき、私たちは高い柔軟性と創造性を追い求め、全体としてビジネスに集中しながらも、技術的卓越性にも妥協しないようにしました。今まで以上に協働することを目指した結果として、さらに部門を横断し、従来の役割を超えて協働するようになっていきました。思い切って創造の文化に大きく舵を切ることによって、社員の潜在能力を引き出して創造性とイノベーションを支援することにしたのです。この文化移行のビジョンを目指して、プラクティスを実践していきます。組織をスリムにして経営陣と従業員のみの 1 階層という非常にフラットな構造にしました。自己組織化したチームがその基盤となります。それぞれの役職における職務の幅を広げました。固定的な KPI を廃止し、頻繁な相互フィードバックと社員の成長のためのコーチングに移行しました。今まで

になかった「キャンプ」——誰もが参加でき、創造的なアイデアに取り組むことができる場所——を作り、コミュニティと創発的リーダーシップを支援しました。こうして組織が望ましい姿に至るまでには、1 年あまりがかかりました。その頃には組織は自立し、有機的に成長・改善していくようになったのです。

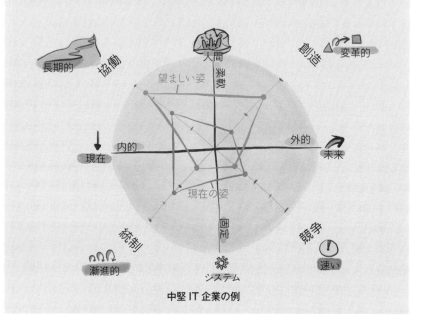

中堅 IT 企業の例

ZUZI'S JOURNEY

例 2 : 小さなサービス組織

　次は、ある小さなサービス組織についての例です。この組織には非常に階層的なマネジメントと有毒な文化がありました。みんなが互いに競い合い、自分が他の人より優れていることを示して昇進することを主な目標としていました。このような状況は大きなやる気の喪失を招きました。多くの人が組織を去り、顧客はこの組織の仕事が何の価値も生まないことに不満を募らせていました。顧客中心のアプローチよりも内輪での争いを優先していたことが原因です。組織はアジャイルだと主張していましたが、ただ名前に「アジャイル」が入っているだけでした。

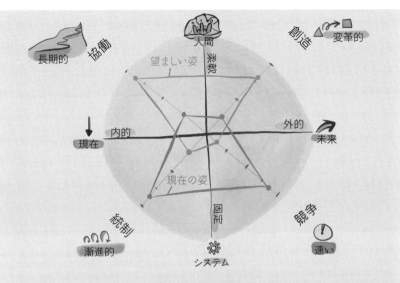

小さなサービス組織の例

ところが経営陣が変わると、非常に大胆なビジョンを打ち出します。組織構造をフラットに変え、自己組織化したクロスファンクショナルチームを基礎に据えるビジョンです。統制と競争から、協働と創造への大転換でした。一言で言えば、まさに「アジャイル」です。この転換は、強いビジョンと存在目的によって実現したのでした。また、透明性を保ったことと、この新しい文化への移行に参加するかどうか（残って手伝うか、手当を受け取って去るか）を個人の意思に委ねたことも役に立ちました。

ZUZI'S JOURNEY

例3：大手金融機関

最後の例は、私が中堅IT企業よりも前に勤めていた大手金融機関でのことです。この組織は、これまでの2つの例の組織ほどには、組織構造や仕事の進め方を変える必要性を強く感じていませんでした。ただ、よりアジャイルに、つまり、より革新的に、より適応的に、より柔軟になる必要性を感じてはいました。みんなにもう少しゆとりを与えて、プロセスを柔軟にし、プロジェクトはもっとチームで進め

るようにする必要があると感じていたのです。しかし、個人ベースのプラクティス
やマネジメントの構造を変えようとはしていませんでした。

　この組織が求めていたのは、より創造的で革新的になり、事業の潜在能力を引き
出し、銀行業務の枠を超えて拡大することでした。他の似たような銀行とは一線を
画する存在になり、プロトタイプをすばやくテストして競合他社よりもすばやく新
しいサービスを生み出したいと考えていました。このビジョンは魅力的で、モチ
ベーションを引き出すようなものです。このビジョンのおかげで、組織はスクラム
のパイロットチームやカンバンのチーム、イノベーションラボを作るといった実験
を行うことができ、いくつかのアイデアはプロジェクト化されて実際にリリースす
ることができたのです。

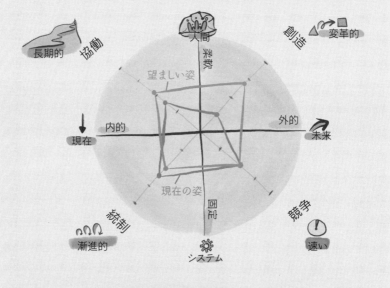

大手金融機関の例

さて、3つの例を見てみたところで、自分の組織を思い浮かべて現在の姿と
望ましい姿をそれぞれ描いてみてください。今、組織はどのような状態ですか？
どうなりたいですか？

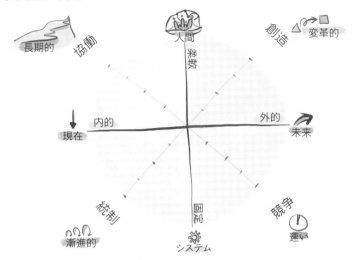

組織文化の望ましい姿が現在の姿から近いにせよ遠いにせよ、より近づくために
今すぐできる3つのアクションを考えてみてください。

ネットワーク構造

▼

　はっきりとした中心がない組織もあります。階層的な権限構造だけが唯一の
組織構造というわけではないのです。関係性や社会的な相互のつながりにもと
づく社会構造もあれば、価値創造構造もあります［Pflaeging17］。

　権限構造にもとづく組織は、理解も、管理も、運営もシンプルです。意思決定プロセスも責任の所在もシンプルになります。うまく設計すれば非常に効率的な組織となるのです。一方、最大の欠点はエンパワーメントが不足することです。従業員がやる気を失い、自分たちが届けるべき価値そのものから切り離されてしまうということがよく起こります。そしてさらに重大な問題は、VUCA の課題に対応するための柔軟性や創造性に欠けることです。

　従来型の組織は複雑系を避けたがります。ゆえに、意思決定プロセスを単純化しようと、権限構造を明確に定義し、社会構造は存在しないか重要でないふりをします。というのも、組織というものは一連のルールとプロセスによって動き、線形思考で価値を届ける手順を分解して一つひとつ取り組むものだと考えているからです。ガントチャート[9]やクリティカルチェーン法[10]といったツール、Jira[11]のようなよくある線形の課題管理システムは、この世界に由来します。

　アジャイルへの道のりの中で階層的な権限構造をあまり重要視しなくなったとしても、組織がカオスに陥ることはありません。組織は、社会構造や価値創

9）ガントチャートは、プロジェクトのスケジュールを図示した棒グラフ。1910 年に Henry Gantt が考案したことから名づけられました。

10）クリティカルチェーン法は、制約理論にもとづく計画法で、1997 年に Eliyahu M. Goldratt が提唱しました。

11）Jira は、Atlassian 社による課題管理システムで、ソフトウェア開発チームでよく使われています。

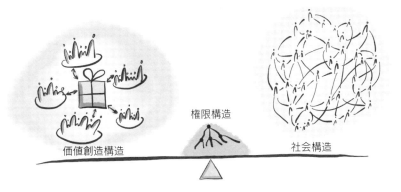

造構造によってまとまることができるからです。アジャイルな組織では、ものごとに影響を与えたい人はその問題に責任を持つコミュニティの一員になる必要があります。つまり、ある価値に取り組みたければその製品チームの一員になる必要があるということです。アジャイルな組織変革は、意思決定を徹底的に分権化し、組織構造をシンプルにすることによって起こるのです。そのためには「役割を減らし、依存関係やアーキテクチャの複雑さを減らし、管理職の数、拠点数、人数を減らす」[Grgić15] ことです。そういったことは、例えばLeSS フレームワークに定義されています。

たいていのアジャイルフレームワークの中心には、価値創造構造を強化して組織の最重要事項とすることがあります。バリューストリームや、顧客中心で価値主導のアプローチの話です。また、ストーリーマッピング[12]、インパクトマッピング[13]、リーンスタートアップ[14]のような手法を使うといったことです。ただし、価値創造構造をいくら重視してもそれだけでは十分ではなく、社会構造も同じくらい重要です。結局のところ、マインドセットが重要なのです。

---

12) ユーザーストーリーマッピング（Jeff Patton）：https://www.jpattonassociates.com/user
  -story-mapping.
13) インパクトマッピング（Gojko Adzic）：https://www.impactmapping.org.
14) リーンスタートアップ（Eric Ries）：http://theleanstartup.com.

「スマート」対「健全」

▼

　個人と対話を重視し、すばらしいチームを作り、みんなが自由にコラボレーションできる環境を作り出すことが組織の成功への鍵です。フレームワークや手法そのものが役に立つわけではありません。適切なマインドセットがなければ、組織はどんなに努力を続けても新しいやり方を定着させることはできないでしょう。それがアジャイルの一番難しいところかもしれません。誤解しないでほしいのですが、ツールは日々の業務で迷わないために便利ですし、フレームワークは一定の境界を定めてくれるという点で役に立ちます。プロセスも役に立つでしょう。変化し続ける世界において、予測可能な安定した土台が得られるからです。しかし、それだけでは十分ではありません。アジャイルで成功するためには、社会構造も必要です。Patrick Lencioni は、著書 *The Advantage: Why Organizational Health Trumps Everything Else in Business*（矢沢聖子 訳『ザ・アドバンテージ――なぜあの会社はブレないのか?』（翔泳社、2012））[Lencioni12] の中で、成功のための2つの要件を説明しています。それは、スマートであること（戦略、マーケティング、財務、テクノロジー）と、健全であること（最小限の政治、最小限の混乱、高いモラル、高い生産性、低い離職率）です。

　「スマートであることは、組織を成功させるための方程式の片側にすぎません。しかしリーダーの大半は、この片側だけにほとんどの時間、エネルギー、注意を奪われています。方程式の反対側は、ほとんど無視されているわけですが、健全であることです」[Lencioni12]。組織は、スマートの方に時間を使いすぎています。戦略、マーケティング、財務、テクノロジーにあまりにも多くの時間を費やしているということです。そうすると、政治や混乱、離職を最小限に抑えて高いモラルと生産性に集中するための力は残りません。「リーダーなら誰しも（たいへんな皮肉屋でさえも）、組織を健全な状態にできれば組織がよい方向へ変わっていくであろうことに同意します。しかし、ほとんどの場合は反対側に引き寄せられていきます。安全で、測定可能な『スマート』の方に逃げてしまうのです」[Lencioni12]。

組織のスマートさと健全さ、それぞれにどれくらいの時間をかけていますか？

| スマートさ | ◆━━━━━━━━━◆ | 健全さ |

健全さにより重きを置くためには何ができますか？

　個人への働きかけは重要ですが、組織に及ぼす効果は限定的です。「システム全体を本当に改善するのはパーツそのものへの働きかけではなく、パーツ間の相互作用への働きかけです」[Pflaeging14]。これこそがアジャイルリーダーシップにおいて集中すべきポイントです。個人をどう扱うか（従来型のマネジメントの領域）ではなく、システム、チーム、そして人と人との関係性をどう扱うかに集中するのです。重要なのは、人と人の間で起こることです。この観点において、組織はチームのネットワークと見なすことができます。そしてチームをつなぐ線こそが重要になるのです。「あなたは、チームに代わって問題を解決するためにいるわけではありません。チームとチームがよい関係を結ぶのを助けて、チームが解決に向けて協働できるようにするためにいるのです」[Šochová17b]。

　組織はアジャイルの世界では普通とは異なって見えますが、だからといって構造がまったくないわけではありません。権限構造が非常に限定的で、従来の組織での構造のような影響力がないというだけです。特にこのモデルに従うべきというものはありません。実際、さまざまな例があります。完全なクロスファンクショナルチームと自主経営にもとづく組織、フラットな組織[15]、Spo-

tify[16]のトライブ・チャプター・スクワッド、
ホラクラシーを導入している組織[17]、ティー
ル組織を目指す組織[18][19]などです（第1章参
照）。色々ありますが、結局、実際にやろう
とするといずれも困難な道のりになります。
組織を根底から変える必要があるからです。

どの組織形態も同じ問題を解決しようとしています。VUCAの世界でいかに
生き残るか、いかに圧倒的な適応性と柔軟性を備えるか、複雑性と曖昧性にい
かに対処するか、といった問題です。プロジェクト、予算、目標を年単位で計
画し、固定的な反復作業に最適化することに慣れている組織にとっては、言う
のは簡単でも、実行するのは難しいことです。

部門を超えたコミュニティ志向のチーム

Melissa Boggs
——スクラムアライアンスのチーフスクラムマスター

　スクラムアライアンスは岐路に立っていました。2019年1月に私が今の役割
になったとき、スクラムアライアンスは耳を澄ませたり、すばやく動いたりできる
ような構造にはなっていませんでした。アイデアがあっても、階層と承認プロセス
の迷路の中で失われがちでした。チームメンバーの中には息苦しさを感じ、創造的
な問題解決ができなくなっている人もいました。このまま同じ道を進んで現状に甘
んじるか、それとも働き方を見直すかを選ぶときでした。

---

15) 例えば、Valve（https://www.bbc.com/news/technology-24205497）や Morning Star（https:
//corporate-rebels.com/morning-star）。
16) Spotify のエンジニアリング文化（https://labs.spotify.com/2014/03/27/spotify-engineer
ing-culture-part-1）。
17) 例えば、Zappos（https://www.zapposinsights.com/about/holacracy）。
18) 例えば、Buurtzorg（https://www.buurtzorg.com/about-us/buurtzorgmodel）や Patagonia
（https://www.virgin.com/entrepreneur/how-patagonias-unique-leadership-struc
ture-enabled-them-thrive）。
19) 訳注：2022年8月現在、Patagonia の上記リンクは切れていますが、次のリンクからウェブサイ
トを確認できます。
https://web.archive.org/web/20171009152439/https://www.virgin.com/entrepreneur/how-pa
tagonias-unique-leadership-structure-enabled-them-thrive

　ここ数カ月で私たちは組織を再構築して、部門を超えたコミュニティ志向のチームの集まりにしました。それぞれが、成果を届けられるようエンパワーメントされたチームです。また、階層構造をフラットにして官僚主義的な仕事をなくし、意思決定をコミュニティに最も近い立場の人たちに委ねました。アジャイルの価値と原則を、組織として全面的に深く受け入れたのです。チーム全体にとって大変な仕事でしたが、その甲斐はありました。少しずつではありますが、私たちの努力の成果が見え始めています。メンバー同士や顧客との率直な会話からわかったことです。そういった会話をもとに軌道修正する能力も高まっています。オフィスには笑いと活気があふれるようになりました。新しいアイデアが出てきたら一緒に取り組むようにしているからです。

　私たちはスクラムの価値基準を体現するために必要なことを日々積極的に学んでおり、それを誇りに思っています。そうすることで、アジャイルムーブメントをリードする人たちの仲間に入ることができています。今までの経験から、安泰はないとわかっています。今までやったことのないことに挑戦し、堅く握りしめていたコントロールを手放そうとしているわけですから。ただそのおかげで、今まで存在すら知らなかった扉を開こうとしています。私たちが学んだことをみなさんと共有できるのが楽しみです。

　私たちはみな、岐路に立っているのです。あなたはどの道を選びますか？

ティール組織

▼

　アジャイル組織の領域で非常に人気のある本の一つに、Frederic Laloux 著 *Reinventing Organizations*（鈴木立哉 訳『ティール組織』（英治出版、2018））[Laloux14] があります。この本では組織を色で分類しています。始まりはレッド組織です。純粋な指揮統制型の組織で、階層、権力、恐怖でできています。レッド組織では、違う方向に進もうとは誰も考えません。次がアンバー組織ですが、依然として階層、プロセス、正式な役割定義に大きく依存しています。安定と統制をもたらすためです。そしてオレンジ組織に至ります。従来型の組織のほとんどがオレンジ組織に該当します。利益、競争、明確なゴールや目標に焦点を当てた組織です。これら３つのカテゴリーはすべて、従来型の組

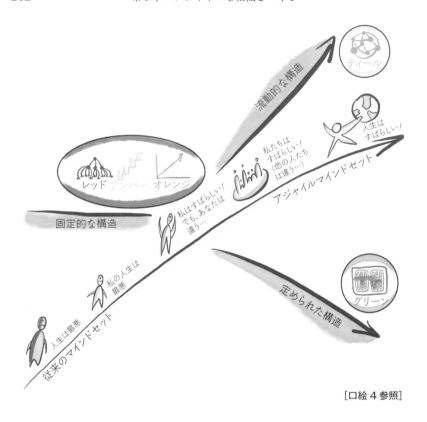

[口絵4参照]

織の異なる表現にすぎません。いずれも階層に依存し、固定的な組織構造を前提として意思決定プロセスや責任、やるべき仕事を定義するものとしています。オレンジ組織の世界では、イノベーションについて話すことはあっても、実際にイノベーションが起こることはめったにありません。なぜなら、組織はこれまでの仕事のやり方に縛られており、新しい挑戦に取り組むゆとりは限られているからです。

　レッド、アンバー、オレンジの組織では、たいていの場合「私の人生は最悪」族と「私はすばらしい（でも、あなたは違う）」族の人が大多数を占めています。例えば、マネージャーが「私はすばらしい（でも、あなたは違う）」のグラデーションの中でも「（でも、あなたは違う）」が強い側にいる場合、メンバーのほとんどは自然と「私の人生は最悪」に行き着くのです。ティール組

織のモデルと部族リーダーシップモデルは同じものを指しているわけではありませんが、このように重なり合うことも多いと知っておくとよいでしょう。

　Laloux による組織の分類の中で最もアジャイルなのは、グリーン組織とティール組織です。これらの組織は適応性に最適化しているので、もはや固定的な構造を持ちません。両組織の間の最大の違いは、グリーン組織は（柔軟性があるとはいえ）定められた構造を保っている一方で、ティール組織の構造は流動的であることです。グリーン組織は文化を重視し、エンパワーメント、エンゲージメント、価値基準の共有を大事にします。また、顧客を喜ばせること、さまざまな利害関係者のバランスをとること、価値を届けることも大事にしています。ティール組織は流動的な構造を取りますが、高い存在目的によって動き、結びついています。存在目的が全体性と一体感を生み出しているのです。存在目的がなければティール組織はバラバラになり、あとにはカオスが残るだけでしょう。ティール組織は自己組織化と創発的リーダーシップを基盤として、意思決定が分散されるようにします。グリーンとティールの両組織は複

『ティール組織』のモデルにもとづいて企業をマッピングした例

雑系に最適化されており、人々に高い自律性を与え、新しいアプローチを試み、ビジネス価値に非常に重きを置きます。

Exercise

あなたの組織や部署が今どのような状態か考えてみましょう。以下のそれぞれ 3 つの選択肢の中で最も近いものに印をつけてください[19]。

構造とプロセス

構造	固定的な階層	定められたネットワーク	流動的なネットワーク
給与	職位と成果によって決まる	やったことによって決まる	できることによって決まる
情報伝達	正式な戦略ミーティングで伝える	透明性を保ちながら共有することで伝わる	メンバー同士のネットワークによって自然と伝わる

知識とスキル

意思決定	戦略、ゴール、目標にもとづいて決める	組織の価値基準にもとづいて決める	存在目的にもとづいて決める
リーダーシップ	目標を定め、指導する	インスピレーションを与え、権限委譲する	ゆとりを与え、信頼し、自律に任せる
人材育成	訓練し、指導する	コーチングし、ネットワークを作る	オープンスペースを用いる（組織をまたぐことも多い）

---

19) この調査は、Emich Szabolcs と Károly Molnár による「Reinventing Organizations Map」[Szabolcs18]（https://reinvorgmap.com）にもとづいています。

価値基準と文化

仕事の進め方	成果指向	チーム指向	コミュニティ指向
雰囲気と文化	実務的で成果主義	フレンドリーでコミュニティ的	オープンで創造的
顧客との関係性	戦略的	パートナーシップ	共創

思考と感情

信頼	プロセスと個人スキルを信頼する	共通の価値基準とコミュニティを信頼する	自由意志を信頼する
恐れ	失敗を恐れる	拒絶を恐れる	恐れも1つの情報源と捉える
他の人への態度	戦略的、個人的な利益で判断	共感	全体性（他者をまるごと受け入れる）

　左の列に並んでいるのは、従来型の組織（レッド、アンバー、オレンジ）の特徴です。真ん中の列はグリーン組織、右の列はティールの組織の特徴を示しています。

組織	レッド、アンバー、オレンジ	グリーン	ティール
総合得点			

結果によって、どのタイプの組織に近いかわかるでしょう。

将来、組織にどうなっていてほしいですか？　そのためには組織の中で何を
変えられるでしょうか？

さらに知りたい人のために

◆ *Tribal Leadership: Leveraging Natural Groups to Build a Thriving Organization*, Dave Logan, John King, and Halee Fischer-Wright（New York: Harper Business, 2011）.（『トライブ──人を動かす5つの原則』（ダイレクト出版、2011））

◆ *Reinventing Organizations: A Guide to Creating Organiza-tions Inspired by the Next Stage of Human Consciousness*, Frédéric Laloux（Brussels, Belgium: Nelson Parker, 2014）.（鈴木立哉 訳『ティール組織──マネジメントの常識を覆す次世代型組織の出現』（英治出版、2018））

◆ *The Advantage: Why Organizational Health Trumps Everything Else in Business*, Patrick Lencioni（San Francisco: Jossey-Bass, 2012）.（矢沢聖子 訳『ザ・アドバンテージ──なぜあの会社はブレないのか？』（翔泳社、2012））

◆ *Company-wide Agility with Beyond Budgeting, Open Space & Sociocracy, Survive & Thrive on Disruption*, Jutta Eckstein and John Buck（Braunschweig, Germany: Verlag nicht ermittelbar, 2018）

◆ *Organize for Complexity: How to Get Life Back into Work to Build the High-Performance Organization*, Niels Pflaeging（New York: BetaCodex Publishing, 2014）

まとめ

☑アジャイルな組織は地平線上の星のようなものです。決してそこにたどり着くことはできません。しかし、一歩一歩近づくことはできます。

☑組織がアジャイルになるためにフレームワークは必要ありません。必要なのは、組織のすべてのレベルでアジャイルに取り組むことです。

☑持続可能なアジャイルを実現したいのなら、内から外へと変えていくしかありません。価値基準を変えるところから始め、マインドセットを内側から変化させていきましょう。

☑うまくいっているアジャイル組織では、リーダーシップは階層的ではなく、そこかしこに分散しています。

☑十分に多くの人がマインドセットを変えれば、文化が変わり、組織はアジャイル組織になります。

☑グリーン組織とティール組織は適応性に最適化し、高い柔軟性を持っており、VUCA の課題にうまく対処できます。

第 **2** 部
アジャイル組織の
さまざまな側面

オープンになり、勇気を持って、
組織レベルでアジャイルの実験をしよう。

第 9 章

ビジネスアジリティ

オープンになり、勇気を持って、組織レベルでアジャイルの実験をしましょう。

　ビジネスアジリティとアジャイル組織は、まだ非常に新しい概念です。「ビジネスアジリティは何らかの方法論のことではありませんし、汎用的なフレームワークのことでもありません。組織を、アジャイルマインドセットを体現しながら運営している状態のことなのです」[Agile19]。現在では、ほとんどの組織がチームレベルではアジャイルに親しんでいます[1]。さまざまな業界の組織がアジャイルを試し、導入し、成功しています。アジャイルさのレベルはさまざまでしょうが、まず言えるのは、ほとんどの組織がチームレベルでは何らかの経験をしている、つまり少なくとも1つのパイロットプロジェクトでアジャイルを試しているということです。また、ほとんどの新卒者はある程度のアジャイルの理解と経験を持って大学を卒業しており、これはチームレベルのアジャイルがレイトマジョリティ[2]に達したことを示しています。

　組織によっては、すでに製品のレベルでアジャイルを実践し、エンドツーエンドで価値を届け、さまざまなスケーリングフレームワークやチーム間コラボ

1）訳注：これは欧米ではおそらく事実ですが、日本では状況が異なる可能性が高いことに注意が必要です。たとえば、Digital.ai の「14th Annual State of Agile Report」によると欧米を中心とする回答者のうち 95 ％がアジャイル開発を実践している一方で、「企業 IT 動向調査報告書 2020」によると何らかのアジャイル開発の取り組みを行っている日本企業は 38 ％にとどまっている状況です。

2）レイトマジョリティは、1971 年に Everett M. Rogers が提唱した、イノベーションの普及理論における概念。

レーションのモデルを適用しているところもあります。しかし、まだアーリーアダプターの段階であり、これほどのレベルでアジャイルを実践している組織は多くはありません。とはいえ、アジャイルがビジネスに与えるインパクトを示す成功事例が多く発表されており、ビジネスアジリティという言葉は急速に脚光を浴びつつあります。Business Agility Report[3]によると、「回答者の69%が、ビジネスにアジャイルを取り入れ始めてから3年未満」[BusAI18]です。

　今話題になっているのはアジャイル組織で、間違いなく、アジャイル組織はまだイノベーターの段階です。先進的なグリーン組織とティール組織[Laloux14]は、組織レベルでのアジャイルの導入ですばらしい成功を収めています。これは、今までと異なる前提のもとで運営されている、異なる組織構造と文化についての話です。これらの組織は価値主導で、顧客中心で、機能横断的です。人を大切にし、自己組織化、自律、分権化にもとづくチーム指向の文化を作り出します。人と一緒に働くやり方を変え、今までと異なるリーダーシップスタイルを目指して努力します。このような組織では、すべての部門がアジャイルになり、アジャイルな財務、アジャイルなマーケティング、アジャイルな人事が実現されています。まったく新しい世界なのです。

Exercise

　あなたの組織では、どの部門がアジャイルになっていますか？（以下のリストにない場合は、追加してください）。

・アジャイル人事
・アジャイル財務
・アジャイル経営陣
・アジャイル取締役会
・アジャイル開発
・アジャイルマーケティング

3）Business Agility Report では、29カ国、24業種、従業員数4人から40万人までの多様な組織を対象に調査を実施しました。それらの組織の間で一貫していることはただ一つ、「アジャイルな組織になる」という共通の目標です。その道のりを歩み始めたばかりの組織もあれば、10年近くリーダーであり続けている組織もあります［BusAI18]。

・アジャイルセールス
・_____
・_____

組織のあらゆる部門がアジャイルに運営されるようになると、どのようなメリットがありそうですか？

....

....

....

....

....

徹底的な自己組織化

Pawel Brodzinski
——Lunar Logic の CEO

　よく人から聞かれるのは、比較的フラットながら従来型のマネジメントを行っていた組織から、どのようにして私たちが「徹底的な自己組織化」と呼んでいる状態への変革をデザインしたのかということです。ところが面白いことに、私たちは実際にはデザインしたわけではないのです。現在の Lunar Logic は管理職のいない会社で、すべてのことがすべての従業員に対して透明化されており、最も重大な決定であっても誰もが行うことができます。例えば、給料は自分たちで決めることができます。自分自身の給料も含めてです。CEO だけに許されている権力は一つもないのです。CEO にできることは、誰にでもできます。

　そしてこれは偶然の、というか、創発的な成果でした。私たちが考え出した最初の変化は、小さなものです。組織のあちこちにもう少し透明性を持たせるだけのことでした。小さな意思決定をマネージャーがするのを減らして、その決定の影響を受ける人たち自身による意思決定を増やそうとしたのです。ただ、大きな変化だったと言えるのは、その小さな変化を持続させ、一貫させたことです。私たちは継続

的に、会社全体に対して自律性をどんどん分配していったのです。

　もちろん、多くの小さなステップの中で、大きなステップもいくつか踏みました。その一つが新しい給与制度を導入し、給与を透明化して自分たち自身で給与を決められるようにしたことです。このような移行は元に戻すことができません。知ってしまったデータを忘れさせることはできないのです。私たちは10カ月間この移行の準備をし、その過程で懸念されるすべての問題に対処してきました。

　このように組織モデルの実験を数年続けていると、「このままいくと、最終的にどうなるのだろう」という疑問が頭に浮かび始めます。このとき初めて、心の底からわかったのです。会社の中のあらゆる場面で、自律と自己組織化を受け入れることを阻むものは何もないのだと。これに気づいてからは、ものの見方が「次に何を変えるか」から「さらに分散させるべき意思決定権は何か」に変わりました。実は、この道のりには終わりがありません。形式上権限委譲が行き渡ったとしても、それをみんなが受け入れ、活用するためのサポートが必要なのです。

　もちろん、みんなにもっと自律性を与えればいい、というような簡単な話ではありません。現在に至るまでの間、私たちは説明責任、組織の整合性、制約の明確さ、そして技術的卓越性が果たす役割を学んできました。今も、マネージャーなしで運営される組織のすべての面のバランスを取る方法を学び続けています。採用を見直し、働き方も変えました。そして今は、みんなで戦略を作り直しているところです。

　その価値はあったかというと、完全にありました。Lunar Logicが普通の職場よりずっと人間らしい職場だというのは、私の主観だけではありません。数字で表すこともできます。平均勤続年数は業界標準の2倍です。エンゲージメントは75%高まりました。業績も急上昇しました。もし、最初にこの変化を始めた時点で将来このようなことが起こると言われたとしても、私は信じなかったでしょう。

経営レベルでのアジャイル

▼

　アジャイルを製品開発チームレベルだけにとどめておくことはできません。すべてのアジャイル・トランスフォーメーションは、チームが価値を届けるやり方を変えるにとどまらず、経営陣と従業員との間に不和やギャップを生み出します。そして、チームがアジャイルであればあるほど、生まれる断絶は大き

くなります。管理職は途方に暮れ、忘れられ
ていると感じて、自己組織化したチームがい
ずれ自分を必要としなくなるかもしれないと
恐れ始めます。1つの問題は、管理職自身が
アジャイルチームやスクラムチームの一員に
なったことがないことです。アジャイルチー
ムが働いている姿を見たり、レビューのため
にチームのところへ行って話を聞いたりする
ことがあったとしても、それはチームの一員

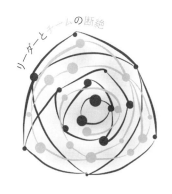

になることとは違います。今までとは違うアジャイルな働き方を理解するため
には、実際に経験する必要があるのです。あなたは、誰かが初めて「アジャイ
ルの、スクラムっていう手法がすごいんですよ！」などと言ってきたときに自
分がどう反応したか覚えていますか。「え、何？　こんなふざけたプロセスう
まくいくわけないでしょ！」と思ったことでしょう。私自身、数年前にアジャ
イルに触れたときの気持ちを今でも覚えています。私はアジャイルが好きでは
ありませんでしたし、まったくアジャイルを支持していませんでした。多くの
人が当時の私と同じように感じています。当時の私に役立ったのと同じこと
が、そういう人たちにも役立つはずです。つまり、自ら経験してみるというこ
とです。

　企業のアジャイル・トランスフォーメーションの過程において、重要なのに
飛ばしがちなステップの一つは、経営トップを参加させることです。役員レベ
ルの人たちが、自らアジャイルやスクラムを経験することが本当に必要です。
書籍やレポートを読むだけではだめなのです。アジャイル・トランスフォー
メーションに本気で取り組みたいのであれば、今こそやり方を変えるときで
す。CEO や CIO といった最高幹部がプロセスだけ決めて、あとは他の誰かが
実行するといういつものやり方は通用しません。文化とマインドセットの大き
な変化を、今までと反対側からも始める必要があります。つまり、自己組織化
した経営チームを作るのです。アジャイルな組織への道のりでは、経営陣がア
ジャイルやスクラムを経験する必要があります。さもないと、断絶はますます
大きくなり、かたやアジャイルマインドセットを持つチーム、かたや経営陣と

いう二者の間のギャップが広がり、組織全体が壊れた洗濯機のようになって、短いサイクルで回転しているのに本当の成果をまったく届けられていないという状態に陥ります。

　組織のあらゆるレベルで、アジャイルチームを経験する必要があるのは間違いありません。非常によくあるのは、役割設計が原因となって、チームがただの個人の集まりとして始まることです。個人がそれぞれの目標を持ち、共通の情熱もなく、信頼もなく、統一された目的もない状態です。そしてそこから一歩ずつ、自己組織化がどういうものか、機能横断的にすると何がどうよくなるのか、この働き方が今までといかに異なり、いったん受け入れるといかにすばらしいものかを体験していくのです。経営チーム自らがスクラムを用いるのは、優れたやり方です。組織の中の他のチームと同じように、ビジネス価値と優先順位を理解し、リファインメント、プランニング、スタンドアップ、レビュー、ふりかえりのやり方を学ぶことができるからです。定期的に価値を届け、反復し、フィードバックを得てコラボレーションすることにも慣れていきます。最初のパイロットプロジェクトが製品開発チームにとって難しいのと同じように、スクラムを用いることは経営陣にとっても難しく、より一層難しいことも多いです。ゆえに、強い危機感とアジャイルに向かって変化する十分な理由がなければ、組織も経営陣もアジャイルへの道のりをうまく歩んでいくことはできません。このような実地での経験は組織の成功に不可欠です。

　他のことと同じように、「始める」のは難しいことです。ほとんどのマネー

ジャーは、アジャイルへの道のりを歩み始めるに際して「アジャイルが必要なのは他の人たちであって、私ではない」と言うでしょう。しかし、私はそうは思いません。まず、リーダーが変わる必要があるのです。組織はそれについてくるでしょう。ひとたび真のチームスピリットの力を体験すると、二度と元に戻りたくなくなります。会社の組織図のどこにいても同じです。そのはたらきは、組織の枠を超えて同じなのです。

　もしあなたが挑戦しようと思うなら、最初のステップは、コンサルタントではなく本物のアジャイルコーチをつけることです。アジャイルへの道のりであなたを導いてくれる人を見つけてください。アジャイルな働き方を体得していて、日々の障害を乗り越えるのを助けてくれる人。かわりにやってしまうのではなく、あなたがアジャイルになれるよう導いてくれる人。そして、あなたに単純な成功のレシピを売りつけない人です。目標はアジャイルに迅速に移行することではなく、今までとは違うこの働き方を実際に経験することです。

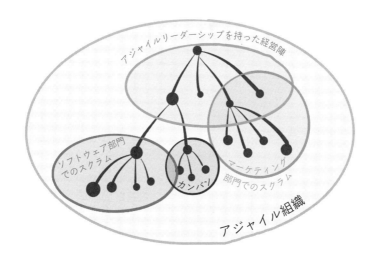

Exercise

現在、あなたの組織の経営陣は 1 〜 10 の間でどのあたりでしょうか？

ただの個人の集まり	1 —— 10	1つの目標を持ったチーム
アジャイルの経験は ない	1 —— 10	アジャイルチームとして 働いている
アジャイルでいくと決 め、実践は各チームに 任せている	1 —— 10	自分たち自身がアジ ャイルになり、組織が アジャイルを受け入れ る手助けをしている

右に行くほど、組織がアジャイルで成功する可能性は高くなります。

アジャイル組織の CEO

▼

　アジャイルマインドセットを持つ CEO を探すのは、はっきり言って悪夢です。やってみたことのある人ならみな同意すると思います。十分なアジャイルの経験を持つ CEO はまだ世の中に多くないし、わずかながらいたとしても、普通は現在の組織で満足しているので、職を探していない可能性が高いのです。なので、どのエグゼクティブサーチ会社を選んでも、また募集要項の職務内容欄に何を書いても、アジャイルな CEO を探すのには何の役にも立ちません。今までに社内での人材育成に投資していないのであれば、アジャイルの基本的な理解以上のものを持つ人を得るには、相当運がよくないといけません。

　CEO 探しがどれだけ茨の道だとしても、これはまだ小さな障害にすぎません。本当に変化が必要になるのは、組織の大部分がすでにアジャイルマインドセットを持つようになってからです。組織が変わってアジャイルが IT だけの領域ではなくなり、ビジネスアジリティがほぼすべての部署で受け入れられるようになってしまえば、トップが変わる必要性は避けられません。そもそも、なぜ CEO が必要なのでしょうか？　もう一歩踏み込んで、トップが組織全体のロールモデルになるように変えてはどうでしょうか。働き方そのものを変え

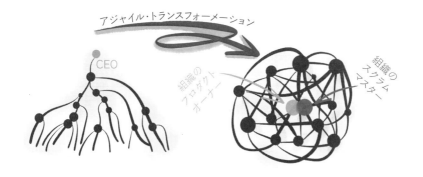

るべきではないでしょうか。チームが指針にしているのと同じ原則を、経営幹部も指針にすべきではないでしょうか。単純な論理に聞こえますね。そしていつものように、理解するのは簡単ですが、実践するのは難しいのです。なぜなら、このように言う勇気が必要だからです。「私たちは変わります。CEO のかわりに、組織のスクラムマスターと組織のプロダクトオーナーを置きます。その方がこの組織での仕事のやり方に近く、私たちの価値基準に合っており、そして何よりも、組織レベルでより柔軟かつ適応的になるのに役立つと信じているからです」。これは試してみる価値があります。

　組織のスクラムマスターは、適切な文化、マインドセット、構造に注力します。会社がアジャイルを受け入れて、ハイパフォーマンスで革新的な組織になるためです。組織のプロダクトオーナーは、社外に向けたビジネスに注力し、会社の目的をかたち作ります。会社が何のために、どこへ向かっているのかをみんなが理解できるようにし、組織がビジネス価値主導であり続けられるようにするためです。スクラムマスターとプロダクトオーナーは、単一のスクラムチームにおいてもそうであるように、お互いを尊重し合い、お互いにオープンになる必要があります。これら 2 つの役割はともに組織全体としてのチームの一部となり、また自己組織化チームのネットワーク構造の一部となるからです。スクラムでは、理由があって 1 つではなく 2 つの役割を設けています。2 つの役割を合体させるのはどうかと誰かに聞いてみれば、必ずといっていいほど、やめた方がいい、という答えが返ってくるでしょう。2 つの異なる役割を設けるのが現実的だという理由とまったく同じ理由が、経営層でも有効なので

す。考えてみれば、組織のスクラムマスターと組織のプロダクトオーナーを置くことは、単一の CEO を置くよりも、私たちの仕事のやり方にずっと合っています。2 つの役割を置くことは、組織の適切なマインドセット、透明性、コラボレーションを支え、また私たちのあり方と一致しているからです。

　法的な観点からは完全に可能であり、それほど手間もかかりません。定款を少し変える必要はあるかもしれませんが、できない理由はありません。採用の面でもかなりシンプルになります。社内と社外のどちらともうまく付き合えるスーパーヒーローのような人物を探す必要がないからです。やらない理由はありません。先ほども言ったように、必要なのは勇気だけです。勇気はスクラムの価値基準の一つですね。実験し、検査して適応しましょう。

　ところで、組織のスクラムマスターと組織のプロダクトオーナーは、組織の中のチームが自己組織化したら最終的には不要になるのでしょうか？　そんなことはありません。チームレベルの場合と同じことです。チームが自己組織化し、ビジネスを熟知していても、スクラムマスターとプロダクトオーナーの仕事は残っています。同様に、組織レベルでは、協働的なチームのネットワークが自己組織化し、ビジネス価値主導で顧客中心になったあとであっても、組織のスクラムマスターと組織のプロダクトオーナーは必要です。組織のスクラムマスターと組織のプロダクトオーナーは、リーダーとリーダー型のスタイルで周りのリーダーの成長を助け、やがて組織は、創発的リーダーシップと流動的な組織構造を持つ、目的志向の組織となるでしょう。スクラムチームにおいてもそうであるように、組織のスクラムマスターと組織のプロダクトオーナーは、説明、伝達、共有から、コーチング、ファシリテーション、システムを回し続けることへと進んでいくことになります [Šochová17a]。そして、それこそがアジャイルリーダーシップなのです。

ZUZI'S JOURNEY

　スクラムアライアンスがアジャイルマインドセットを持った CFO を探すのには、1 年近くかかりました。永遠にも思えるほどの長い道のりでした。「仕事の世界を変える」、そして「持続可能なアジリティ」を構築するという目標に添う候補

者は誰もいませんでした。従来のエグゼクティブはみな、アジャイルマインドセットの深い理解が不足しており、アジャイルの実践者たちはみな、エグゼクティブとしての経験が不足していたのです。最終的に、組織レベルでスクラムを適用するというアイデアによってすべてが変わりました。CEO のかわりに組織のスクラムマスターと組織のプロダクトオーナーを置くことで、経営陣全体も、組織全体もフラットになったのです。アジャイルで何が変わるのかといつも聞かれますが、この場合、結果はたちどころに現れました。組織は、顧客中心で、機能横断的な、自己組織化したチームの集まりへと変容し、すぐさま価値を届け始めたのです。そして、組織の焦点は競争することよりも協業を探ることへと移り、私たちは再びアジャイルの世界の思想的リーダーになったのです。これは、組織の運営と構造のあり方全体を変える大胆な試みでした。今のところは、うまくいっています。

自分の価値基準に沿って生きれば、きっと報われます。

プロダクトオーナーになり、スクラムマスターと共同でスクラムアライアンスを導いてきたこれまでの道のりは、すばらしいものでした。この仕事をするうえで、共同リーダーを持たないということは今では考えられません。私たち2人がそれぞれ独自の分野に（私は外部の顧客と戦略に、Melissa Boggs は内部のチーム作りと組織の戦略的構造に）注力することで、それぞれの強みを発揮できるようになりました。私一人が、すべての人にすべてのことを提供する必要はありません。「私たち」が一緒になることで、従来の CEO の役割を果たすからです。

Howard Sublett
—スクラムアライアンスのチーフプロダクトオーナー

アジャイル取締役会

▼

取締役会はそうでないのに、なぜ自分がアジャイルであるべきなのか、疑問に思っていませんか？　取締役会がアジャイルチームとして活動すべきでない理由はありません。しかし、新しい働き方を検討しているあらゆるレベルの人

に言えることですが、変化は怖いものです。取締役会のメンバーのほとんどは
従来型の会社から来ていて、アジャイルの経験はないでしょう。ガバナンスは
重要ですが、四半期ごとに取締役会に報告書を提出する通常の委員会構造で
は、取締役会のメンバーがさまざまな課題に対応できるようにはなりません。
第一に、アジャイルな組織体に必要なことを大局的に捉えてみることから始め
ましょう。つまり、透明性、信頼、尊敬、コラボレーション、そしてみんなが
同じ目標を持つための目的意識の共有といった、アジャイルの価値基準のこと
です。単なる個人の集まりではなく、優れたチームになることが重要です。し
かし取締役会のレベルでは、徹底的な透明性を持たせ、フィードバックを得
て、コラボレーションすることは非常に困難になることが多いです。有用でな
いわけではありませんが、簡単でもありません。第二に、取締役会は組織と一
貫していなければなりません。アジャイルが取締役会レベルで止まってしまう
と、組織とガバナンスの間にギャップが生まれて組織全体が苦しむことになり
ます。最後に、アジャイル取締役会は単なるガバナンス機関ではありません。
アジャイル取締役会は、目的志向で帰属意識のある組織をつくり、組織の成功
を加速させるのです。アジャイル取締役会にとって非常に重要なのは、主な戦
略的な取り組みについて組織の他の部分と協働することです。考えてみれば、
これは取締役会に出入りするすべてのものを CEO を通してフィルタリングす
ることから大きく脱却したことになります。アジャイル取締役会が重視するの
は、チーム、柔軟性、そして戦略という3つの原則です。

個人と階層よりもチームを

　従来の組織が安定的な部門や個人でできているのに対して、アジャイル組織
は目的を中心に構築されたコミュニティでできています。内側では、かなり流
動的な構造になっているのが普通で、それはこの複雑な世界において適応性と
戦略へのフォーカスを保つためです。チームを重要な構成単位として受け入
れ、複数チームからなる協働的なネットワークを形成します。同様に、取締役
会は1つの目標を持ったチームです。たとえ内部的に委員会の構造があったと
しても、それぞれの委員会もまた協働的なチームです。すべての委員会議長と
取締役会議長は、グループのマネージャーというよりもファシリテーターのよ

うな役割を果たします。チームとしての理事会は、全体像のほんの一部にすぎません。スクラムでは「チームの中のチーム」という概念を用います。開発チームはスクラムチームの一部であり、スクラムチームがスケールすると製品チームの一部になり、製品チームは組織全体の一部となり、それもまた一つのチーム、あるいは協働するネットワークとして機能します。これらのチームは、強い目的と共通の目標があるからこそ1つにまとまります。取締役会がCEOと協働的なチームを形成するのと同じように、取締役会とCEOは経営陣と、そして最終的には組織全体とチーム構造を形成することになるのです。組織に階層が多すぎると、協働のマインドセットやチームスピリットはダメになってしまいます。大半の組織では、ある程度の階層は存在し続けるでしょう。しかし、徹底的な透明性を必須条件にすれば、階層ではなく、共通の目的とコラボレーションを働き方の原動力にできるかもしれません。

固定された計画と予算よりも柔軟性を

　コラボレーションによって変化に対応すればするほど、組織には適応性がより必要となります。アジャイルな組織は、固定された年次予算をやめて脱予算経営（Beyond Budgeting）の原則［Beyond14a］を採用する傾向にあり、毎年のトップダウンの固定目標や計画よりも目的志向の継続的な計画作りを重視するように変わりつつあります。これからは固定的な部署よりも有志によるバーチャルチームが増え、取締役会レベルでは、より透明性があり協働的な委員会が増えるでしょう。人は固定された計画ではなく共通の目的のために集い、計画作り自体も、年に一度のトップダウンのイベントではなく、みんなを巻き込む継続的なプロセスになります。計画作りの目的に貢献できるのであれば、誰でも参加できるのです。計画作りは透明かつオープンに保ち、みんなを巻き込みましょう。必要なのは反復的なプロセスだけです。その中では定期的なフィードバックと、検査・適応の機会を持ちましょう。

業務よりも戦略を

　よい取締役会は、戦略と重要な経営課題に80%を集中し、報告には20%しか集中しないはずです。何も目新しいことではありませんよね？　これは、ア

ジャイルプロダクトオーナーシップでよく使う、昔ながらの 80/20 ルールと同じです。アジャイル取締役会は、改めて業務よりも戦略に重点を置くという、大きな変化のさなかにあります。誤解しないでほしいのですが、ガバナンスは重要です。アジャイルソフトウェア開発宣言[4]でもプロセスの重要性が指摘されているように、「左記のことがらに価値があることを認めながらも、私たちは右記のことがらにより価値をおく」［Beck01b］ということです。ここでも同じことが言えます。報告は透明性の一部ではあるものの、ほとんど必要ない部分です。というのは、透明性があればすべての情報をいつでも誰でも入手できるようになるからです。取締役たちは、状況報告を受けるために会議を開く必要はないでしょう。会議を開くのは、戦略を議論し、お互いを理解し、創造的な会話やビジョンのセッションを行い、フィードバックするためであるべきです。取締役たちは頻繁に、1〜2カ月に1度（これがスプリント期間ということになります）は会うべきです。そして、コミュニケーションと、前回の会議以降に進めた仕事に焦点を当てるのです。報告する必要はありません。すべてのドキュメントを見えるようにしておき、会議の内容は会社の方向性についての会話に限定します。製品チームにおいてもそうであるように、短いスプリントはよりよい理解とフィードバックを生み出し、より高い価値を届けられるようになります。最後に、構造と計画が固定されていなければいないほど優れたファシリテーションの必要性が高く、ファシリテーションがしっかりしていなければカオスに陥ってしまうことは心にとどめておいてください。

アウトプットからアウトカムへ：
取締役会のビジネスアジリティへの道のり

Sandra Davey
——CHOICE（www.choice.com.au）の取締役会長

　私が専門取締役として参加している会社の取締役会では、「アジャイルにしよう」

4）アジャイルソフトウェア開発宣言は、私たちが大切にしている4つの原則からなり、その最初の原則は「プロセスやツールよりも個人と対話を」です。

とか「アジャイル・トランスフォーメーションしよう」と決めたことはありません
でした。そういう言葉を使ったことも、計画したことも、意図したこともありませ
ん。ビジネスアジリティへの道のりは、いくつものきっかけをもとにして、ゆっく
りと始まったのです。きっかけのうちの一つは、取締役会の考え方や対応と、組織
のみんなの考え方や対応との間にある断絶に気づいたことでした。社員はアジャイ
ルな働き方をしていました。取締役会がまず感じたのは、社員が重視するものがア
ウトプットからアウトカムへと移っていることです。社員たちは、自分たちが望む
変化を実現するために、アウトカム[5]や目標のもとに集っていました。そして今私
たちが抱えている課題は、取締役会にもたらされる情報がこの根本的な変化を反映
していないことでした。

　組織がリソースを計画して配分するやり方において、断絶がありました。取締役
会は、従来の事業計画書に記載された情報やデータ——この年の事業計画書には
65 項目あり、アウトプットや機能、日付(「どうやって」と「いつ」)でうめつく
されていました——をもとに仕事をしていましたが、チームは目標やアウトカム
(「なぜ」と「何を」)をもとに仕事をしていました。

　典型的な例を挙げましょう。取締役会の資料にある事業計画書の項目には、アウ
トプットが記載されています。「第 4 四半期までに、オーストラリア人が最適な医
療保険プランを選択できるようなモバイルアプリをリリースする」といった具合で
す。このような情報があると、取締役会は「指示」や「命令」のモードになってし
まい、細部に迷い込んでしまいます。「医療保険比較のアプリはいつリリースする
のか」などと質問して、すぐに詳細を精査し始めてしまうのです。取締役会の貢献
はこのような業務の細部に入り込むべきではなく、もっと戦略的なところに目を向
ける必要があります。そこでリーダーシップチームと合意して、取締役会は OKR
フレームワーク[6]を使用するようになり、私たち取締役はアウトプットにもとづく
「どうやって」と「いつ」の詳細な会話から解放され、アウトカムに焦点を当てた
より戦略的な議論をするようになっていきました。取締役会は、第 4 四半期まで
に医療保険比較のためのモバイルアプリを作るようチームに要求するかわりに、

---

5)訳注:アウトカムとは、アウトプットとの対比でよく使われる言葉で、アウトプットによって本
　質的に実現したいこと。この事例では、「オーストラリア人が最適な医療保険プランを選択でき
　るようなモバイルアプリ」がアウトプット、「オーストラリア人が自分のニーズに合った医療保
　険プランを見つけられるようになる」がアウトカムとして説明されています。
6)OKR フレームワークは目標と主な効果(OKR)を定めてトラッキングするフレームワークです。

オーストラリアの消費者に影響を与える大きな問題を議論することに集中しました。私たちは「成果物」を求めるのではなく「問題」を説明するようになりました。「どうすれば、オーストラリア人が自分のニーズに合った医療保険プランを見つけられるようになるか？」といった具合です。アウトカム、目標、問題を示すことで、取締役会は不必要な詳細の議論から解放されたわけですが、重要なのは、組織自身に、どうやってそこへ到達するのが最善か、そしていつまでに到達するかを考えてもらうようにしたということです。

　OKR は、アウトプットではなくアウトカムを記述するのに役立ちます。OKR によって、取締役会はアウトカムを野心的な目標として記述し、社員やチームは主要な成果や成功がどのようなものかについて、自分自身で記述できるようになります。取締役会の資料からは詳細な事業計画が消え、かわりに組織内のチームが追い求める 3 つか 4 つの重要な OKR が登場します。これらの OKR は全社的なものであるため、取締役会は戦略的なレベルにとどまり、戦術的な業務の詳細は組織に委ねることになります。OKR によって取締役会での会話の質は根本的に向上し、戦略的なアウトカムに集中できるようになりました。そして重要なこととして、社員やチームは、アウトカムを達成するための最善のやり方を自由に考えられるようになったのです。

さらに知りたい人のために

◆ *Evolvagility: Growing an Agile Leadership Culture from the Inside Out,* Michael Hamman（Lopez Island, WA: Agile Leadership Institute, 2019）

◆ *Outcomes over Output: Why Customer Behavior Is the Key Metric for Business Success,* Joshua Seiden（Brooklyn, NY: Sense & Respond Press, 2019）

まとめ

☑ アジャイル組織では、すべての部門がアジャイルになります。アジャイル財務、アジャイルマーケティング、アジャイル人事などです。まったく新しい世界です。

☑ アジャイルで成功するためには、組織のすべてのレベルでこの新しい働き方

を経験する必要があります。経営陣や取締役会も例外ではありません。

☑アジャイル組織では、組織のスクラムマスターおよび組織のプロダクトオーナーの役割を置く方が、従来の CEO を置くよりもうまく機能します。

第 **10** 章

アジャイル人事・財務

　組織がアジャイルへと移行すればするほど、社内の働き方を再設計する必要があります。本章では、そのような再設計が組織の人事部門（従業員の採用、育成プログラムやキャリアパスの作成など）および財務部門（予算管理、財務報告など）にもたらす影響を紹介します。

アジャイル人事

　アジャイル組織において、人事のはたらきがどのように異なるのかを見てみましょう。組織がアジャイルになるのを支援するために人事は根本的に変わる必要がありますが、その内容を説明していきます。

　アジャイル人事は、アジャイル組織における総合的な従業員体験へと焦点を移します。従来の人事部門に典型的なガバナンスの役割よりも従業員中心のア

プローチを選んで、組織文化の移行を後押しするのです。アジャイル人事が責任を負うのは、組織においてアジャイルの価値基準を強化し、アジャイルな協働の文化を育てることです。そのためには、人事部は従業員の信頼を獲得し、従業員を関心の中心に据えて、総合的な従業員体験を高め、また自らもアジャイルになる必要があります。人事担当者はサーバントリーダーとなって、人々を最高に輝かせることに深く関心を持ち、そうすることで人々が組織全体に価値を届けられるようにし、また実験や新しいプラクティスを試すことを恐れず、安全を必須条件とする必要があるのです ［Kerievsky19］。

　　　　アジャイル人事は、総合的な従業員体験へと焦点を移します。

文化の移行を後押しする

　よくあるプラクティスがアジャイル組織で期待される文化の移行とどのように足並みを揃えられるかを可視化するために、私はよく、対立する価値基準のフレームワークを使用します。統制と競争の文化から、創造と協働の文化への移行をうまく表現してくれるからです。人事関連のプラクティスはすべて文化とのつながりがありますが、このフレームワークを使えばそれらすべてを文化とのつながりの観点で見ることができるので、非常に示唆に富み、興味深いエ

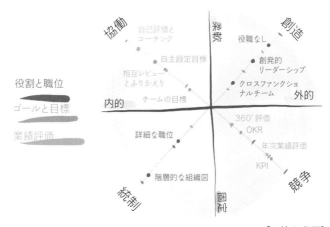

［口絵 5 参照］

クササイズとなります。

　アジャイルは旅の道のりであり、現在の文化から望ましい文化の状態への移行といえます。もし、組織の現在の文化が「統制」の象限にしっかりとはまり込んでいるなら、役職のない組織にすることは、一度に行うには大きすぎるステップかもしれません。同様に、個人のKPIから自己評価とコーチングに移行するのもやりすぎかもしれません。一方、組織がすでに自己組織化したクロスファンクショナルチームにもとづくアジャイル組織なのであれば、個人のKPIのみならず、目標と重要な成果（OKR）も旅の助けにはならないでしょう。

　　　　　アジャイル人事のプラクティスは、文化と整合させる必要があります。

　言い換えると、どんなプラクティスにもそれが有効な時間枠があるということです。適用が早すぎれば、混乱を招いて失敗するだけですし、適用が遅すぎれば、無駄なプロセスにみんながイライラしてやる気をなくし、アジャイルの旅の道行き全体が遅れてしまうことになります。

採用

　アジャイル組織では、もはや知識やスキルを最重要視して候補者を探すことはありません。アジャイル組織はコラボレーションでできていて、イノベーションを促進し、高い柔軟性を必要とします。過去の経験もある程度までしか通用しません。オープンマインドを持っていること、新しいことを学べること、他者と協力して複雑性や予測不可能性に対処できることの方が、深いけれども狭い専門性を持つエキスパートであることよりも重要なのです。もしそう思えないなら、自分のキャリアや同僚のキャリアについて考えてみてください。同じ専門分野の仕事を続けている人はどれくらいいるでしょうか？　ほとんどの人が複数回キャリアを変えています。そのような変化が、今までになく頻繁に求められるようになっているので

す。これを念頭に置いたとき、それでも特定の専門性を持ったエキスパートを採用することにこだわるかといえば、そうではないでしょう。専門性にこだわるなら、サイロが生まれ、組織がビジネスの方向性を変える妨げになってしまうからです。アジャイルな組織には、学習し、検査して、適応することのできる人が必要です。責任を負って実験することを恐れない人。「いつもこうしてきたから」という理由で 1 つの仕事のやり方に固執したりせず、ビジネス上の必要に応じて仕事のやり方を変えることをいとわない人です。

スキルを身につけるのは、マインドセットを身につけるよりも簡単です。

Google はこのアプローチのよい例です。

> 「Google では、技術職の場合、コーディング能力を評価します。そして社内の半分は技術職です。しかしどの職種においても、Google で最も重視しているのは一般認知能力です。これは IQ とは異なります。学習能力であり、臨機応変な処理能力、そしてバラバラな情報の断片を組み合わせる能力です。Google では、構造化された行動面接[1]を用いてそれを評価します。この構造化面接は、一般認知能力を予測できることが確認されているからです。(中略)
> Google が重視するのは、その人がチームの一員として問題に直面したとき、適切なタイミングで踏み込んでリーダーシップを発揮するかどうかです。(中略)
> そこには責任感や、オーナーシップの意識が感じられます」[Friedman14]

　考えてみれば、アジャイルの職務記述書をスキルや経験にもとづいて作るのは非常に難しいことです。その時点のスキルや経験は、すぐに重要ではなくなってしまうからです。そのかわりに新しい募集要項に書くことになる内容

---

1 ）訳注：行動面接とは、候補者の過去の行動について質問をすることで、性格や価値観を深く掘り下げていく面接手法のこと。

は、こんな感じでしょうか。

> 「私たちが求めているのは、熱意があり、柔軟性があり、オープンマインドな人です。責任を引き受けることをいとわず、他の人と協力して価値を実現できる人を求めています。私たちは、フラットな構造を持つチーム指向の組織であり、あなたの個人的な成長をサポートします。チームに1日参加して、私たちの文化を体験してみませんか。一緒に[ビジョンの実現]を目指しましょう」

　従来の職務記述書とはかなり違いますよね？　しかし、いざやってみようと思うと、人材紹介会社はまだそのようなニーズに対応できていないということに気づきます。Javaの経験が何年ある人を探していますか、といった質問をされることになるでしょう。募集している職種は何ですか、探しているのは開発者ですか、それとも新しいCEOですか、といった質問です。かなりのミスマッチですね。私が働いていたある組織で学んだことは、チームの中のほとんどの職種について、新卒を採用するのが最も簡単だということです。新卒の人たちは柔軟性があり、面白い考えを持っていて、熱心に新しいことを学びます。そこで、ペアを組んでチームで活動しながら学習する環境を整えれば、すぐに業務で求められるスピードで働けるようになるのです。その経験から、学ぶことは古い習慣を捨てることよりも簡単だということを実感していました。そのため多くの場合、新卒を採用する方が、チーム環境にとって益よりも害の方が大きい個人主義的な習慣を持っているシニアメンバーを採用するよりも簡単だったのです。これは、「経験年数は重要で、経験年数に応じて給与は上がるはずだ」と信じているすべての人にとってつらいメッセージです。役所で働いている場合はそうかもしれませんが、アジャイルの世界ではそうとは限りません。アジャイルな企業の採用担当者は、従来の企業での長年の経験をまったく重視していないかもしれないからです。

　残念ながら、エグゼクティブサーチの会社に関しても同じような経験をしたことがあります。どんなに有名な人材紹介会社でも同じです。彼らはアジャイルとは何かを知らないことが多いので、候補者を評価したり、該当する人材を探すのに役立たないのです。アジャイルマインドセットとエグゼクティブの経

験を兼ね備えたリーダーを探し始めると、見つけるのが難しいことにすぐに気づきます。ほとんどのエグゼクティブは、従来の階層型組織で身につけた指示型マネージャーとしての行動習慣を持っているため、組織の中からリーダーを育てる方が外部から雇うよりも簡単なのです。

　経験やスキルがあてにならず、仕事をしてきた年数も意味がないのであれば、どうやってその人が求めている人物像に一致しているか見極めればいいのでしょうか？　それは、他のあらゆる人間関係と同じです。「デート」してみましょう。というのは、候補者を人として知り、関係を築こうとすることで、文化のレベルでマッチしているかどうか、お互い  に判断する機会を与えるということです。その人が自己紹介で書いていることや、言っていることだけを見てお付き合いを始めたりはしませんよね。一緒にいるのは、お互いの人となりが理由のはずです。採用の場合も同じです。マインドセットや文化は変えるのが難しいのです。スキルなら、学ぶことができます。

　　　採用では、スキルを評価するよりも人間関係を作りましょう。

目的と文化へのエンゲージメント

Ondrej Benes
——T-Mobile の取締役

　色々と試してみた結果、中長期的に見れば、どのような職種の採用においても採用基準をより厳しくする方がよい結果につながるとわかりました。一番よいのは、あたかもこれからまったく新しいチームを作るようなつもりで採用することだと思います。しかしこれは、納期のプレッシャーの中で時間をとるか品質をとるかという、典型的な永遠のテーマです。また、社内の労働市場のようなものがまだない場合、社内のメンバーを数十人（いわば、再び）採用するのでさえ、何週間もかかる

のです。一通り試行錯誤が終わって初めて、私たちは品質とエンゲージメントの要素で妥協せずにすむような空間を作れていなかったことに気づきました。目的を明確にし、その人が組織文化に合っているか、そして目的がその人に響いているかにもとづいて雇用と解雇を行うことです（Zappos のみなさん、この教訓を教えてくれてありがとうございます！）。目的と文化へのエンゲージメントを生み出すことが重要なのです。

面接のプロセス

　求める人物像を変えたら、面接のプロセスも変える必要があります。従来の履歴書は経験年数やハードスキルを記載するものなので、あまり意味がありません。ここで創意工夫してみましょう。候補者に「私を採用すべき理由」というエッセイを書いてもらったり、短いビデオを作ってもらってみてはどうでしょう。入社後の働き方のイメージを表現したマンガを描いてもらう、その人を採用したことについて会社がプレスリリースを出すと想定してそのプレスリリースを書いてもらう、なども考えられます。やってみれば、候補者の人たちがいかにすばらしいものを作るか、そしてそういった作品から候補者についていかに多くのことを知ることができるか、驚くことになるでしょう。

　候補者の基本的な情報を得たら、企業はプロセスを短くして一両日中にはオファーを出そうとするものです。長いプロセスはもどかしいものですし、優秀な候補者は複数回の面接が終わるまで待たず、どこか別の会社に決めてしまうこともよくあります。よい方法の一つとして、行動面接を行い、特定のシナリオの中で候補者がどのように対応するかをシミュレーションすることが挙げられます。これは、どんな難しいスキルテストよりも、候補者についてずっと多くのことを教えてくれます。

　アジャイルな企業はチーム面接を活用しています。うまくいっているチームは、多様性を大事にしながらも、組織に合う人を見つけることができるのです。チーム面接によって候補者は、そこがどのような組織で、仕事ではどんなチャレンジができそうかについてよりよく知ることができます。また、候補者と朝食や昼食、夕食をともにすることで、堅苦しくない環境で会社や候補者の

Kseniya Kreyman がスクラムマスターの提出課題として描いた漫画の例

希望について話をすることもよくあります。打ち解けた会話はお互いを知るために非常に重要です。最後に、企業が候補者を組織内で1日過ごすように招待するのもとてもよくあるやり方です。これは、双方にとってすばらしい経験になります。

EXAMPLE

面白いエクササイズを紹介しましょう。さまざまな人事のプラクティスがあることや、それらが現在の文化や望ましい文化に合致するかどうかについての認識を深めるのに役立ちます。対立する価値基準のマップに対して、プラクティスをそれぞれマッピングしていくワークショップです。

まず準備として、議論したい人事プラクティスのカテゴリー（例：採用、職種とキャリア、報酬、業績評価）ごとに貼り紙を作り、対立する価値基準のフレームワークを説明する必要があります。理想的には、事前に現在の文化と望ましい文化を定義するワークショップを行っておけば、フレームワークのコンセプトをみんなが習得した状態で始められます。

次に参加者は、組織が今使っているか、将来使えるであろうすべてのプラクティス、プロセス、ツールをブレインストーミングして、それらを図と照らし合わせてマッピングします。

ここで重要なのが、会話です。参加者は、組織が望ましい文化へと変わっていくためにそれぞれの選択肢がどう関わってくるかを話す必要があります。

最後に、いくつかの選択肢について実際に試してみるかどうか考えてみましょう。さらに調査する判断をしてもいいでしょう。プラクティスが望ましい文化への移行を後押しするのか、逆に足かせになるのかを明らかにするために、より大きなグループでさらに議論する必要があるかもしれません。その場で決断する必要はありません。このワークショップは、フレームワークの上半分、創造と協働の領域で仕事をすることについての認識を高めるのに最適です。すべての問題を解決できるわけではないかもしれませんが、インスピレーションや新しいアイデアを生み出すことは間違いありません。

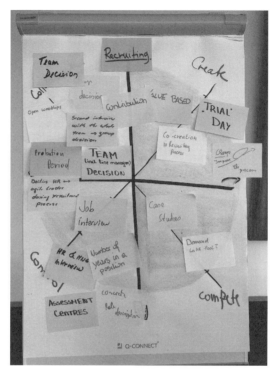

対立する価値基準の貼り紙にマッピングされた採用プラクティスの例

評価とパフォーマンスレビュー

適切な人をチームに採用したら、次は評価とパフォーマンスレビューについて考えなければなりません。従来の組織では、とても単純な話でした。社員にはそれぞれタスクが割り当てられていて、それぞれのタスクを評価したり、特定の KPI と紐付けたりすることができました。アジャイル組織では、そう単純にはいきません。複数の人が同じタスクに対して協働するからです。また、年初に何かしら KPI を設定したところで、そのほとんどが途中で的外れになってしまうので、年末に評価するものがなくなってしまいます。

アジャイルの世界で使われている最もシンプルなプラクティスは、個人の目標ではなく、チームの目標を設定することです。その年のうちに目標が陳腐化

するリスクがなくなるわけではありませんが、少なくともチームでの協働の文化を支えることにはなります。1年を区切ってより短期の目標を作るとよりよいでしょう。結局のところ、定期的に製品を届けていれば1年という周期に特別な意味はないのです。

　チーム自身が目標を考えるのがよいやり方です。「研究の結果、目標は達成すべき者が作成した方が達成しやすいことがわかっていますが、それだけでなく、実はその目標自体もより高く設定されることがわかっています」[Whit-more09]。これがうまくいくためには、高いレベルの信頼と、誰もが理解できる明確な共有ビジョン、つまり存在目的が必要です。

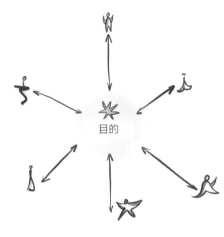

目的

存在目的があってこそ、組織のさまざまな部分が集中する対象を定められます。私たちの会社でアジャイルへの道のりを歩み始めたとき、チームスピリットを高めてチームがコラボレーションできるようにする必要があったので、集中する対象は「前四半期に、チームを助けるためにしたことは何？」という質問によって定めることにしました。それ自体は測定できないので、組織は目標をトップダウンでみんなに押し付けているわけではありません。それでも、集中の対象を選ぶことによって、組織の方向性に影響を及ぼしてはいるのです。「全体的な目的は、指揮命令することではなく、各個人が現在の戦略に向けて目下集中する対象を定めるための見取り図を作ることです」[Whitmore09]。

成長のためのコーチング

　よりアジャイルな働き方に近づくためのステップとして、パフォーマンスレビューのかわりに、社員の能力開発を主眼においたコーチングの場を持つようにするとよいです。すべてのコーチングに言えることですが、これはコーチングする側ではなく、される側（この場合は社員）のための場です。社員が自分

自身や自分の能力、可能性について認識を深める場になるようにしましょう。評価の場でもありません。評価がモチベーションにつながるわけではないからです。組織が今必要としていることに沿って人が成長するのを助けるのが、ここでのコーチングです。

　組織の側として必要なのは、組織のビジョンや戦略目標を達成するために重要なコンピテンシーは何か、またクロスファンクショナルチームのＴ字型スキル[2]を支えるために不可欠なコンピテンシーは何かを決めることだけです。コンピテンシーは時間が経つにつれて変化していくでしょう。使わなくなるものもあれば、新たに出てくるものもあります。でも、アジャイルでは変化はいつものことですよね。スキルだけでなくマインドセットの転換を強調したい場合は、コンピテンシーと一緒にバリュー（価値基準）についても議論するとよいでしょう。みんなで独自のバリューを作り出してもよいですし、アジャイルマインドセットを表す既存の価値基準を用いてもよいです。例えば、スクラムの５つの価値基準（勇気、確約、集中、公開、尊敬）が使えます。バリューは、コンピテンシーと同じように使うことができます。つまり、社員はコンピテンシーとバリューの自己評価を行い、得意なことをいくつか選び、もっとうまくなりたいこともいくつか選びます。そしてコーチングの場を持つことで、自分の能力、限界、夢についてよりよく知ることができるのです。また、選んだコンピテンシーやバリューについて、仲間やチームにフィードバックやサ

2）Ｔ字型スキルとは、アジャイルチームで使われる比喩で、各人が自分の専門分野の一つのスキル（Ｔ字の縦線）についての深い知識と、チームで使う他のスキル（Ｔ字の横線）についての広い知識を兼ね備えていることです。

ポートを求めることもできます。そうすれば、人の向上に役立つ多様な視点を取り入れることになり、プロセス全体がより役立つようになっていきます。このプロセスは成長のためにあります。社員が自問する必要があるのは、「自分が今学んでいる最中で、成長のために手助けが必要なのはどのコンピテンシーだろう」、「自分が得意で、仕事で活躍するのに役立っているのはどのコンピテンシーだろう」、「自分がすごく得意で、他の人を指導できるのはどのコンピテンシーだろう」といったことです。アジャイルの価値基準の一つは「集中」なので、それぞれのカテゴリーに含めるコンピテンシーの数は抑えるようにします。同時に学ぶことが多すぎてはうまくいかないし、他の人を指導するコンピテンシーが多すぎると、しっかり指導できなくなってしまいます。

ZUZI'S JOURNEY

　私の会社では、四半期ごとにこのようなコーチングの場を持ち、組織のニーズをさまざまな側面から探っていました。アジャイル組織への変化を始めた当初は、技術スキル、顧客とのコミュニケーション、対人スキル、話し方という4つの分野に注目しました。それまでの人事考課は、技術スキルと、社員が与えられたタスクをこなしているかどうかがすべてだったので、これは大きな転換でした。アジャイルに向かって進むことで見るところが変わったのです。チームが求める働き方をしていない人については、ふりかえりの際に取り上げてその人が学ぶ手助けをします、と説明しました。そういう会話に際しては、人を育てるという面だけに集中するようにしました。それぞれの分野にシンプルなコーチングの尺度を用意して、社員は自分のスキルを1〜10の間で評価しました。1は「そのスキルはない」、10は「すごく得意」を意味します。このような尺度はすべて、特定の環境における他の人との相対的なものです。絶対的な数字は問題ではなく、数字を通じて社員に考えてもらうことが主眼でした。つまり、「自分の評価が1点、2点上がったら、何が可能になるだろう」「そうなれば何が変わるだろう、どんな能力が身につくだろう、何が実現できるだろう」といったことです。基本的には、GROWモデル[Whitmore09]にもとづいてコーチングの質問をしました。

適切にコーチングを行えば、みんなのパフォーマンスを飛躍的に向上させる

ことができます。しかし残念ながら、マネー
ジャーがよいコーチであることはそれほど多
くなく、そのためにほとんどの組織ではコー
チングを活用しきれていません。そしてここ
に、アジャイル人事が簡単に対処できる非常
に重要なニーズがあります。チーム全体が
コーチングとファシリテーションのスキルを
身につけられるようにすることです。これ
は、どんなハードスキルよりも組織の成功に大きく貢献します。

ふりかえりと相互フィードバック

　本当にアジャイルになろうと思うなら、どのようなかたちであっても業績評
価はせず、かわりに定期的かつ頻繁にふりかえりを行いましょう。徹底的に透
明性を保つことで、スプリントゴール、製品ビジョン、そして組織全体の目的
へと向かうパフォーマンスは十分明らかになり、結果としてみんながとても効
率的に適応できるようになります。シンプルで強力なやり方です。さらには、
チームのふりかえりを行って仲間からの強力なフィードバックを得るにとどま
らず、複数チームのレベルでの全体ふりかえり［LeSS19a］（例えば、LeSS で
定められているようなもの）を行ったり、アジャイル人事のファシリテーショ
ンで、例えばワールドカフェやオープンスペース（第 11 章参照）のようなか
たちで、組織全体のふりかえりを行うこともできます。これらのプラクティス
を組み合わせることで、従業員はチームの課題やチーム間の課題、および組織
の課題の解決にしっかりと取り組むことができます。また、価値をよりうまく
届けて組織の目的を実現するために、創造的で革新的なやり方を考え出すモチ
ベーションも高まります。

　　　　*私たちは、評価よりも育成に重点を置いた定期的な相互フィードバック
　　　　を大切にします。*

　頻繁かつ定期的にふりかえりを行ってフィードバックを得ることで、すばや

く変化し、日々少しずつ改善し続けていけ
るようになります。従来の業績評価にはつ
きものである大きな失望や驚きも避けられ
ます。やる気の低下やストレスを引き起こ
さずにすむのです。また、問題が大きくな
りすぎてチームや部門に害をなす前に、よ
り早く解決することができます。そういっ
た問題に早い段階から取り組むために、仲

間同士で助け合うのが理想です。もし透明性と信頼の文化がまだ浸透していな
ければ、さっそく明日にでもそうしよう、というわけにはいかないかもしれませ
ん。しかし、一歩一歩進めていくことはできます。KPI、パフォーマンスレ

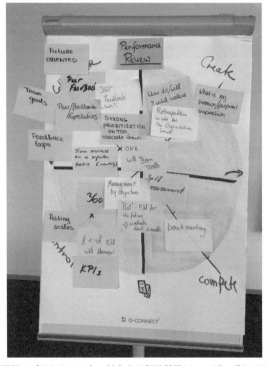

業績評価のプラクティスを、対立する価値基準にマッピングしてみた例

ビュー、正式な評価をなくして、頻繁なフィードバック、検査、適応を当たり前の仕事のやり方にすることを目指すのです。

　この段階に至ると、アジャイル人事という名前を使うのをやめて人材育成と言い換えることが多く、人事の目的そのものが、社員の成長への道のり全体を支援することに変わっていきます。手始めに、例えば、コーチングやメンタリングプログラムの支援、効果的な相互フィードバックのための環境作りなどに取り組むとよいでしょう。これはあくまで始まりです。

キャリアパスと給与

　次は、役職、キャリアパス、給与について見ていきましょう。先に述べたように、アジャイル組織では役職はそれほど重要ではありません。なぜなら、みんながコラボレーションし、責任を引き受け、リーダーになるのは必要だからであって、職務記述書にそう書かれているからではないからです。従来の組織では、役職がすべてです。空きが出た役職を穴埋めするために採用をし、その人がすべきこととすべきでないことを定義します。階層が確立されているので、社員がよい評価を受けて昇進した場合に次にどの役割を担うことになるのかはわかっています。役職によって給与の幅が決まります。こういった考え方は、人々を個人の集まりとして扱うのをやめて、みんなが自分のスキルや能力に応じて自己組織化して協働するチーム環境を作れば、崩れ去るでしょう。このような変化によって、必要な役職は少なくなります。スクラム開発チームの中には、役割がなく、ただメンバーがいるだけのチームもあります。スクラムの組織設計に合わせて役職を決めることもできます。例えば、ソフトウェア開発者、ソフトウェアテスター、アナリストを置くかわりに、ソフトウェアエンジニア、あるいは単に「チームメンバー」という 1 つの役職だけを置くのです。役職を定めると、サイロやギャップ、依存関係、同期や引き継ぎの必要性が生じる恐れがあります。これらはいずれも、パフォーマンスの高いチームを作るのには役立ちません。

よりアジャイルな環境でできること

　「キャリアパスと給与」であまり大きなショックを受けなかったのであれ

ば、さらに次のステップに進みましょう。チームメンバーが同じ目標に貢献し、頻繁に相互レビューを行い、お互いのスキル向上に責任を持つ場合、役職やキャリアパスの唯一の存在理由は給与に直結するという点になります。これを解消する方法は明らかです。給与と役職を切り離しましょう。そうすれば役職は一切不要になります。チームの中での役割は、目標を達成するためにチームが今必要としていることに応じて創発されるからです。給与は、同僚からのフィードバックや各メンバーが組織に与える価値と連動させることができます。

> *よりアジャイルな環境では、給与と役職を切り離して役割を創発的なものにします。*

結局のところ、お金ばかりに目を向けていると人の生産性は下がります。「給料にこだわればこだわるほど、知的好奇心を満たしたり、新しいスキルを身につけたり、楽しんだりすることに集中できなくなります。そういったことは、最高のパフォーマンスを出すためにはとても重要なのです」[Chamorro13]。

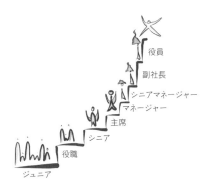

これはスタートアップのマインドセットです。自分は従業員ではなく、起業家だと想像してみてください。毎日お金をもらうのに十分な価値をもたらしていることを証明する必要があります。ストレスがたまるかといえば、そうかもしれません。こういうことを実践するには、それを支える文化があって、組織がアジャイルである必要があることに気をつけてください。何も、アジャイルへの道のりをここから始めようという話ではありません。組織の準備ができたときに、次のステップとしてこのやり方を選ぶとよいという話です。さて、もう準備ができている人のために、どのように始めるかについて2つのやり方をお伝えしましょう。

1つ目のやり方は、激しい変化です。従業員には2つの選択肢があると伝え

ます。変化を支持し、成功して組織の目的を実現することへのオーナーシップ
と責任を引き受ける覚悟があるのなら、とどまること。さもなくば、相応の退
職金を受け取って出て行くことです。残るのはアジャイルに適したマインド
セットを持った人たちであり、この先どんな変革を進めても、抵抗ははるかに
少なくなるでしょう。2つ目のやり方は、緩やかな変化です。まず、給与と役
職を切り離すことから始めます。遅かれ早かれ、役職は重要ではなくなり、役
職をなくしても誰も困らなくなります。1つ目のやり方を選ぶなら、勇気が必
要です。一方、2つ目のやり方は目的地にたどり着くまでがより長く、より骨
の折れる道のりになるでしょう。どちらを選ぶかは、あなたが何を望み、組織
が今どういう状態か次第です。会社の規模や業種は関係ありません。ただし大
企業の場合、組織全体で実施する前に試験的に一部門や一拠点から始めるのが

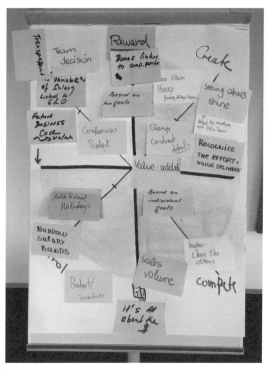

報酬のプラクティスを、対立する価値基準にマッピングしてみた例

よいかもしれません。アジャイルで重要なのはプラクティスではなく、マインドセットです。そして、これはアジャイル人事と人材育成にも大いに当てはまります。

給与決定についての新しい考え方

Jutta Eckstein、John Buck

——*Company-wide Agility with Beyond Budgeting, Open Space & Sociocracy: Survive & Thrive on Disruption* の著者

　ドイツのソフトウェアおよびコンサルティング会社である Mayflower の取締役が語るところによると、かつて一部の従業員のグループが給与の決め方に不満を抱いていました。理由は、そのプロセスがアジャイルの価値基準にのっとっていなかったことです。彼らは、自分たちの給与を透明化することで、よりアジャイルに働けるようになるという仮説を持っていました。そこで、給与を共有したのです。その結果、チームのオープンさが高まり、チームとして一緒に仕事をするのがより楽しくなりました。そのグループはさらに一歩進んで、自分たちの給与をすべての同僚に見えるようにしました。すると、それに倣って給与を公開する人たちが次々と現れたのです。これをきっかけに、何度かの試行錯誤を経て新しいプロセスが作り出されました。（今のところ）次のような方針に落ち着いています。投票で選ばれた人が、給与協議に参加します（給与代表者）。給与協議が始まる前に、経営陣は昇給に利用できる金額を算出します（昇給予算）。経営陣は、すべての従業員が貢献すべき重要な会社の関心事を定義します（例えば、従業員は顧客とチームの両方が満足を得られるように貢献すること）。給与協議には、対象者本人、本人が招待した２名（普通は同僚）、選出された給与代表者、本人が働いている支社の役員が参加します。給与協議は、定められたプロセスで行われます。すなわち、本人の目の前で、その人の成長、達成できたこと、達成できなかったことについてあらゆる角度からオープンに対話したあと、各参加者が会社の関心事に対するその人の貢献度を評価します。参加者は、対象者の今の給与を知ったうえで、新しい給与の案を他の人には見えないように付箋に書きます。全員が自分の案を示し、根拠を示したあと、みんなでその人の新しい給与案を作成します。全従業員の給与協議が終わったら、経営陣は提案された昇給額をすべて合計し、総額が昇給予算内に収まっ

ているかどうかを確認します。合計昇給額が昇給予算をオーバーした場合、すべての昇給額を比例的に削減します。

アジャイル組織ではどうするか

　組織レベルでアジャイルになればなるほど、チーム構成はより柔軟かつ動的になり、それぞれの職種や役割が何々であると言い切れなくなります。働き方がアジャイルになればなるほど、あらゆるレベルでより透明性が必要になります。一人ひとりが何をしているのかがわかり、問題があればお互いに指摘したりフィードバックしたりできる状態です。誰でもどんな取り組みにも参加できますが、組織の目的に対する責任を自らしっかりと果たすことが条件です。何も隠さないので、ある意味全員でコントロールしている状態といえます。創発的なサーバントリーダーシップが、すべてを結びつけて混沌ではなく調和をもたらすための重要な要素です。このような環境であれば、すべての給与を透明化して従業員を給与決定に参加させることができます。実際のところ、そのような企業はまだ多くないので、明日からすべてを実行する必要はありません。それでも、その可能性からインスピレーションを得ることならできます。

　私はこれまでに多くの人と、その人のキャリアや次に何をすべきかについて話をしてきましたが、そこに欠けているのは勇気だと感じていました。役職制度や決められたキャリアパスを壊し、自分自身で新しい仕事を創り出す勇気。これこそ、私たちが忘れてしまっている真のアジャイルの価値基準です。誰かが役職を用意するのを待つ必要はありません。自分でデザインするのです。自

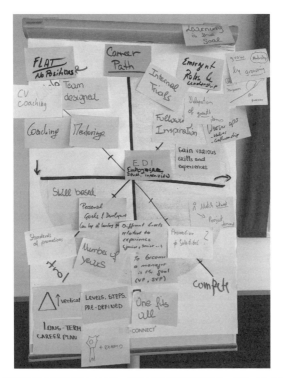

キャリアパスのプラクティスを、対立する価値基準にマッピングしてみた例

分のスキルや提供できる価値に対するニーズを生み出しましょう。決められた
役職やキャリアパスはもう終わりです。それは前世紀のものです。現代社会で
は、創発的リーダーシップと、現実の問題に対する柔軟な解決策が求められて
います。固定された役割は現状を維持するだけです。あなたはリーダーなので
す。自分の職種の箱から足を踏み出して、価値にもとづく自分の役割を自ら創
り出し、夢の実現を目指しましょう。

リーダーシップと自己欺瞞

　ここで *Leadership and Self-Deception*［Arbinger12］から興味深いコンセ
プトを紹介します。人を職種や役割として見たときに自分がどう反応するかに
注目するということです。人を職種や役割として見ると必ず、私たちは心の中

でその人を職務記述書でできた箱の中に閉じ込めてしまいます。その結果自動的に、その人に対する期待を作り出してしまうのです。「彼はテスターなんだから、すべてのバグを見つけるのが仕事だよね」、「彼女は開発者なんだから、質の高いコードを書くべきでしょ」、「彼女は妻なわけだから、家事はするよね」といった具合です。

　その期待が満たされれば問題はありません。しかし、そうでない場合（実際にはよくあることですが）、緊張や不満、ストレスが生まれ、自分が期待したことをやってくれないという理由で相手を非難する結果になることが非常に多いのです。

　アジャイルの世界では、この「箱に閉じこめる」現象の存在を意識します。人の心理にこういう側面があるということが、私たちがクロスファンクショナルチームを作り、詳細な職務記述書や壮大なキャリアパスを定めるのをやめる理由の一つです。しかし、すべてのプラクティスは文化と結びついていることを忘れてはいけません。個人主義が強い文化では、壮大なキャリアパスや詳細な職務記述書は、成長のためのビジョンを与えるものとして有効です。一方、非常に協働的な目的志向の組織であれば、それらは役立たずになるので、使うのをやめるべきです。

ZUZI'S JOURNEY

　私の会社で最初に「細かい役職やキャリアパスを設けない」というビジョンを説明したとき、多くの人が恐れを抱きました。「私の給料はどうなるんですか？」「どうやって昇給するんですか？」「みんな同じってことですか？」といった質問がありました。そういうわけではありません。人はみんな異なるものであり、他人を助け、チームに価値をもたらすことで尊敬を得るのです。はっきり言ってしまえばスクラムチームではここ数年間役職なしでやってきたわけなのに、いざ組織の他の部分でもクロスファンクショナルチームを作ろうというときに役職を置く理由がありますか、ということです。理由はただ一つ、組織がそれに慣れていることでした。それが心地よい習慣なのです。アジャイルチームに役職が必要ない理由と、各個人にどういう影響があるかを説明するのには、勇気と、多くの時間が必要でした。同時に、給与を役職から切り離し、チーム指向の目標を作って小さなボーナスと結び

つけ、さらにボーナスは組織全体の収益とも結びつくようにしました。大したことではない、と思われるかもしれませんが、このような激しい変化の際には決してコミュニケーションを軽視してはなりません。コミュニケーションしすぎるくらいのことが必要です。

リーダーシップ、システムコーチング、大人数のファシリテーション

最後に、優れたアジャイル人事のスキルとプラクティスについて見てみましょう。まず何よりも、アジャイルマインドセットを理解し、アジャイルの文化が花開く環境を作り出す能力が重要です。コラボレーション、透明性、オープンな相互フィードバック、信頼、チームスピリット、オーナーシップ、エンパワーメント、責任を支える環境を作るのです。アジャイル人事は文化の移行を後押しする必要があります。まず、文化の観点から自分たちの現状とありたい姿について、みんなの認識を高めることです。組織がアジャイルであればあるほど、コーチングとファシリテーションのスキルがより求められるようになります。組織内でコーチングとファシリテーションのスキルを育て、個人とチームがアジャイルへと向かう道のりを支えるために、人事の役割は極めて重要です。

リーダーというのは役職ではありません。心のありようです。誰でもリーダーになれます。

もう一つの根本的な変化は、経営陣からもたらされる必要があります。意思決定と、リーダーシップの委譲のことです。ただし役職にもとづくリーダーシップではなく、心のありようとしてのリーダーシップです。誰でもリーダーになれます。オーナーシップと責任を引き受け、取り組みやチーム、製品をリードする覚悟があるかどうかは、自分自身が決めることです。定期的かつ頻繁に行われる相互フィードバックによってみんなの自己認識力が高まり、組織の中からリーダーが現れるようになります。創発的リーダーシップを説明する

際には、ある人がある取り組みのリーダーとして行動しながら同時に別の取り組みのチームメンバーでもある状態、ということが多いです。評価から、定期的な相互フィードバックと育成のためのコーチングに変わっていくにつれて、リーダーの重要な目標は他のリーダーの成長を助けることになり、ここでも優れたコーチングとファシリテーションのスキルが不可欠になります。

アジャイル人事＝アジャイルリーダーシップ＋システムコーチング
＋大人数のファシリテーション

　アジャイル組織では人事の主眼が総合的な従業員体験になるというのは、ほんの始まりにすぎません。もう一つアイデアを提案しましょう。優れた人事は、組織のスクラムマスター、あるいはアジャイルコーチとしてふるまい、#ScrumMasterWay[3]のコンセプト［Šochová17a］における第3のレベルで、システム全体に焦点を合わせて活動します。このレベルでは個人をコーチングするというより、ORSC[4]などのシステムコーチングのツールを活用してチームや組織をシステムとしてコーチングすることになります。チームのファシリテーションというよりも、数百人に及ぶ大規模グループのファシリテーションをする能力が必要になります。ワールドカフェやオープンスペースなどのツールを活用しましょう（第11章参照）。アジャイルリーダーの模範となり、「私たち」の文化を育て、他のリーダーを指導してアジャイルリーダーに成長させましょう。つまり、アジャイル人事はアジャイル文化の成長を支えるのです。

　最も過激なアイデアは最後にとっておきました。究極的には、非常にアジャイルでフラットな組織では、正式な人事の役割は必要ありません。そこには、解決すべき課題を中心に自己組織化したチームがあります。それから徹底的な

3）訳注：#ScrumMasterWayとは、著者の1冊目の本『SCRUMMASTER THE BOOK』［Šochová17a］で提唱されている、偉大なスクラムマスターを3つのレベルで表す概念のこと。レベル1は「私のチーム」、レベル2は「関係性」、レベル3は「システム全体」にそれぞれ焦点を当てるとしています。

4）OSRCとは、Organizational Relationship System Coaching（組織と関係性のためのシステムコーチング）のことです（https://www.crrglobal.com）。

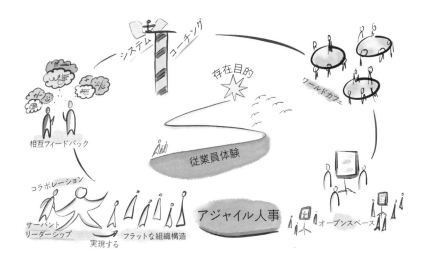

透明性を確保して問題を早期発見できるようにし、成長を支援するために定期的なフィードバックとコーチングを行えばよいのです。適切な文化ができあがってさえいれば、簡単で単純なことです。さもなければ、法律家がやってきて、「こんなことはできない」、「職種を詳細に定めておかないと組織は簡単に人を解雇できない」、「評価がなければ給与をいくらにすればいいかわからない」、「KPI がなければ人はベストを尽くさない」、などと言い出すでしょう。きりがありません。人事部というもの自体、オレンジの組織構造で知識を重視する組織 2.0 に最適化しているということです。動的な組織設計やアジャイルへと移行すればするほど、固定的な人事プロセスや人事全体の必要性は下がっていきます。

アジャイル財務

アジャイル人事と同様に、アジャイル財務も、組織がアジャイルになるためには極めて重要です。「部門ごとに調べてみると、財務と人事を変革している組織は少ないものの、やっている組織は高い成果を上げています」[BusAI18]。財務部門を変えるのは難しいことです。財務担当者は普通、年間予

算計画と固定された予測を好むからです。しかし、業界を問わず柔軟性が非常に強く求められており、ローリングバジェット[5]へと移行する組織が増えています。アジャイル財務の分野では、脱予算経営（Beyond Budgeting）というコンセプトが最も成功しています。「脱予算経営とは、指揮統制を超えて、より権限委譲された適応性の高いマネジメントモデルへと向かうことです」[Beyond14b]。脱予算経営は、大小を問わず世界中の多くの組織で採用され[6]、大きな成果を上げています。

脱予算経営の 12 の原則［Beyond14a］の多くはアジャイルでは目新しいものではありませんが、財務に関わる考え方として覚えておくと便利です。

1. 目的志向の組織であること。
2. 共有された価値基準で統治すること。
3. チーム文化を重視すること。
4. 人を信頼すること。
5. 自律的に行動できるようにすること。
6. 顧客中心であること。
7. リズムを保つこと。
8. ダイナミックであること。
9. 方針を示す野心的な目標を設定すること。
10. 必要に応じてリソースを配分すること。
11. 相互フィードバックを奨励すること。
12. 競争よりも共通の成功に報いること。

この哲学は真にアジャイルな人たちには馴染み深いものですが、固定的な計画と予算にもとづいた従来の環境でキャリアを積んできた人たちにとっては非常に受け入れがたいものです。年間固定予算がなくても組織はうまく経営でき

5）訳注：ローリングバジェットとは、変化に柔軟に適応できるように、継続的に予算を見直す手法のこと。

6）主な例として、Handelsbanken、Guardian Industries、tw telecom、SlimFast、Unilever、American Express、M. D. Anderson Cancer Center などがあります。詳しくは、https://planful.com/blog/are-you-ready-to-move-beyond-budgeting を参照してください。

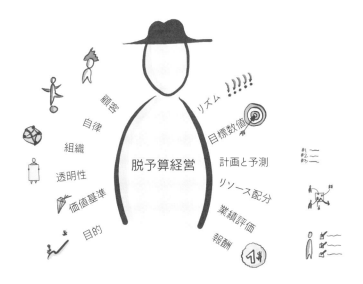

るという考え方は、理解しがたいこともあるでしょう。興味深いことに、いざ実行に移してしまえば、ビジネス上の課題やニーズへの対応が格段に向上し、組織がもはや適切ではないかもしれない計画に従うだけでなく、目的に向かって繰り返し試行錯誤できるようになるのです。

tw telecom のストーリー

Nevine White
——現 Hargray の会計担当 VP、元 tw telecom の財務計画・分析担当 VP

　2004 年初頭のことです。上司が、私に「会社の財務計画を立てるよりよい方法を見つけて、時代遅れで無駄の多い予算管理プロセスをやめること」という課題を与えました。これは組織全体の大きな変革の始まりでした。最終的には、組織はローリング予測（継続的な予測）に移行するにとどまらず、新しい経営システムへの移行にも至ります。新しい経営システムはアジャイルかつ効果的で、並外れた成功を収めることになるのです。さて、上司から課題を受け取った私は、具体的な方向性が見えない中、「よりよい方法」を模索するために調査を始めました。そうして、脱予算経営と呼ばれるプランニング手法にたどり着きます。早速、新しいプロ

セスとプランニングモデルを設計しました。こういう目に見えるものを扱うということにはとてもワクワクしましたし、私の財務チームと私自身が得意とするところでもありました。そして、これが大きな文化的変化になりそうだということに気づいたのです。私たちは、最近身につけたチェンジマネジメントの手法を活用し、財務から始まったこの変革の成功に不可欠なスキルを身につけていかなければなりませんでした。

　私たちは、この壮大な変革にみんなを参加させ始めました。財務チームにとっては異例とも言えることですが、ビジネスの現場の声に耳を傾けたのです。ゆっくりと慎重に、この取り組みを「財務の仕事」から企業としての取り組みに変化させていきました。やがて現場が近くなり、対応力が高まりました。また、社内の官僚主義を排除して承認権限を現場に渡すことで、より速く意思決定できるように、組織としてよりアジャイルになれるようにしました。

　最初の新予測プロセスは粗いものでしたが、失敗から学び、調整し、また挑戦しました。そうしているうちに、市場の変化に対応して戦略的な優先順位に足並みを揃えるには、継続的な適応が必要だと気づきました。予算という、「神聖にして犯すべからざるもの」を解き放つと、すべてが突然フェアなゲームとなり、継続的な改善とイノベーションのマインドセットを受け入れる結果となったのです。安定して機能していたプロセスにおいても、組織の成長に伴って移り変わっていく市場や顧客のニーズが否応なく負荷となって現れます。そこで、障害を取り除くために常にプロセスに手を加えるようになりました。

　組織全体の空気が変わったのです。みんながお互いに耳を傾け、コラボレーションし、新しいステークホルダーを取り込むようになりました。財務チームを現場組織に組み込んでよりすばやく意思決定できるようにしたことで、私たちはもはや進捗の妨げとは見なされなくなりました。突然、より大きな目的の一部となり、共通の目標に向かって努力することになったのです。予算をなくしたことこそがこの会社がうまくいった唯一の要因だ、という言い方さえできるでしょう。予算をなくすことでビジネスがよりアジャイルになり、現場のリーダーが本来やるべき仕事に集中できるようになったのです。時代遅れの予算という制約なしで営業してきたこの10年間、tw telecom は40四半期連続で売上高を伸ばしました。この10年には、リーマンショックに始まる大不況の時期も含まれています。リスクを覚悟のうえで新しいアイデアの導入に真剣に取り組んだ結果、私たちは驚くべきことを成し遂げました。顧客体験とイノベーションにおいて、業界で最もアジャイルになるた

めに必要なビジネスの変革を生み出したのです。

さらに知りたい人のために

◆*Agile People: A Radical Approach for HR & Managers*（*That Leads to Motivated Employees*），Pia-Maria Thoren（Austin, TX: Lioncrest, 2017）

◆*Implementing Beyond Budgeting: Unlocking the Performance Potential*，Bjarte Bogsnes（Hoboken, NJ: Wiley, 2016）

まとめ

☑アジャイル人事は、アジャイル文化の成長を後押しします。

☑アジャイル人事＝アジャイルリーダーシップ＋システムコーチング＋大人数のファシリテーションです。

☑アジャイル組織は給与と役職を切り離し、役割を創発的なものにします。

☑ローリングバジェットは柔軟で、動的で、リズムを保ちます。

第 11 章
ツールとプラクティス

システムコーチングとファシリテーション

▼

　アジャイル組織にとって最も重要な2つのスキルは、システムコーチングとファシリテーションです。

　個人にとどまらず、チームや、より大きなシステムのコーチングができるようになる必要があります。組織レベルでのアジャイルはまだ非常に新しいので、残念ながら、システムに焦点を当てたコーチングプログラムはあまり多くはありません。その一つが、組織と関係性のためのシステムコーチング（ORSC）で、アジャイルとの親和性が非常に高く、アジャイルコーチの間で広く使われています［Šochová17a］。第6章では、システムコーチングのツールとして「3つの現実レベル」、「ハイドリーム・ロードリーム」、「ビジョンから落とし込む」の3つを紹介しました。システムコーチングはアジャイルリーダーシップモデル（第5章参照）の基盤となる重要

スキルでもあるので、これらのスキルは日常的に使うことになるでしょう。

　組織がコラボレーションやネットワークの形成に依存するようになればなるほど、大人数でのワークショップ、会話、ブレインストーミングのファシリテーションが不可欠になります。ファシリテーションでは中立的な立場をとり、参加者が意見をすり合わせて相互理解を見いだすのを手助けします。ファシリテーターはプロセスに、参加者は内容に責任を持つのです。「ファシリ

テーションは、2つの極が入り乱れるダンスのようなものです。チームが集まって協働するとき、話題や決定事項に白黒はっきりした『正解』があることはほとんどありません」[Acker19]。システムコーチングの場合と同様に、複雑なシステムには正解も不正解もなく、さまざまな視点があるだけです。ファシリテーターの目標は、参加者がよしあしを決めつけることなくシステムの声を聞くようにすることです。

ファシリテーションスキルの価値

Marsha Acker

——*The Art & Science of Facilitation: How to Lead Effective Collaboration with Agile Teams* の著者

　アジャイルになろうとすれば、リーダーはこれまでとは異なる考え方をする必要があります。つまり、計画を立ててコントロールするという古い習慣を打ち破って、すばやく学び、適応できるようになるための新しいやり方を見つけることです。現代の組織が直面しているような問題にあたっては、いかにして課題を解決して前進するか、多くの人たちで一緒に考えることが必要です。

　今、私が組織のあらゆるレベルのリーダーたちに望むのは、ファシリテーションの技術の重要性を理解し、大切にするようになってほしいということです。聴き方や、その場でのあり方においてより中立的になるとはどういうことかを学び、実践できるようになるまで練習してほしい。すべての意見を偏りなく聞ける環境を作り、さまざまな見方を知ることに時間を割いてほしい。そして、最終的な決断を急ぎすぎず、かといってさまざまな意見の渦に巻き込まれて動けなくなることもないように、適切なバランスを見いだしてほしいのです。

オープンスペース

　複雑なシステムレベルでのファシリテーションの形式として非常に興味深いのが、オープンスペースです。オープンスペース形式は、システムの創造性を発揮させるファシリテーション手法で、大人数が分散しながら共通のテーマに

オープン
スペース

取り組むことができます。自己組織化を利用して、参加者にそれぞれが議論し
たい具体的なテーマを選ぶ機会を与えます。ややこしく聞こえますが、それほ
ど難しいことではありません。アイデアについて会話するやり方の一つという
だけです。

　オープンスペース形式には、たった一つのシンプルなルールと、かなり哲学
的な4つの原則があります。私が初めて聞いたときには、その抽象性にくじけ
そうになったことを覚えています。初めて読むとややこしく感じるでしょう
が、その内容は単に自己組織化を説明しているだけです。原則を分析するのを
やめて、より高いレベルで原則を適用した瞬間に、私はオープンスペースがす
ばらしいツールであることに気づきました。

　　　主体的移動の法則は、オープンスペースの鍵となるルールです。

　主体的移動の法則は、オープンスペースの基礎をなしています。このルール
によって、誰もが自分の興味関心に責任を持つことができます。もし会話の内
容が自分の興味を引かず、その場に貢献もできないことに気づいたら、自分の
足で、より興味を持てる、あるいは自分に関係のある他の話題のあるところへ
と移らなくてはならないのです。

　おそらく、このルールがオープンス
ペースの成功の鍵なのだと思います。毎
日、職場でこの掟に従うことを想像して
みてください。あなたはいくつの会議に
参加し続けるでしょうか？　あなたが参
加する会話はずっと面白くなるでしょう
し、そのために使える時間が増えること
も見逃せません。主体的移動の法則は、
参加を自発的なものと定義しているとこ

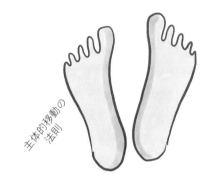

ろが革命的なのです。誰もが参加することができます。そして、オープンス
ペースから自分に関係のある情報や交流が得られなくなったら、その場を離れ
ることができるのです。

　主体的移動の法則を基礎に置いたうえで、4 つの原則［Stadler19］は自己組
織化を定義し、参加者が最大限の効果を得られるよう導きます。

　　　　　　そこへやってきた人は，誰もが適任者です。

　会話に興味のある人なら誰でも、オープンスペースに参加することができま
す。参加はすべての人に開かれているということです。人数や経験、知識に
よって制限したりはしません。オープンスペースは誰にでも開かれたものでな
ければならず、参加する人に制限を設けません。

　　　　　　何が起ころうと，それが起こるべき唯一のことです。

　「もし○○だったら…」と考えるのはやめましょう。会話は進むべき方向へ
進むのであり、来た人が参加者であり、今起こっていることは起こるべき唯一
のことなのです。私たちが生きていくうえでは、自分の経験や考え、計画など
の影響を受けてしまうものなので、結果としていつも過去や未来について考え
てしまいます。「何が起ころうと」の原則によって、私たちは今この瞬間に立
ち戻り、起こり得たことについて考えるのをやめて、今、この瞬間に起こって

いることに完全に集中することができるのです。

いつ始まろうと、始まったときが適切なときです。

　創造性は計画できません。私たちの仕事は、創造性の流れを遮らないことです。いつ始まろうと、それが適切なときです。そして、もし予定より長く会話を続ける必要があるのなら、必要なだけ会話を続けるのです。もし始めるのが遅くなったとしても、それはそれで構いません。

終わったときが、本当に終わりです。

　創造性には独自のリズムがあるので、リズムに気をつけましょう。時間はそれほど重要ではありません。もし今の話題を終わらせた方がいいと思ったら、グループに尋ねてください。グループのみんなが同意したら終わらせて、次に興味のある話題へと移っていきます。同意が得られなければ続行し、その話題をさらに深堀りしましょう。

　このように、何も難しいことはないのですが、アジャイルマインドセットは必須条件となります。オープンスペースは、従来型のマインドセットで捉えると本当に奇妙に感じられるでしょう。従来型のマインドセットを持った人は、すべての会話には明確なリーダーや意思決定者がいて、決まった計画があり、測定可能な目標がなければならないと信じているからです。オープンスペースはそのようなものではありません。オープンスペースは、自己組織化と分散型の働き方を次のレベルに引き上げ、システムの創造力を解き放つものなのです。

組織的なオープンスペース

Jutta Eckstein、John Buck

——*Company-wide Agility with Beyond Budgeting, Open Space & Sociocracy: Survive & Thrive on Disruption* の著者

　VUCA やデジタル化によって企業にプレッシャーがかかる現代では、企業は常に革新的であることが求められています。経営者が普通考えるのは、例えば選ばれた人をシンクタンクに集めるなどして、イノベーションを誘発するということです。このアプローチでは、社員全体が持つイノベーションの力を見逃してしまいます。

　オープンスペースは特別なイベントのファシリテーション手法で、会社のイノベーション能力の向上に役立ちます。組織的なオープンスペースにおいても、同じ原則を用います。特別なイベントのときだけでなく、日々、組織のために働くすべての人が持つイノベーションの潜在能力を活用するのです。

　例えば、ゲーム開発会社である Valve Corporation ではスタッフに対して、新しいゲームや既存のゲームの改良に関するアイデアは、仕事中いつでも思いついたときに提案するように呼びかけています。その新しいアイデアをよいと思う同僚がいれば、一緒になって実現に動くのです。もう一つの例として、アウトドア用品を扱う W.L. Gore では、新製品や新機能、さらには新しいプロセスの提案までをも常に募集しています。いずれの場合も、その製品、機能、プロセスの実現に関心を持つスタッフが十分にいれば、関心を持ったそのグループが実現に向けて動くことになります。もしそのアイデアに十分な関心が集まらなければ、そのアイデアは消えてしまいます。情熱が不足しているということは、そのアイデアを実現する価値はないだろうと見なされるためです。また、逆もありえます。もしスタッフがある活動にやる気がなくなったら、既存の顧客を大切にすることを前提として、その活動をやめることができます。

　イノベーションは、もはや誰かの職務記述書に書いてやらせたり、研究開発部門のような少数の「革新的」な人たち、あるいはシンクタンクのような特定のイベントのみにおいて起こすものではありません。イノベーションは、すべての人が常に起こすものなのです。

役割の多様性

　個人によって好みが違うので、オープンスペースのような柔軟な形式は、多様性を考慮し、また指針とする必要があります。そのためオープンスペースでは、ファシリテーター（オープンスペースの主催者）と、議論の輪に加わる参加者の他に、「マルハナバチ」と「蝶」という 2 つの役割を定めています。これらの役割は、自分にとって価値や関係のない議論から抜けて新しい議論に参加するとき、あるいは学んだことを消化するために静かな時間が必要なときに、主体的移動の法則を使う方法をシンプルに説明したものです。

　1 つ目の役割である「マルハナバチ」は、1 つのグループから別のグループへと自由に飛び回ります。マルハナバチは常に、会話の一部を聞いては、次のグループや会話に飛び移ります。そうすると、あるグループで得た発想を別のグループへと持ち込み、会話と会話との橋渡しをするといったことがよく起こります。マル  ハナバチは、気まぐれに加える最後のスパイスのようなものです。その結果、平凡な食事がおいしい料理に変わるというわけです。マルハナバチは、気まぐれに話題の輪に飛び込んできて、時には議論に波乱を巻き起こします。これは計画できません。状況や文脈に応じて創発されるものなのです。このランダム性は従来の環境では奇妙に感じられるものですが、複雑なシステムにおいてはすばらしい働きをします。

　2 つ目の役割は「蝶」です。マルハナバチとは違って、蝶はあらかじめ用意された会話に参加するのではなく、つながりや学びのための新たな機会を作ります。ときにはあることを耳にして、自分の考えを整理するために、活発な会話の傍らに座りながら振り返る時間をとります。時には他の蝶がそこへやってきて座り、今考えていることについて話すまったく計画になかったグループを作ることもあります。蝶は、

オープンスペースの中でも最も分散化されていて無秩序な部分であり、オープンスペースの原則を体現しているのです。すなわち、「いつ始まろうと、始まったときが適切なとき」であり、「そこへやってきた人は、誰もが適任者」であり、そして最も重要なこととして、「何が起ころうと、それが起こるべき唯一のこと」なのです。

　オープンスペースの柔軟な形式であれば、参加者がいかに独特な考え方、学び方、会話の仕方を好んでいたとしても、対応できます。その結果、創造的で革新的なアイデアによって複雑な問題に対処するためのすばらしいツールになります。完全に自由な形式なので、恐れずに自分らしさを出してください。オープンスペースの間は、何が起こってもそれが適切なことだということを忘れないでください。慣れてしまえば、あなたもオープンスペースの大ファンになることでしょう。

必要な準備

　次は、必要な準備についてです。いわゆるマーケットを開けるほどの広い部屋と、会話のためのアイデアが必要です。レイアウトは難しくはありません。単に円形に椅子を並べます。大人数の場合、複数列にするとよいでしょう。それから真ん中に十分なマーカーと紙を置きます。オープンスペースのファシリテーターがルールと原則を説明し、その日のオープンスペースのテーマを改めて参加者に伝えれば、アイデアマーケットの開場です。参加者は一人ずつ自分の関心分野を発表し、そのテーマと自分の名前を紙に書き、ボード上の特定の

アジャイルプラハカンファレンス 2017 でのオープンスペースの例

スペースと時間のところに置いて時間枠を予約します。

　似たようなテーマがある場合、そのテーマのオーナー同士が一緒に話すことに同意することもあれば、興味のある別のテーマの会話が自分の発表と同じ時間帯に行われる場合、そこへ参加するために直前になって時間枠を変更することもあります。テーマを提案した人は自分自身の考えを発表してもいいですし、あるいは単に参加者同士の議論のファシリテーションをするだけで、内容は参加者に任せても構いません。形式に決まりはないのです。各会場にはフリップチャートがあり、参加者は会話の要点を記録できるようになっているので、成果が失われることはありません。注意点として、オープンスペースは通常、特定のテーマについて会話を始めるための場であって、参加者が大きな決断を下すことを意図してはいません。とはいえ、オープンスペースでの会話から実験してみたいことが出てくることはよくあります。

オープンスペースは組織のどこで使えるか

　オープンスペースとは何かを理解したら、今度は組織がこの形式をどこで使えるかを考えてみましょう。オープンスペースは、カンファレンスでの講演やワークショップの経験を具体的なレベルに落とし込むためによく使われます。参加者それぞれが抱える問題を話し合ったり、他の人の興味に触発されたりする機会を提供するのです。私が見たことある中で最大のオープンスペースのグ

ループは約 1200 人でした。オープンスペース
を定期的に開催している企業では、数百人の参
加者がいることもよくあります。オープンス
ペースは非常によくスケールするので、人数制
限はありません。必要なのは、みんなが参加す
るマーケットを開くのに十分な広さの部屋で、

別々の会話ができるくらいお互いが離れられることだけです。

　では、この形式は一般的にどういうところで使うのでしょうか？　基本的
に、複雑な問題を扱っていて、本当に自己組織化できるところであれば、どこ
でも使えます。多くの人を一カ所に集めることは、創造性やイノベーションを
生み出し、問題への解決策をブレインストーミングするための強力な選択肢で
す。例えば、評価制度をどう変えるか。どのようなゴール、目標、施策が必要
か。新しいオフィスのレイアウトをどうするか。どうやって品質を改善する
か。もっと顧客と話すにはどうすればよいか。こういったことを考えるのに使
うとよいでしょう。また、プロダクトバックログリファインメント[1]や組織の
ふりかえりにも使えます。

　オープンスペースは創発的リーダーシップによって成り立ちます。自分が興
味を持ったらそれを主張し、責任を引き受け、同じテーマに興味を持つ周りの
人たちと集まってみましょう。オープンスペースは透明性を高め、自主性に根
ざしてみんなを巻き込むものです。コラボレーションと創造性を強化し、結果
として組織全体がよりアジャイルになれるのです。

ZUZI'S JOURNEY

　私が初めてオープンスペースに参加したのは 2003 年のある日、顧客が仕事の
スタイルを変えたいと言ってきたときでした。私たちがスクラムを導入してアジャ
イルになる数年前のことです。そのとき顧客は、よりよい働き方のために 100 日

1）プロダクトバックログリファインメントは、スクラムにおいてプロダクトバックログを作成し、
　　優先順位を決める場です。

間だけを投資したいと考えていました。それは「100日改善」と名付けられ、チームは100日間、プロセス、インフラ、自動化などを改善するために働きました。この100日間は、オープンスペースから始まることになります。その場では、製品開発に何が役立つか、最も効率的に改善するために100日間をどう使うかについて、全員でブレインストーミングを行いました。当時は戸惑いました。混乱し、なぜアジェンダもグループ編成も何も決めずにいきなり話をさせるのだろうと不思議に思ったものです。しかし、その日に出たアイデアはすばらしく、私たちはシステムのいくつかの部分を改善し、のちにそれが大きなビジネス価値をもたらしました。

　それから数年が経って、私はオープンスペースのワークショップを人事全体の改革に用いました。具体的には、人材育成システムの改善、新しい賞与体系の設計、そしてオフィススペースの再設計に使いました。製品開発に関わるところでは、オープンスペースで進めるワークショップの中で私が気に入っているのが全体ふりかえりです。全体ふりかえりでは、1つの製品に一緒に取り組む複数のチームがチームワークをどのように改善できるかを考えます。やってみれば、純粋な自己組織化から生まれる見事なアイデアの数々にきっと驚くことになるでしょう。

始め方

　それでは、どのように始めたらいいのか見ていきましょう。怖がらないでください。オープンスペースから生まれたものは、必ずしもそのままのかたちで実施する必要はありません。あるグループが何かしらのアイデアを提案したと

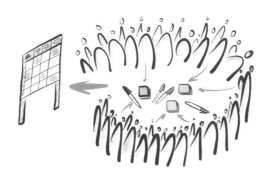

しても、それは、ほんの始まりにすぎないのです。そのアイデアについて他の
メンバーを納得させ、アイデアを評価し、実行に移すまでは長い道のりになる
かもしれません。まぁ、長い道のりになるとは限らないにせよ、私が強調した
いのは、あるグループが提案したことが自動的に決定事項になるわけではない
ということです。合意さえあれば、ほんの数分で変更が終わることもありま
す。一方で、弁護士が関与したり、財務部門がレビューしたり、他の部門が最
終確認したりする必要があって、実施完了までに数カ月を要することもありま
す。また、組織の観点からアイデアが現実的でない場合、まったく実現しない
こともあります。しかしそれは問題ではありません。なぜなら、ここでは複雑
な問題に対する創造的な解決策を見つけようとしているのであって、それには
時間がかかり、実験を重ねる必要があるものだからです。

　オープンスペースは任意参加型なので、そこにいるのは最初から熱心な人で
あり、やる気不足という問題に対処する必要はありません。多様性の上に成り
立つ形式なので、問題の中でもそれぞれ自分が一番興味を持っている部分に注
目することができ、一緒に少しずつやってみることもできます。ルールはシン
プルで、アジャイルマインドセットを持つ人には馴染みやすく、アジャイルな
組織であればワークショップはほとんどひとりでに進んでいきます。従来型の
組織では何をするにも報告や中央集権的な管理が必要だという感覚が残ってい
るので、オープンスペースはたいてい人々を不安にさせ、経営陣の誰かにやめ
させられます。「もし社員がわれわれの気に入らないことを思いついたらどう

アジャイルプラハのオープンスペースでの、あるテーマについての会話の様子

する？　それなら最初からやらせない方がいい」というわけです。ファシリテーションはシンプルで、ワークショップ自体がうまくいかないことはないのですが、組織や経営者によってはやらせてくれないこともあるでしょう。結局、オープンスペースはアジャイルの世界の先進的な手法なのです。

Exercise

　試しに簡単なエクササイズをやってみましょう。オープンスペースを実施するという考えに対する反応を見ることで、組織がアジャイルなのか、まだそれほどでもないのかを知ることができます。あなたの組織で次のような会話をすることを想像してみてください。

「＿＿＿ を改善する方法を考えるために、半日のワークショップを開催したいと思います。＿＿＿ は私たちの最大の問題です。毎月時間とお金が ＿＿＿ もかかっていますが、これまで改善できていません。そこで、オープンスペースにチームメンバー全員を呼んで、何ができるか考えてもらいたいと思います。」

あなたの組織では、どういう反応があるでしょうか？

0：「そもそも変えない方がいいのでは？　その分野に変更はありえないですよ。ちゃんとプロセスを守ってください。」

1：「どれくらいかかるんですか？　半日は使えません。業務の進捗に影響が出ます。」

2：「全員呼ぶのは無理ですよ。本当にやりたいなら、小さいグループでやるといいです。」

3：「本当に任意参加なんですか？　もし〜になったらどうするんですか？」

4：「結果どうなったか教えてください。」

5：「私も参加してもいいですか？」

　簡単なテストです。周りの人に聞いて、その答えを 0 から 5 のいずれかに分類します。得られた点数を平均すると、組織がどれくらいアジャイルかがわかります。

　0 は、組織がこのようなアジャイルプラクティスを受け入れられる状態になっておらず、従来型のマインドセットが深く根付いていることを意味します。この場合私なら、何かもっと小さなことから始めて、自己組織化と仕事の分散化がうまくいくことを組織に示すようにします。

　3 なら、やってみることができますが、たくさん説明する必要があり、また安全性を高める必要もあるでしょう。このようなワークショップの初回を成功例として組織内に売り込めば、たいていうまくいき、折に触れてまたやらせてもらえるようになります。

　5 は、アジャイルへの道のりをずいぶん進んできており、アジャイルが組織の DNA の一部になっていることを示すサインです。アジャイルは何をするかだけでなく、どう生きるかでもあります。オープンスペースのワークショップはやがて組織の日常の一部となります。組織内の他の人たちも、何か複雑な問題に対処する必要があるときはいつでもオープンスペースを開催するようになるでしょう。

　結果がこれらの値の中間であれば、次のレベルに達しつつあることを示しています。

> オープンスペース形式を試せるような組織に近づけていくためには、何ができるでしょうか？

ワールドカフェ

　ワールドカフェもまた、あるテーマについて認識を高めるための強力なツールです。会話の規模を大きくして、システムの叡智を活かすのに適しています。準備は簡単で、カフェのように、テーブルを囲む小グループに分かれて座るだけです。心地よく会話できるようにしましょう。通常、各テーブルにはフリップチャートや大きめの付箋とマーカーを用意して、会話の内容をメモできるようにします。

　ワールドカフェは、ファシリテーターがその形式と目指すところを説明することから始めます。ワールドカフェは、アジャイルリーダーシップモデルの最初のステップとして「気づく」ためのすばらしいツールです。迅速な意思決定をするためのツールではありません。大人数で多様性のあるグループが現状をふりかえり、システムの声に耳を傾け、さまざまな視点への気づきを得るのに役立つものです。

　はじめに、部門を超えた多様性のあるチームを作ってもらいます。できるだけ多くの視点が得られるようにするためです。通常は3ラウンド（またはそれ以上）、それぞれ20分間あるテーマについて話します。1ラウンドごとに1つの質問を投げかけます。質問は3つのテーマを扱うのではなく、同じテーマを3つの異なる角度から見ることで、さまざまな視点からその領域を掘り下げ、システムの声に耳を傾けることができるようにします。

　ラウンドごとに、グループに残る人を1人選びます。選ばれた人は次のラウンドのはじめに、新しく来た人たちに前回の会話の要点を説明するようにします。説明を視覚化するツールとしてフリップチャートが便利です。選ばれた人以外はランダムに新しいテーブルを選んで参加します。その際、各グループに多様性があるか、また部署をまたいだグループになっているかに気を配るようにします。

　最後のラウンドが終わったあと、各グループはその成果を他のグループに発表し、次のアクションを考えていきます。

ZUZI'S JOURNEY

Agile Lean Europe network のビジョン

　私が初めてワールドカフェを経験したのは、マドリードで開催された XP2011 の中での ALE（Agile Lean Europe network[2]）のビジョンと目的のセッション

2）Agile Lean Europe（ALE）は、アジャイルとリーンについて思考し、実践する人たちがヨーロッパ全域にわたってコラボレーションするためのネットワークです（http://alenetwork.eu）。

でした（セッションのビデオが視聴可能になっています[3]）。創造的なセッション
にするために、レゴ・ストラテジックプレイ[4]を使いました。このイベントでは、
32カ国のアジャイル実践者たちが一同に会し、新しく作られたALE networkの
ビジョンがどういうものになりうるかをワールドカフェ形式で議論したのでした。
コミュニティのビジョン作りは決して一筋縄ではいきません。誰もが意見を持って
おり、誰もが正しい（ただし、部分的に）という状況です。ワールドカフェによっ
て多様性を適切に組み合わせることができ、レゴを用いることで3つの現実レベ
ルを通じ、センシェント・エッセンスとドリーミングの力を活用して最終的に合意
的現実へ戻ることができました。どのグループもビジョンを提案し、それに対する
説明も行いました。そして最終的には、ALE networkを作ることの発案者である
Jurgen Appeloが、ビジョンをまとめることができました。「Agile Lean Eu-
rope（ALE）networkは（企業ではなく）人々のオープンで発展的なネットワー
クであり、地域のコミュニティや機関ともつながりを持ちます。ALE networkは
ヨーロッパ諸国の人々を支援するためにアイデアを広め、アジャイルとリーン思考
の集合的な記憶を育みます。多様な視点を携えた心ある人々の国境を越えた交流を
後押しし、すばらしい結果を生み出します」[ALE11]。セッションを経て、多様
なあらゆる意見が1つの筋の通ったビジョン声明に集約されたのは、ほとんど魔
法のようでした。

XP2011でALE networkのために行ったレゴ・ストラテジックプレイの例
（写真はRalph Miarkaによる）

---

3) スペインのマドリードで行われたXP2011でのALE Network Europe StrategicPlay Visionのビ
　デオ：https://www.youtube.com/watch?v=Zg2PMv8lFUA.
4) ストラテジックプレイ：http://strategicplay.de.

ZUZI'S JOURNEY

プロセスへの気づき

　次の例は、ある企業で 100 人ほどの人を招いて議論のファシリテーションをしたときのことです。現状のビジネスプロセスが正式に定められたプロセスとどのように対応しているか、それからどのように変えることができるかについての議論でした。定められたプロセスを大きな紙に印刷して壁に貼り、3 ラウンドで、実際のプロセスと定められたプロセスとの違い、直面している障害、変えずに残しておきたい部分などについて考えてもらったのです。会話の中では、正式なプロセスを表す図に対して現状のプロセスをマッピングして違いを可視化し、最後に今の仕事のやり方をどう変えるべきかを話し合って、ワークショップを締めくくりました。

ワールドカフェの成果として、定められていた働き方に対して
実際のプロセスをマッピングした例

ZUZI'S JOURNEY

役割に対する期待

　3つ目の例は、あるアジャイルな組織で、スクラムマスター、プロダクトオーナー、マネージャーの役割において、お互いに異なる期待を抱いていることに気づいてもらう必要があったときのことです。3ラウンドの質問はそれぞれ次の通りでした。「スクラムマスターは、どのようにプロダクトオーナーとマネージャーを手助けできますか？」、「プロダクトオーナーは、スクラムマスターとマネージャーに対して何を期待できますか？」、「マネージャーは本来リーダーです。では、マネージャーのリーダーシップはスクラムマスターとプロダクトオーナーにどのような影響を与えますか？」その日決定したことは何もありませんでしたが、何人ものスクラムマスター、プロダクトオーナー、マネージャーたちが、自分たちの期待が一致していないことに気づいて、より深く話し合って足並みを揃える必要があるというアクションアイテムを持って部屋をあとにしました。まさにこういう場面で、ワールドカフェはよく用いられます。つまり、会話を始めて気づきを生む必要がある場面です。

　これらの例からわかるように、ワールドカフェはシステムの創造性を呼び起こすための非常に柔軟な形式です。どんな複雑な問題にも対応できますが、解決策が簡単にわかってしまうような予測可能性の高い問題では時間の無駄になるでしょう。

システム思考

▼

　システム思考のようなツールは、現代の世界において興味深い存在です。システム思考では複雑系を避けるのではなく、その醜さを丸ごと見せることによって対処できるようにするからです。その背景にある基本的な信念は、すべてのものはより大きな全体の一部であり、すべての要素の間のつながりこそが重要だ、というものです [Acaroglu16]。ゆえに、システム全体とその複雑性

を認識する必要があるのです。複雑なシステ
ムを可視化するためによく使うのは、因果
ループ図［LeSS19b］です。因果ループ図を
使えば、会話とコラボレーションのためのす
ばらしい機会が生まれます。複雑なシステム
には正解も不正解もなく、さまざまな異なる
視点があるだけです。因果ループ図は、さま
ざまな視点からものを見て、そのことについ
て会話を始めるのに向いている視覚化手法で
す。ワークショップをやるのに向いている手

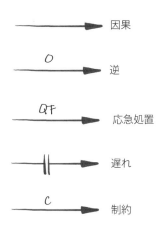

法でもありますが、できあがった結果を見るだけで自ずと理解できるようなも
のではありません。

　因果ループ図を試しに使ってみるのは簡単です。見ての通り、構文は単純で
す。単純な矢印で、ある項目が別の項目にどのように影響するかの因果関係を
示します。次が、その逆の作用を示すものです。それから、制約、応急処置と
しての反応、遅れのある反応を表すものがあります。

　先ほど述べたように、この手法は簡単に始められますが、適切に使うために
はある程度の訓練が必要です。進むべき1つの道を示すツールではなく、相互
の関連性や全体の複雑性を視覚化することで複雑なシステムを図示しながら話

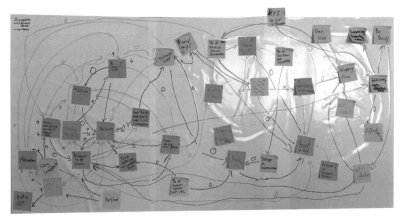

システム思考の因果ループ図の例

せるようにするためのツールであることを忘れないでください。

システム思考で相反する最適化目標を見つける

Jurgen de Smet
——Co-Learning の共同創業者

　私はこれまで、多くの大企業がよりアジャイルになれるように支援してきましたが、その中でたびたび必要になるのが組織構造とプロセスの再設計です。ある組織で LeSS Huge を導入するために、所与の組織境界と依頼の範囲内で支援を行っていたときのことです。導入を支援しているマネージャーたちが、既存のプロジェクトマネジメントオフィスとの連携に苦労していました。その問題を探っていくと、プロジェクトマネジメントオフィス（PMO）の最適化目標が、研究開発（R&D）や製品マーケティンググループで実現したいことと相反しているのではないかという疑いが生じました。この疑いを検証し、システムのさまざまな最適化目標により高いレベルの透明性を持たせるために、PMO、R&D、製品マーケティング部門の代表者を集めて、システム図を描くワークショップを開催することにしました。

　システム図を描くワークショップを私が設計してファシリテーションする際は、普通は多様性の高い小さなグループを作るのですが、このときは部門ごとのグループを作ることにしました。プロジェクトマネージャーとプログラムマネージャーのグループ、製品マーケティングの担当者とマネージャーのグループ、そしてエンジニアのグループです。各グループには、自分たちの組織の文脈で注目しているシステムの変数を定義するように伝えます。そして自分たちの変数間の関係をモデル化し、自分たちの文脈で効果的であるために重要な、自分たちだけの最適化目標をグループごとに 1 つ選んでもらいました。その最適化目標を設定したうえで、それぞれシステムの変数への影響を評価した結果、自分たちが行っていること、変えようとしていることすべての理由がかなりわかるようになりました。最後に、3 つのグループには 3 つの異なるモデルを互いにつなげてもらいました。その際、つながる部分はすべてつなげるようにしました。その結果、PMO が設定した最適化目標は、製品マーケティングや R&D が設定した最適化目標と相反している（整合性がとれていない）ことがわかったのです。システムの設計の透明性が高まったこと

によって、PMO はギアを入れ替え、他の人たちの最適化目標に適応させることに決めたのでした。その結果どうなったでしょうか？　日々の業務におけるフラストレーションや衝突が減り、変化のスピードが速くなったのです。

徹底的な透明性

透明性は、アジャイルな環境の必須要素です。一見簡単そうですが、従来の組織での実践は非常に困難です。従来型の組織は競争的な環境なので、そこにいる人たちは情報を持つ者こそが意思決定でき、ひいては権力を持つと考えて、情報をひどく出し惜しむようになってしまいます。正直に答えてみてください。今までに働いたことのある組織の中に、真の透明性がある組織はいくつありましたか？　一方、プロセスやコンプライアンスの必要性を理由に、チームや部門の壁の後ろに情報を隠す組織はいくつあったでしょうか？　透明性の欠如は、最終的にアジャイル・トランスフォーメーションの息の根を止める強力な兵器となります。コラボレーションと自己組織化がほとんど不可能になるからです。透明性の欠如は、恐怖と政治に支えられた階層構造と大の仲良しです。「もし情報を持っているのが私だけなら、誰も私の立場を脅かすことはないし、管理職の地位は安泰ですからね。昇進のために必要なのは、待つことと、大きなミスが起こらないようにすることだけですよ」。聞き覚えはありませんか？

> *徹底的な透明性は、アジャイルの実現に欠かせない要素です。*

階層的な個人の文化からチーム指向の文化へと移行するなら、情報は以前よりもずっと幅広く流れるようにする必要があります。アジャイルへの道のりを歩むと決めたら、徹底的な透明性は必須です。自己組織化によってもたらされるエンパワーメントとともに、透明性は人に活力を与え、みんなが責任とオーナーシップを引き受けるようになっていきます。そうなれば、人は他の誰かに職位を上げてもらうのを待つことはなく、命令を待つこともありません。自ら

仕事を引き受け、解決のために協力して取り組むのです。

　透明性に境界はありません。ツールも関係ありません。付箋を配って、道のりの中の障害を視覚化し、ふりかえりを行った結果や描いた感情のラインをもとにアクションを考えて透明化することから始めてもいいでしょう。広い壁さえあればできます。

　リアルタイムの可視化を実現してシステムパフォーマンスのリアルタイムデータを表示し、よりビジネス志向になることもできます。継続的デリバリーとすばやいフィードバックを活用して、どの機能が狙い通りのインパクトを生み出しているか、逆にどの機能がうまくいっておらず変更が必要なのかをすぐに確認できます。

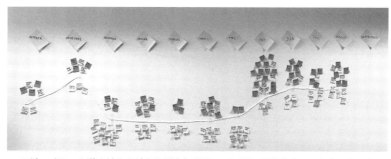

アジャイルへの道のりのふりかえりを毎月行って、壁に可視化することもできます

大人数でのリファインメントワークショップの結果

すべての重要経営指標を透明化しましょう

徹底的な透明性

Eric Engelmann

——Geonetric、Iowa Startup Accelerator、NewBoCo の創設
者でスクラムアライアンスの理事長

　Geonetric での私のチームは、徹底的な透明性を追求し、最小限の階層におい
て完全に権限を与えられた自己組織化チームを作ることを選びました。私は、小さ
な職能横断型チームが明確に定義されて焦点の定まった目標に取り組めば、驚くべ
き仕事を非常に速く成し遂げられることに気づいていました。ですからそれを中心
に、文化やさらには会社全体を構築することにしたのです。

　財務データ、業務データ、顧客データなど、考えうる限りの透明性を確保し、各
チームにはそれらのデータに応じて仕事の優先順位を決めるよう求めました。私
は、ほとんどの変化は「業務」、つまり具体的な仕事の進め方についてのものにな
るだろうと考えていました。しかし、透明性はやがてすべてのチームに浸透してい
き、会社の中核をなす文化になったのです。製品のマーケティングや販売の仕方を
変える必要がありました。人材を惹きつけて会社にとどまってもらうためのアプ
ローチを作り変える必要もありました。会計システムの刷新も必要でした。これら
すべてが組み合わさることで、会社の戦略も、市場でのポジションも変わっていっ
たのです。

　こうしてアジャイルでうまくいくことがわかり始めたときから、会社としてア
ジャイルを完全に受け入れるに至るまで、私たちはこの別世界がどこまで広がって
いるのか、想像しきれたことがありません。どんなに変化が激しく感じられるとき
でも、常に学ぶべきこと、探求すべきことがありました。そして、今もなお発見は
尽きません。

　最近は、テクノロジーによって新しい角度から透明性に取り組むことができま
す。さまざまなオンライン投票やサーベイのツール[5]は、システムレベルでの新し
い視点への気づきを高めるのに役立ちます。文化のように複雑で説明しにくいテー
マに対しても有効です。参加者がどこにいても、リアルタイムで結果を見ることが
できます。速くて使いやすく、透明性のあるツールです。しかし、このようなツー

5）私は mentimeter.com や pollev.com を使っていますが、似たようなツールは多数あります。

ルはあくまでデータを集めるためのものであり、問題そのものを解決するわけでは
ないことに注意してください。

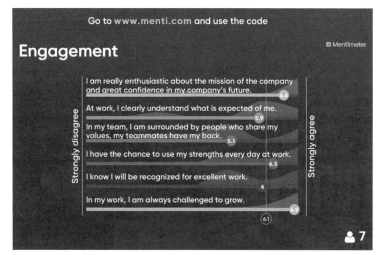

オンラインツールの Mentimeter を使用したエンゲージメント調査結果の例[6]

　徹底的な透明性とは、すべてを見せることです。あなたのビジネスに関する
情報を世界と共有することも含みます。組織によっては、やっていることをす
べてブログに書いているところもあります。その一例が、Dodo Pizza[7]です。
この会社の財務状況をオンラインで見ることも、スプリントレビューについて
読むことも、会社の歩みを追うこともできます。Dodo Pizza は、競合他社が
秘密情報を盗むことを恐れていません。徹底的な透明性と、それに伴うあらゆ
ることを受け入れているのです。他によく知られている例が、Buffer[8]です。
Buffer は透明性を次のレベルへと進めて、収益、給与、価格、製品ロードマッ
プ、電子メール、社員の移動手段、リモートチームとしての働き方などのすべ
てを共有しています。過激だと感じるかもしれませんね。徹底的な透明性に

よって、Buffer はより速く学ぶことができます。Buffer 社の人事部長である
Courtney Seiter いわく、「ものごとを社内にとどめておいた場合よりも、はる
かに速く学ぶことができています。群衆の叡智といえる情報を集めることがで
きるのです」。徹底的な透明性は Buffer のコアバリューの一つにすぎませんが
[Seiter15]、人を大切にする文化と合わさることで、透明性が最大の違いを生
んでいると言えるでしょう。「私たち全員が情報を共有している限り、メール
のやり取りの中で起こっていること、プロジェクトで起こっていること、
Slack で起こっていることから全員が完全に文脈を把握できます。そうしてい
なければ見逃していたかもしれない、ものごとのつながりに気づくことができ
るのです」[Cherry18]。Slack は設計上、透明性の高いコミュニケーション
ツールではあります。しかし想像してみてください。もし全員が全員のメール
を読むことができて、すべての人がすべてを見ることができたとしたら。社内
政治や、人を操ろうとする試みは最小限になるでしょう。Ray Dalio もまた徹底
的な透明性を推進する人物の一人ですが、彼はこう言っています。「私が望
む最も重要なものは、有意義な仕事と有意義な人間関係です。そしてそれらを
得るためには、徹底的な真実と徹底的な透明性が必要だと信じています。成功
するためには、自分で考える人が必要です。全体の総意に反していても自分の
意見を言えるような人です。自分の正直な考えを俎上に載せるのです」[Ham-
mett18]。

　人間関係と同じく、徹底的な透明性にも時間がかかります。結局、時間がか
かることが唯一の難点です。あらゆる文化の変化と同様に、透明性を自分の行
動に刻み込むのは難しいことです。Courtney Seiter が言うように、「時間を
しっかりと確保して、透明性を優先し、透明性について伝え続けなければなり
ません」[Seiter15]。また、率直でオープンに会話することをいとわず、建設
的な批判や同僚との意見の違いを表明する勇気を持つことも必要です。

　ツアーを実施して、そこで働くことがどのようなものかを体験してもらって
いる組織もあります。最も有名な例は Zappos[9]です。Zappos はネバダ州ラスベ
ガスにある自社ビルのツアーを実施して、その文化を世界に発信しています。

9）Zappos Insights：https://www.zapposinsights.com/tours.

先日、ミシガン州アナーバーにある Menlo Innovations[10] のオフィスを訪れて 2 日間を過ごしました。透明性の高さが際立っていました。壁一面にバックログやストーリーマップが貼り出され、大規模な組織全体のデイリースタンドアップでは、全員が何をしたか、何をしようとしているかを共有します。ただ、私が特に気に入ったのは、全社員とその職位を記した壁です。自分がどの

Menlo Innovations の協働空間

Menlo Innovations のオフィス（左）と、透明化されたレベル（右）［口絵 6 参照］

---

10) Menlo Innovations：https://menloinnovations.com/tours-and-workshops/factory-tours.

職位にあたるのか、そして同僚の中で自分の成長を指導してくれそうなのは誰なのか、誰もが明確に把握できるのです。すべてが透明化されてつながっているこの場所では、前ページの写真のようなレベルボードを誰もが見ることができ、これに従って給与も決まります。各列は成熟度レベルを示し、ボックスが学習の道のりにおける経験のステップを表しています。

Menlo Innovations における
成長機会を触発するための透明性のある給与体系

Josh Sartwell、Matt Scholand
——Menlo Innovations

　金曜日の夕方、Tim は上着を取りに行く途中でレベルボードに立ち寄りました。この 1 週間 Sam と一緒に仕事をしてきたけど、そういえば彼女はどのレベルなんだろう。Tim は、コンサルタントの列に Sam のイニシャルがないか探しましたが、見つかりませんでした。そしてアソシエイトのレベルを見てみると、レベル 3 のところに Sam がいたのです。コンサルタントよりも下でした。驚いた Tim は、この 1 週間の仕事を振り返ってみました。その中で際立っていたのは、困難で費用のかかるプロジェクトの意思決定に際して、クライアントの相談に乗る Sam の卓越したスキルでした。その場に Sam がいてくれたことに Tim はとても感謝したのでした。

　レベルボードを見ているとプロジェクトマネージャーの Kelly がやってきて、何を考え込んでいるのかと聞いてきました。そこで Tim は、この 1 週間の Sam の様子を見るに、そろそろコンサルタントに昇格させる時期ではないかと提案したのです。Kelly はためらいながらも、「Sam の新技術への取り組み方についてはどう思いますか」と聞きました。Tim は少し考えてみましたが、自分にはわからないと気づきました。Kelly は、Sam がいろいろな面でコンサルタントレベルのスキルを発揮していることを認めつつ、プロジェクトマネージャーたちは彼女を不慣れな技術を扱うプロジェクトに参加させるのに気が進まない、という点に触れました。それは、Sam が、進捗を出す能力や新しいことをすばやく習得する能力をまだ示せていないことが理由でした。そのため、Kelly や他のプロジェクトマネージャーは、Sam はコンサルタントのレベルには達していないと考えていたのです。

　翌週、Sam は Tim と Kelly から短いフィードバックセッションを受けることになりました。Tim は、Sam の仕事ぶりと、ペアを組んだ 1 週間に彼女がもたらした価値について、感謝を伝えました。この価値を認めるために彼女を昇進させたいが、不慣れな技術で仕事をするスキルが身についていないことが足かせになっていることも伝えました。Sam は言われたことを理解し、慣れない技術に不安を感じるのはチームを失望させるのが怖いからだと説明しました。そこで 3 人はこの問題について話し合い、プロジェクトマネージャーたちに、Carl という不慣れな技術に取り組むのが得意な開発者を Sam とペアにすることを進言しました。そのペアで新しい技術を扱う別のプロジェクトに参加してもらい、Carl がメンターになって Sam のスキルを高められるようにしようというわけです。

　成長の機会が年に一度しか議論されず、社員が一緒に働いていない人から評価されるような組織では、Sam はプロとして成長するために必要なフィードバックや支援をすぐには受けられなかったかもしれません。透明性のあるレベルや給与体系がなければ、Sam のチームは彼女の成長の可能性を実現する機会を得られなかったでしょう。Menlo の役職とレベルボードが提供する透明性は、社員とビジネスが成功するために必要な会話のきっかけとなるものです。

実験、検査、適応

　徹底的な透明性への道のりの次のステップは、実験を行うことです。どのレベルにおいても、透明性を保ち、初期段階で実験をオープンに共有し、フィードバックにもとづいて適応できるようになる必要があります。製品開発にもあてはまりますが、このプロセスは組織全体にあてはまります。難点は、コラボレーションの方法を学んでみんながビジョンについて同じ理解を持っていると確認できるまでは、非常に非効率的になってしまうことです。非常にもどかしいものです。「自分たちのやり方でさえやれれば」、「あの人たちはわかっていないんですよ」、「やるべきことはわかっているんだから、フィー

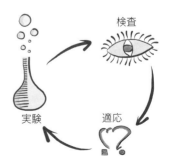

ドバックを求める必要はないでしょう」といった声をよく耳にするようになります。しかし、もし十分に強い意志を持って、近道となる今まで通りの解決策から距離をとれば、ほどなく高いコラボレーション、よりよい理解、調和という結果が得られるでしょう。これらが合わさることで、高いパフォーマンスを発揮できる環境が生まれます。

　定期的にふりかえりを行い、透明性の高いアクションのステップを示しましょう。バックログは社内外に共有します。隠すべき情報は、仮にあったとしても、ほとんどありません。もしそのような情報を見つけたと思ったら、「5つのなぜ」[11] の手法を用いて再確認したうえで、将来的に透明化するためにやるべきことの計画を必ず立てましょう。

ZUZI'S JOURNEY

　業績評価のやり方を変えることを決めたとき、うまくいくかどうかはわかりませんでしたし、バックアッププランもありませんでした。私は、透明性、相互フィードバック、コーチングにもとづいた、できるだけシンプルで軽いプロセスを作りたいと思っていました。評価するのをやめて、人が成長し、組織の中で自分の役割を見つける手助けをしたかったのです。まずは、四半期ごとに自己評価とコーチングセッションを実施することから始めました。社員の夢や希望に耳を傾けるようにしたところ、全員からよいフィードバックを得ることができましたが、すぐにこれはやりすぎだと気づきました。そこで、四半期ごとに相互フィードバックを行うことにし、また年に 1 回、あるいは必要に応じて、成長についてのコーチングの場を持つようにしました。

　みんながこのプロセスを経験し、システムへの信頼が築かれていくと、自分の価値や成長について話したいときにはそれぞれがお互いに話しかけるようになりました。また、四半期ごとの相互フィードバックがすべての状況に適しているわけではないことに気づき、やがて頻度を上げたチームもありましたし、各チームが必要に

---

11)「5 つのなぜ」とは根本原因分析の手法の一つで、問題をより深く理解するために「なぜ」を 5
　　回問うというものです。

応じて独自のプロセスを設計できるようにもしました。コーチングの場についても不定期としました。ただし、少なくとも年に一度は、どこへ行きたいのか、何を学びたいのか、それから組織での自分の役割をどう考えているのかについて、必ず話をするようにしました。フィードバックをもとにプロセス全体が大きく変わりました。アイデアによっては現実的でないものもあれば（すべての技術領域を余すことなく評価するなど）、当時としては過激すぎるものもありました（相互フィードバックを完全に透明化するなど）。私たちは固定されたプロセスを求めていたわけではありません。一歩一歩、透明化への試みを繰り返し、フィードバックから学び、適応し、実験を試みました。システム全体を適応させるという考え方への信頼がチームの中に築かれたことで、チームは変化を受け入れやすくなりました。たとえ何かがうまくいかなかったとしても、そのやり方は変えられることが明らかだったからです。すべては単なる実験であり、フィードバックループを通じて適応させることができるのです。

インクルーシブになる

徹底的な透明性への道のりに必要な最後のステップは、インクルーシブになることです。例えば、クローズドな会議はあってはなりません。公に見えるように、参加自由にして、関心があって何か言いたいことがある人は参加できるようにします。人数が多い場合、ファシリテーターは発散と収束のファシリテーション技術を使うことができますが、効率化のために何らかの制限をかけるべきではありません。

　　足並みを揃えずに速くなるのではなく、さらに速くなるために足並みを揃えることが重要なのです。

ZUZI'S JOURNEY

　私たちが文化を移行させていくにあたって重要だった要素の一つは、より革新的で創造的になることでした。これがそれほど簡単でなかったのは、ほとんどの社員は厳密な要件に従って仕事をすることに慣れていたからです。私たちの仕事の領域は命に関わるミッションクリティカルなシステムだったため、ビジネスに創造性や革新性を発揮する余地はないと考えられていました。ソーシャルネットワークやモノのインターネット、自律システムの可能性を探る創造的なワークショップに参加するよう求めても、みんなにはまるで別の星の言葉のように響いていました。

　新しいビジネスの柱を作るには、組織の他の部分から隔離された小さなパイロットチームとして活動するのが従来のやり方です。私たちは違うやり方をすることにしました。システムの力を使って、全体をインクルーシブな任意参加の取り組みにすることにしたのです。参加者は変化していきました。最初は多くの人が懐疑的でしたが、あるとき興味深い変化が起こります。このような取り組みに参加するとは思ってもみなかったさまざまな人が新しいアイデアを出し始め、いくつかのチームが空き時間に新しいプロトタイプを試すようになったのです。そうして取り組み全体に新しいエネルギーが注ぎ込まれた結果、最初は懐疑的だった人たちがチームに戻ってくることにもなったのでした。約 1 年後には、出たアイデアのうちの一つが新規顧客に売れました。新しい技術を使い、新しいビジネスセグメントに向き合い、研究者との協働によって人工知能の経験を活かしたのです。この経験から、任意参加にもとづくインクルーシブなアプローチは多くの場面で有効だと学びました。システムの自己組織化に任せて、何が問題解決に最適なのかはチームに考えてもらいましょう。解決策がすでにわかっている場合は最も効率的なやり方とは言えませんが、VUCA の課題を解決するには信じられないほど効果的です。

勇気を持つ

▼

　徹底的な透明性を実現するのは難しいことです。まずは本当のことを言う勇気を持ち、厳しいフィードバックを聞くことを恐れず、みんながあなたを助けてくれると信頼し、進んで他の人を助ける必要があります。なぜなら、結局は実現すべき同じビジョンと同じ存在目的を共有しているのですから。簡単では

ありませんが、有望な投資です。見返りが得られるのは、高い適応性を備えた（アジャイルな）、ハイパフォーマンスな組織ができあがったときです。この複雑な世界の課題を解決していける組織ができるのです。

Exercise

　次のリストの中から、あなたの組織に最も近いと思われる項目を選んでください。

私たちの組織では…
・みんながすべてを知る必要なんてない。情報の流れは純粋に階層的だ。
・チームレベルで透明性を確保している。
・組織内では完全な透明性を保っている。
・顧客やパートナーのネットワーク内であれば、情報を自由に共有してよい。
・他の組織や世界に対してもオープンであり、徹底的な透明性が私たちの最大の競争優位である。

　リストの一番上は透明性が非常に低い環境で、下に行くにつれて組織内で高い透明性のある領域が広くなっていき、ついには組織外にまで至ります。

透明性を高めるために、あなたの組織では何ができるでしょうか？

許可を求めるよりも謝罪する方がいい

Jurgen de Smet
――Co-Learning の共同創業者

　私のところには、どうすれば自社の経営陣の支持が得られるかという相談が多く

寄せられます。私が思いつく最善の方法は、原則にのっとって取り組むことであり、許可を求めることではありません。うまくやれば、ひとりでに経営陣の支持が得られ、ものごとを前に進められるようになります。私が地元の仲間たちと飲んでいたときにこの話題が出たのですが、そのうちの一人が私を挑発して言うのです。「俺の組織に来てくれれば、お前の言っていることがBS（ベーシックスクラムではない[12]）だってわかるよ」。彼は予算を手配してくれ、私は彼と彼のチームメンバーと一緒に仕事をすることになりました。この時点では、真の変化はほとんど求められておらず、多くの人は依頼されたことしかしてはいけないと感じていました。私が最初に行ったことの一つは、6つのチームにまたがるスプリントプランニングとスプリントレビューのセッションを同期させて、関係者全員を同じ部屋に集めて一緒にファシリテーションしたことです。そう、各チームにはそれぞれプロダクトオーナー（まぁ、チームのアウトプットオーナーです）とプロダクトバックログ（まぁ、チームのバックログです）がありました。それぞれのチームはお互いのバックログを意識していませんでしたが、私はそんなことは気にしないことにしました。彼らが同じ製品に取り組んでいると見なし、スプリントプランニングとスプリントレビューのセッションを一緒に行うことで、チームメンバーは実際に同じ製品に取り組んでいることに気づき始めました（私は透明性を高め、チームはそれを検査して適応していったのです）。スプリント3か4のとき、6つのチームみんなで「なぜ1つのチームではないのか？」というテーマでスプリントレトロスペクティブ（ふりかえり）を行いました。彼らは、研究開発部長（チームに仕事を依頼している人）に対して、チームの構造を変えるのはどうかと話を持ちかけました。あたかも1つのチームであるかのように、1人のプロダクトオーナーと1つのプロダクトバックログにもとづいて仕事をするというのです。これと並行して、私はプロダクトマネジメントの責任者と連絡をとり、彼が抱えている問題を探って、チーム全体でアウトカムにもとづく1つのプロダクトバックログを持つことの利点を理解してもらえるよう努めました。こうして研究開発部長は、プロダクトマネジメント責任者から、チームが求めているのと同じようなやり方でチームの構造を再設計するように依頼されたのでした。自分のチームとビジネスサイドから同時に同じ要求が来ているときに対応を拒む管理職はいません。今となっては、私の地元の仲間は私の話をBSと呼ぶのをやめ、彼自身のストーリーを語るようになっています。

---

12) 訳注：BSとは "bullshit"、すなわち「たわごと」のこと。

　大切なのは、原則にのっとって取り組む勇気を持ち、組織内の透明性を高めて気づきを生むことです。それ以外はあとからついてきます！　許可を求めるのはやめましょう。謝罪する方がよいのです。

信頼を育む

　信頼は、チームがうまく機能するための必須条件です [Lencioni11]。信頼が足りなくなるのは、みんながお互いに弱みを見せるのを嫌がるときです。人は、助けを求めることを恐れ、お互いに間違いを隠し、建設的なフィードバックをすることを嫌がることがよくあります。とても残念な話です。お互いを信頼していない人たちは、コラボレーションすることも、アジャイルになることもありえないからです。

　人は普通、予測可能性という観点から信頼を捉えます。ある人がある行動をとるだろうと予測できるとき、その人がまた同じようにいい仕事をしてくれると信頼するのです。しかし、それは完全な信頼への第一歩にすぎません。Patrick Lencioni が著書 *The Five Dysfunctions of a Team*（伊豆原弓 訳『あなたのチームは、機能してますか？』（翔泳社、2003））で述べているように、弱みを見せることで築かれる信頼は、より深い確信をもたらします。「チーム作りの文脈での信頼とは、チームメンバーがお互いに仲間の意図は善意だと確信でき、そのグループにおいて防御したり警戒したりする必要がないと信じられることです。要するに、チームメイトはお互いに無防備でいることに慣れなければならないのです」[Lencioni11]。

　弱みを見せることで築かれる信頼は、ハイパフォーマンスなチームの必須条件です。高いレベルの信頼がある環境であれば、苦労せずにアジャイルを受け入れることができます。では、どのようにして信頼を築けばよいのかについていくつかのやり方を見てみましょう。

チームビルディング

　チームビルディングは、最も強力な信頼構築の方法です。人は、プライベートな時間を一緒に過ごし、仕事のことだけでなく人生や趣味、アイデア、情熱について語り合うことで、親密な人間関係を結ぶことができます。仕事のあとにビールを飲みに行く、ボウリングに行く、一緒に "Escape the Room"[13)14)] に挑戦する、一緒に旅行に行って探検するなど、色々なことができますね。あるいは単にチームでランチをしたり、コーヒーを飲みながら仕事以外の話をしたりといったことでもよいのです。「別に隠しているわけじゃないんだけど、あまり周りの人に知られていないことを教えて」というゲームをするチームもあります。やってみれば、何年も一緒に働いている人でさえ初めて知る面白い話がたくさんあることに驚くでしょう。

ZUZI'S JOURNEY

　しばらく前に、非常に機能不全のチームと働くことになったときのことです。チームのメンバーはやる気を失い、不満を抱えていました。非難と侮辱が蔓延していて、本当に空気中に充満しているように感じられるほどでした。しかし、彼らは現実を見ようとせず、自分たちはうまくいっていると思い込んでいる段階でした。私は短いワークショップを行って、チームを助けるために何ができるか見てみることにしました。短いふりかえりを行ったのですが、Patrick Lencioni の「チームの５つの機能不全」の概念を使ってチームの現状をふりかえり、実はとても不健全な状態だと気づくことができたのです。チームにとっては目からウロコでした。私が、チームの問題は他の誰も解決してくれないこと、自分たちの環境や人間関係に責任を持つ必要があることを伝えると、チームは少しだけためらったのち、アイデアを出し始めました。会話がとてもオープンになったのみならず、驚くほどとても建設的にもなりました。私たちは、信頼を築くこと、ポジティブさがもたらす影響、そして人間関係を強化する必要性について話しました。

　翌日のことです。チームの中で最も不満を持っていた人がやってきて、チームビ

---

13) Escape the Room ゲーム：https://escapetheroom.com.
14) 訳注：いわゆる脱出ゲームのこと。

ルディングをやってみたいと申し出ました。すでに何人かの同僚と話していて、参加してもらうことになっていました。そして私にも参加を依頼してきたのです。彼の考えは、まず「感謝の輪」を行って、ポジティブさを高めることから始めるというものでした。そうして迎えた金曜日、私たちは近所のパブに行き、ビールを飲む前に「感謝の輪」を行いました。みんながボウルの中から名前を引き、それぞれ引いた名前の人に感謝を伝えます。もし自分の名前が出たら取り替えます。シンプルで簡単です。やってみたところ、とてもうまくいきました。ビールを飲みに行ってお互いのことを話すというとてもシンプルなイベントが、こんなにもいい影響を生み出すとは驚きでした。その後も何度かふりかえりを行ったことで、彼らはすぐに協働的なチームとしてうまく機能するようになりました。

パーソナルマップ

お互いをよく知るためのもう一つの方法として、パーソナルマップを描くというのも面白いです［Mgmt19］。自分の名前を中心に据え、教育、仕事、趣味、家族、友人など、自分に関わることのカテゴリーを加えていきながら自分のマインドマップを描くのです。絵を加えるともっと楽しくなります。自分について考えれば考えるほど、自分が下してきた決断や自分という人間をかたち

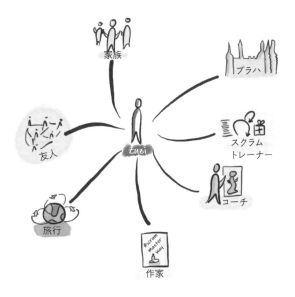

作ったできごとについての認識が高まり、他の人にもわかってもらえるように
なります。リーダーは、感情的・社会的知性を高めてこそ、自分のグループを
1つの統合された全体として見て、信頼できるようになります［CRR13］。ゆ
えにパーソナルマップはすばらしい出発点となるのです。

あなたはどのように人生を歩んでいますか？

Michael K Sahota

――認定エンタープライズコーチ（CEC）で認定アジャイルリーダーシッ
プ（CAL）の教育者

効果的なアジャイルリーダーになるには、健全な人間関係を持つことが重要で
す。力のあるリーダーは、他者との関係の質と、その関係の中で自分がどう見えて
いるかを知ろうとします。

私のリーダーシップに重要な変化をもたらしたのは、人生で困難な時期を迎えて
いたときでした。Brené Brown の著書 *I Thought It Was Me*[15] を読んでいて、
ある一文が私の心を強く捉えたのです。

人に優しくできるのは、自分に優しくしている分だけです。

私の人生への警鐘でした。私は自分の「内なる批評家」と、完璧主義的な性格か
らくる頭の中での自己批判を強く意識するようになりました。この言葉を読んで
思ったのは、「子どもたちに優しくできているかな？　他の人たちにはどうだろ
う？」ということでした。その瞬間、私は自分自身と他の人たちに優しくしようと
心に決めたのです。でも、どうすればできるでしょうか？　そこで、私は頭の中で
シミュレーションゲームを作りました。題して「自分に優しくクエスト」[16]です。
それから2年間で、私は自分に優しくすることの探求（クエスト）で「レベルアッ
プ」していきました。この探求に役立ちそうなことであれば、何でも次々と実験し
てみました。やがて「不思議とうまくいくこと」を見つけます。はじまりは瞑想と

---

15) *I Thought It Was Just Me（But It Isn't）: Making the Journey from "What Will People
Think?" to "I Am Enough"*, Brené Brown（New York: Brilliance Audio, 2014）

16) Jane McGonigal による SuperBetter のストーリーに触発されています。詳しくは https://www.
superbetter.com/about を参照してください。

体験型ワークショップでした。それから深い自己成長を求めてインドへ行き、そこで出会った心をクリアにする強烈な心理的プロセスが、私の意識に恒久的な変化をもたらすことになります。これが、心を静め、人生のストレスの中で平和と静寂を見いだすための私の道となりました。私にとって、自己と他者とのつながりが開かれたのです。

　自分のキャリアを振り返ってみると、人を触発し、影響を及ぼすという現在の私の能力を作り上げるうえで、この2年間がいかに重要だったかがわかります。

　自己発見の道は、自分で見つけることが大切です。

　まずは、「どれくらい自分に優しくしているかな？」と考えてみましょう。そして、自分だけでなくすべての人間関係をも自由にする、強力な内なる変化を生み出すために、自分自身の「クエスト」に旅立ってみてはどうでしょうか。

　自分の人生の旅を絵に描くとよいでしょう。下の図のように重要なできごとを視覚化して、旅の絵としてスケッチするのです。そのうちポジティブに感じられるいくつかは、笑顔のイラストの近くに描きましょう。一方、あまりポジ

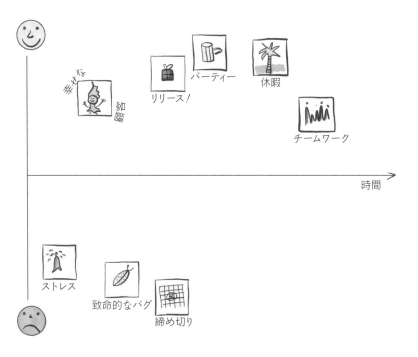

ティブに感じられないできごとはしかめっ面のイラストの近くに描くことになります。どちらであっても、視覚化することで他の人と共有しやすくなり、描くことでより楽しくなります。全体としてポジティブさが増すわけで、ポジティブな環境では人はよりオープンになるものです。

アセスメント

　信頼を築くためのより構造的なアプローチに時間を使いたければ、Table Group のアセスメント[17]を受けるのもよいでしょう。このアセスメントでは、チームワークの機能不全[18]モデル［Lencioni11］にもとづいてチームの健全性を非常にシンプルな図で示し、また改善のための推奨ステップを示します。「信頼の欠如」については、Table Group が推奨する追加のステップがあります。性格診断（MBTI[19]、DiSC[20]など）を用いて、チームのメンバーがお互いの好みの違い、パターンの違い、態度の違いを理解できるようにすることで

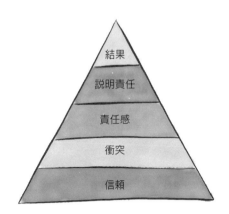

---

17) The Table Group は、「チームの5つの機能不全」［Lencioni11］にもとづくチームアセスメントを提供しています（https://www.tablegroup.com）。
18) チームの5つの機能不全とは、信頼の欠如、衝突への恐怖、責任感の不足、説明責任の回避、結果への無関心です。
19) MBTI とは Myers-Briggs Type Indicator のことで、性格タイプ診断の一つです（https://www.myersbriggs.org）。
20) DiSC（Dominance、influence、Steadiness、Conscientiousness）とは、性格診断テストの一つです（https://www.onlinediscprofile.com）。

す。人の性格を理解すれば、チームのメンバーが人のことを決めつけるのを避けられるようになり、チームの多様なアプローチと視点を活用できるようになります。また、2つ目のチームの機能不全である「衝突への恐怖」は表面的な調和を生み出すものですが、その根底には信頼の欠如があることが非常に多いです。このレベルに対処するためには、別の性格診断であるTKI[21]を用いて、チームがどのように衝突に対応しているのかを理解するとよいでしょう。また、チームで合意形成して、衝突は良いものでも悪いものでもなく、単なるシステムの声である（第5章参照）と認識することです。衝突への対処の仕方を理解することと、衝突は単なるシステムの声であると認識すること。この2つができれば、信頼を育むことができます。

チームワーク

　従来のマネージャーがアジャイルリーダーを目指すにあたって最も一筋縄でいかない移行となるのは、個人ではなくチームとの付き合い方を学ぶことです。リーダーシップの能力の中でも、重要なのはコラボレーションです。結局のところ、アジャイル組織では構造がフラットなので、誰もが何らかのチームのメンバーであり、またほとんどの人は何らかのコミュニティのメンバーでもあります。こうなると、ものごとは容易になります。誰もが自己組織化したチームや創発的リーダーシップの経験を持った状態になるからです。

　まだそこまで至っていない場合は、新しい取り組みをコミュニティやバーチャルチームで始めるようにして、みんなが創発的リーダーシップを体験できるようにすることが最初の一歩としてよいでしょう。また、各部署とそれぞれの管理職という非常に従来型の組織構造においても、管理職たちをチームと見なすことができま

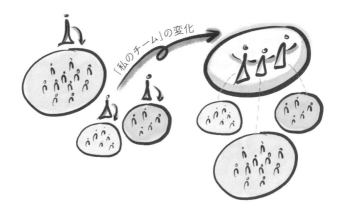

す。すべての管理職はその人が率いるチームと管理職たちのチームという2つのチームに所属するものと考えることで、組織レベルでアジャイルになる最初の一歩を踏み出せることも多いのです。多くの管理職は、自分が担当しているチームの方が身近で重要だと感じています。しかしその逆に、部下よりも同じ管理職との関係の方をより身近に感じる必要があるのです。権力や影響力を競い合うことをやめ、共通の目標を達成するために協力し合う必要があるということです。そうして初めて、管理職たちは一歩下がって、意思決定者ではなくコーチやファシリテーターになり、アジャイルリーダーに近づくことができます。すべてのチームは、組織の目的に由来する1つの目標を持つ必要があります。チームスピリットなくして、アジャイルはありえません。すべてのアジャイルへの道のりは、戦略目標を定め、その目標へと向かうチームを作っていくことから始めるべきです。

ZUZI'S JOURNEY

　従来の構造からチーム指向の構造への変化で、私が見てきた中で一番興味深かったのは、開発チームのレベルではなく経営チームでの変化でした。もともとその経営チームは今よりも大きく、バラバラの個人の集まりで、権力や部下の人数、よりよい座席を求めて争い、ことあるごとに互いを非難し、共通の目標よりも局所的な最適化を重視していました。例えば、IT部門の責任者は新入社員が働き始める前

にコンピュータを発注することを拒んでいましたし、テスト部門の責任者は部下を常に進行中のプロジェクトで忙しくさせていたので、テスト部門のメンバーはクロスファンクショナルチームに協力できていませんでした。運用部門の責任者は自分のアシスタントのためにプロセスを最適化しようとしていました。そのせいで他の社員たちが何百時間も余計に費やしていたのにです。組織の中に現状を打破するような創造的なアイデアを持っている人がいても、それを実現することはほとんど不可能でした。

　フラットでアジャイルな組織に再編してからは、経営チームに所属する役員は4人に絞り、信頼とオープンなコミュニケーションに自己投資して、優れたチームスピリットを生み出しました。驚くほど速く、創造的で革新的なアイデアに反応し、実験を行い、さまざまなアイデアを試し、お互いを支え合うことができるようになりました。このやり方は楽しかったし、元気が出ました。そして何より、実際にうまくいってビジネスの成果につながったのです。

コミュニティを築く

▼

　アジャイル組織は**自己組織化**によって成り立ちます。チーム構造によって組織図の重要性は低下し、従来の世界では中央集権的に行われていた多くの取り組みを、コミュニティが引き受けて推進します。コミュニティは自由でみんなを受け入れる有志の組織体で、達成すべき共通目標を持ちます。目標を達成したら、コミュニティは解散することもできますし、別の目標に向かって活動を続けることもできます。

　組織には、さまざまな実践コミュニティ[22]があるのが一般的です。例えばアジャイルコミュニティ、よりよい開発手法を追求するコミュニティ、品質向上を目指すコミュニティなどが考えられます。あるいは、優れた設計を追求するコミュニティ、アーキテクチャ改善を目指すコミュニティ、特定の顧客セグメントのためのコミュニティなどもあるでしょう。誰でもコミュニティを立ち上

---

22) 実践コミュニティとは、共通の関心を持つ専門家の集まりのことです。関心の対象としては、問題の解決、技術の向上、お互いの経験から学ぶことなどがあります。

げることができます。すべてが透明化されていれば、立ち上げたコミュニティは組織の他の人たちが吟味してくれます。そして、もしそこに誰も参加しなければ、その問題は他の人たちが時間を費やして取り組むほど興味深いものではないと察せられます。もし興味を持つ人たちが出てきて、定期的に集まれる時間を作ってその課題に取り組むなら、それは組織にとって重要なことなのだとわかります。

　最近では、Slack やソーシャルメディアを利用することで、オンラインでもコミュニティが活動できるようになりました。特に、組織の枠を超えたコミュニティを作る場合には有用です。アジャイル組織は、コミュニティの熱意とエネルギーで成り立っています。アジャイル組織のコミュニティは、仕事のやり方を他の人たちと共有し、より広いネットワークで外部の人たちともコラボレーションします。場合によっては、ビジネスのほとんどを有志の活動を通じて行うことさえあります。従来の「従業員」に依存する必要がなくなるのです。現代の組織は、同じ目的に向かって足並みを揃え、支え合うチームのネットワークを構築しています。従業員からなる従来の組織は、仕事のしかたの一つにすぎません。コミュニティで仕事をすることは、共通のビジョンを実現するためのより強力なやり方にもなりうるのです。

リーダーは助けを求める

Evan Leybourn
——ビジネスアジリティ研究所の創設者

　コミュニティや研究組織をつくろうと思ったことはありませんでした。キャリアパスとして考えたことも、そのためのトレーニングを受けたこともありません。しかしいざ機会が目の前に現れると、それ以外の決断はできませんでした。そこでまず自問したのは、「この役割でリーダーになるために必要なのはなんだろう？」ということでした。

　私のこの質問には誰も答えてくれませんでした。そして、あなたのためにこの質問に答えてくれる人も誰もいません。アドバイスならいくらでもあり、お手本となる人もたくさんいるでしょうが、今の自分となるべき自分との間の差は自分固有の

ものです。私は自分自身の弱点に向き合う必要がありました。スキルは限られており、認知バイアスもあって、ビジネスアジリティ研究所の成長を待たずして崩壊させてしまう恐れがあったのです。私の場合、自分のエゴやうぬぼれを捨てて助けを求めました。多くの助けを求めたのです。

　私は、必要なのは単なるスタッフだけではないということに気づきます。思想的リーダー、専門家、それから実践者が必要なのです。私と同じように、エゴを捨てて自分の見識や経験を共有できる人たちです。お金や自己顕示欲のためではなく、共通のビジョンに貢献するためにそうしてくれる人が必要でした。

　まずやったのは、これが一番難しかったかもしれませんが、ビジョンを伝えることでした。どのような組織においても根本的に重要なことです。なぜここにいるのか。どうすれば未来をよりよくできるのか。そして、他の人たちにとってどのような意味があるのか。多くの組織が悩むのは、この最後の質問です。内向きに考えすぎて、誰もが同じ目線で世界を見ていると思い込んでしまうのです。私たちは、なぜ私たちのビジョンが重要なのか、自分たちだけでなく他の人たちにも明確に示す必要がありました。

　しかし、行動を伴わないビジョンに価値はありません。仲間が必要でした。そしてこれは、私個人にとって最大の教訓となりました。人は、それが取引でない限り、手助けをしたいと思うものです。人はもともと好奇心旺盛で、分かち合い、与え合うものなのです。しかし私たちに必要だったのは、そのような人たちが簡単に参加できるようにすることでした。参加してくれるかもしれない人たちとの間にある一つひとつのステップが壁になります。だから、すべてを可能な限り明確にしたのです。地域コミュニティを簡単に立ち上げられるようにしました。図書館は誰にでも開放しました。それから研究への明確なアプローチを設計して、かかる時間や労力をボランティアの人たちに納得してもらえるようにしました。

　そうして、組織は私の想像をはるかに超える成功を収めました。現在では、150人以上のボランティアがいます。彼らは地域のビジネスアジリティ・ミートアップを運営し、グローバルな会議を開催し、ケーススタディや参考書を執筆し、ビジネスアジリティ図書館を管理し、ビジネスの将来に関する最先端の研究を行っています。

さらに知りたい人のために

◆ *The Five Dysfunctions of a Team: A Leadership Fable,* Patrick Lencionis（Luzern, Switzerland: GetAbstract, 2017）.（伊豆原弓 訳『あなたのチームは、機能していますか？』（翔泳社、2003））

◆ *The OpenSpace Agility Handbook: The User's Guide*, Daniel Mezick, Mark Sheffield, Deborah Pontes, Harold Shinsato, Louise Kold-Taylor（New Technology Solutions, 2015）

まとめ

☑信頼は、チームがうまく機能するための必須条件です。

☑徹底的な透明性は、アジャイルの実現に欠かせない要素です。

☑アジャイル組織は、コミュニティの熱意とエネルギーで成り立っています。

☑現代の組織は、同じ目的に向かって足並みを揃え、支え合うチームのネットワークを構築しています。

第 **12** 章
まとめ

　本書を書き始めたとき、私はすべてのコンセプトを1つの図に重ね合わせて、まとめることができるのではないかと考えました。視覚化は、理解を深めるための鍵です。ただ読んだり聞いたりするのとは違ったやり方で脳を刺激するのです。

　そこで次の図を作り、核となるコンセプトを1枚の絵に視覚化しました。少し時間をかけてこの図をよく見てみれば、つながりを見いだして、自分の環境にとってはどうなのかを考えられるでしょう。

　プラクティス、コンセプト、モデルにはすべて、最適な時と場合があります。時宜を得れば、VUCAの世界で組織が成功するために役立ちます。一方、時宜を逸すれば、組織にとって何のメリットもない場合もあります。例えば、レッド組織からティール組織へ一足飛びに移行することは、やりすぎで混乱を招くだけかもしれません。創発的リーダーシップと内発的動機付けをよりどころとするティールやグリーンに移行しようとしているとき、ほとんどの人が「私の人生は最悪」族であれば、移行は難しすぎて失敗に終わる可能性があります。組織レベルでアジャイルを取り入れようとしているときに、ほとんどのリーダーがエキスパートやアチーバーであれば、おそらくやはりうまくいかないでしょう。アジャイルへの道のりでは、構造、リーダーシップ、そしてマインドセットの足並みを揃えて、つながりを保ちながら進んでいく必要があります。

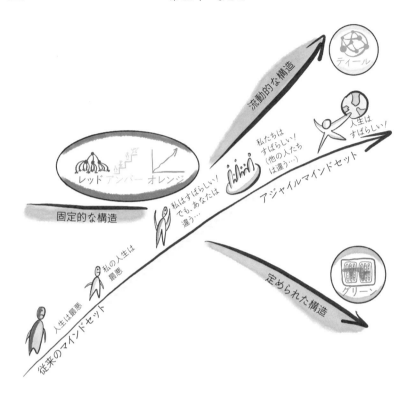

組織の観点

　アジャイルによって、焦点は個人からチームへと移り、文化は、対立する価値基準のフレームワークにおける統制と競争の象限から協働と創造の象限へと移ります。アジャイルでいこうと決めたばかりのときには気づかないかもしれませんが、コラボレーション、人、そして創造性こそがリーダーシップの転換を推進していくのです。対立する価値基準のフレームワークは、組織においてどの文化が正しいとか、間違っているとかを教えてくれるわけではありません。結局のところ、何が正しくて何が正しくないかなんて誰にもわからないのですから。

　このつながりをもう少し深く理解するには、『ティール組織』［Laloux 14］

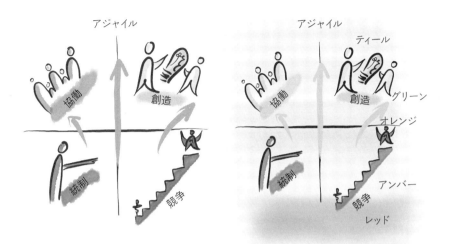

[口絵 7 参照]

で定義されている色のモデルが最適です。レッドやアンバーの組織の重心は、統制と競争の領域の深いところにあります。一方、グリーンやティールの組織は、協働と創造の領域の高いところに位置します。オレンジの組織は、それらの間に収まります。

　文化は、構造やプラクティスと切り離すことはできません。構造やプラクティスが行動や価値基準に影響を与えるからです。したがって、アジャイルへの道のりは常に、組織が今どこにいるかを認識することから始まります。それから、どういう組織でありたいのか、なぜそれが自分たちにとって重要なのかについて明確で強いビジョンを作り出し、望ましい状態を明らかにするのです。組織が優れた存在目的を持ち、その夢が組織全体にとって十分に魅力的であれば、みんなが目的の実現を目指して、内から外へと文化を変え始めるでしょう。

　アジャイル組織でよく使われるプラクティス（相互フィードバック、顧客とのコラボレーション、ローリングバジェット、柔軟なスコープ、チーム面接、フラットな構造、自己組織化したクロスファンクショナルチーム、役職なし、創発的リーダーシップなど）のほとんどが、対立する価値基準のフレームワークの図における協働と創造の領域に位置づけられるのは驚くことではありませ

ん。一方、従来のプラクティスのほとんどは、統制と競争の領域に位置づけられます。例えば、個人の KPI、業績評価、役職による権力、期限とスコープが固定された契約、年次予算、定められたキャリアパス、詳細な職務記述書、サイロ化したコンポーネントチームなどです。ただし、忘れないでください。プラクティスに「正しい」組み合わせはありません。必要なプラクティスは、現在の企業文化を望ましいものに変えていくために何が必要かによって決まります。

ZUZI'S JOURNEY

　例として、私たちがより協働的で創造的な文化へと移行しようと決めたとき、どのようにプラクティスを変えたかを紹介しましょう（第 8 章の「対立する価値基準」の例 1「中堅 IT 企業」も参照してください）。すべては真のクロスファンクショナルチームを構築することから始まりました。クロスファンクショナルチームは組織の一部にはすでにあったものの、それが重要な原則とは見なされていませんでした。中にはただの個人の集まりに近いチームもあれば、機能的なサイロや特定のコンポーネントを担当する矮小化されたチームもあるような状況だったので、組織の大部分にとってクロスファンクショナルチームという考え方はかなり過激だったのです。足かせになっていたのは、機能ごとに部門が分かれていることでした。そこで本書の冒頭でも触れたように、ソフトウェアテスター、ソフトウェア開発者、ハードウェアデザイナーを「エンジニアリング」という 1 つの部門に統合することにしました。一部門が複数の役割を担うようにして、個々の専門領域を超えてコラボレーションできるようにしたのです。もともとの役割の影響を最小限にするため、役職は汎用的にしました。すなわち、ソフトウェア開発者やテスターではなく、エンジニアということです。部門を 1 つにすることで非常にフラットな構造を実現することができました。階層ではなく、チームと、単一チーム内にとどまらずチーム間のコラボレーションまでをも含む自己組織化に支えられた組織構造です。

　旧組織においてリーダーとメンバーという関係性を築いていた人たちにとって、移行は困難なものでした。チームメンバーは初めはモチベーションを欠いており、責任を引き受けたがらなかったのです。新しい働き方を信頼していないからでした。旧チームリーダーのほとんどはこの変化に脅威を感じ、色々と抵抗するそぶりを示していたため、組織全体のビジョンの必要性を説明することと、旧リーダーた

ちが新しい役割を受け入れるためのコーチングをすることに多大なエネルギーを要しました。最終的に、旧リーダーたちのほとんどはエキスパートとして、組織のコミュニティ（自動テスト、ツール、アーキテクチャ、Java など）のいずれかを運営することになりました。

　成功にはコーチングが不可欠でした。従来の KPI や業績評価はすべて廃止したからです。従来の KPI や業績評価は、色々なものが移り変わりゆく環境ではまったく役に立ちませんでした。給与体系も再設計しました。基本給を高くして、ほとんどのケースで変動部分を撤廃しました。業績評価は全体的に、徹底的な透明性、相互フィードバック、成長のためのコーチングにもとづいて構築しました。チームとして働くことを奨励し、最初の数四半期はチームごとに決まる少額のボーナスを出しました。ただし全体としてのビジョンは、組織を成功に導くためにはチームを超えてコラボレーションする必要があるというものです。私たちは互いに争わず、競わず、チームや製品の枠を超えてコラボレーションします。この世界では、1＋1は常に2よりも大きいからです。この文化の移行には採用活動も追随しました。技術スキルを重視した複数回の正式な面接のかわりに行動面接を行い、候補者に私たちの文化を体験してもらい、チームでのランチに参加してもらうことで、お互いに合うかどうかを確認する機会を設けるようにしました。

　一言でいうと、旅でした。旅には時間がかかるものです。イライラすることもあれば、疲れることもありました。万事がうまくいったわけではありません。それでも、再び同じ状況になったとすれば、同じことをすると思います。それは組織がビジネスで成功するのに役立ったからではなく、文化の移行そのものがみんなにエネルギーをもたらしたからです。熱意、自分たちのあり方に対する誇り、モチベーションが生まれました。私たちはまさしく「私たちはすばらしい」のマインドセットを体現し、「人生はすばらしい」への道を歩み始めたのです。私たちが作り出したのは、グリーンとティールの間のような組織でした。フレームワークやモデルに従ったわけではありません。価値と文化を追求したのです。この変化は、すべての苦労に見合うものでした。

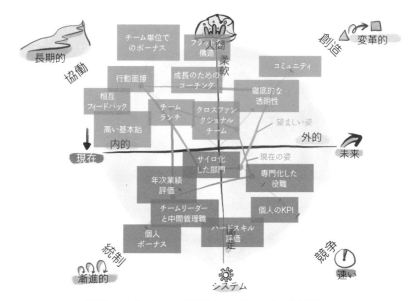

望ましい文化への移行を促進するために、私たちが避けた
プラクティス（赤）と実施したプラクティス（緑）の例［口絵8参照］

アジャイルリーダーの観点

　アジャイルリーダーは、組織がアジャイルへの道のりを歩むためのガイドです。メタスキルの観点で言うと、忍耐が必要です。このような変化には時間がかかるからです。たとえ現在の状況があなたが組織に夢見ることや願うことからかけ離れていても、リーダーが先を行くのは一歩だけであるべきです。変化を押し付けすぎないようにする必要があります。

　　　　変化は、押し付けてはいけません。育てましょう。

　「育てる」アプローチは、言うは易く行うは難しです。必要なのは、優れたサーバントリーダーであること、カタリストのマインドセットを持つこと、そしてリーダーとリーダー型のアプローチをとって「私たち」の文化を成長させることです。日々、アジャイルリーダーとしての能力を高めていくのです。

コーチングやファシリテーションを実践し、コラボレーションし、忍耐、好奇心、オープンさ、勇気、システムへの信頼など、さまざまなメタスキルの使い方がうまくなるように脳を訓練しましょう。

ZUZI'S JOURNEY

　ここまで来るのにもしばらくかかりましたが、私はまだ、よりよいアジャイルリーダーになるための旅の途中です。以前より忍耐強くなったかといえば、そうでしょう。自分の考えを手放して他の人が考えるのを助けられるようになったかといえば、確かになったと言えます。組織をシステムの観点から見られるようになったことは、私にとって目から鱗でした。システムを信頼して手放すことができるようになってください。アジャイルリーダーシップモデル（第5章参照）を体現する必要があります。想像するほど簡単ではありません。私自身も、まだまだ古い習慣を克服して新しいスキルを身につける必要があります。しかし、これは旅なのです。一歩一歩、私はよりよいリーダーになっていきます。カタリストに近づき、よりよいコーチに近づきます。みんなが競争するよりも協働し、創造性を発揮してベストを尽くせる文化や環境を作り出していくのです。

　組織は、システムコーチング、大人数のファシリテーションスキル、アジャイルリーダーシップ開発に投資する必要があります。ビジネスアジリティとは、単に何らかのフレームワークを適用することではありません。組織の価値基準と文化を全面的に転換することです。そして、

て、そのような変化は常に内から外へと起こす必要があります。誰かに委任したり、他の人たちに変わりなさいと指示したりしても、決してうまくいきません。リーダーがまず変わる必要があります。そうすれば組織はついてくるでしょう。

> アジャイルリーダーは，*VUCA の世界において組織がアジャイルでう*
> *まくいくために欠かせない成功要因です。*

最後に、VUCA の世界で組織が成功するためには、アジャイルリーダーの人数が十分な割合に達することが欠かせません。アジャイルリーダーシップを支援してアジャイルリーダーを育てることは、アジャイルへの道のりにおいて最も重要な仕事の一つです。その努力は予想以上に早く報われることになるでしょう。アジャイルは旅です。完了する日も、完璧になる日も決して来ませんが、その道のりは常にワクワクするものになるでしょう。

Exercise

以下の項目について、あなたの環境はどのような評価になるでしょうか？　1 ～ 10 の間で、1 は最低、10 は最高とします。

	1	10
アジャイルリーダーシップ	◆——————————————◆	
自律	◆——————————————◆	
創造性	◆——————————————◆	
エンゲージメント	◆——————————————◆	
創発的リーダーシップ	◆——————————————◆	
実験	◆——————————————◆	
楽しさ	◆——————————————◆	
目的志向	◆——————————————◆	
チームスピリット	◆——————————————◆	
透明性	◆——————————————◆	
信頼	◆——————————————◆	

アジャイルリーダーになるのは難しいことではありません。ただ始めればよいのです。自分の環境を改善するためにできることをいくつか選んでみてください。

これから

▼

　アジャイルリーダーであるということは、継続的に教育を受け、成長し、学習し続ける、終わりのない旅です。旅が終わる日も、完璧になる日も決して来ることはありません。アジャイルにまつわるコンセプト、モデル、プラクティスには限りなくさまざまなものがあるので、インスピレーションを欠くことはないでしょう。さて、本書というアジャイルリーダーシップのテイスティングメニューは楽しんでいただけたでしょうか。あなたはもう、自分のためのツールセットやスキルセットを構築し始めることができます。万能のアプローチはありません。あなたのリーダーシップのスタイルは、あなたならではの人となり、環境、制約に合わせなければなりません。本書を読んだことで、あなた自身の旅の道のりを支えるアイデアを見つけられていれば幸いです。

　「ここまで色々とヒントをくれたし、各章の終わりにおすすめの本も教えてくれたのはわかるんだけど、他に何かおすすめはないの？」と聞きたい人もいるでしょう。ええ、ありますよ。リーダーシップをさらに成長させるのに役立つ次のステップのヒントをいくつか紹介します。

・認定アジャイルリーダーシップ（CAL）[1]：アジャイルの世界でも類を見な

1）https://sochova.cz/cal-certified-agile-leadership-course.htm.

い、リーダーシップ開発のプログラムです。私はスクラムアライアンス[2]の CAL 教育者の一人であり、本書は私が認定アジャイルリーダーシップのプログラムで得た経験の結晶ですが、このプログラムに参加すれば、本書で説明したコンセプトを実践を通じて深めることができます。CAL のプログラムは講義から始まり、7 カ月間のバーチャルな CAL II のプログラムへと続きます。

- 組織と関係性のためのシステムコーチング（ORSC）[3]：チームや組織レベルでのシステムコーチングのために。
- リーダーシップ・サークル・プロファイル[4]：自分のリアクティブなところとクリエイティブなところをよりよく理解するために。
- リーダーシップ・ギフト[5][6]：リーダーとしての成長を加速させるために。
- テーブルグループ[7]：チームの健全性に投資するために。
- ビジネスアジリティ研究所[8]：組織全体のレベルでアジャイルを受け入れた組織のストーリーやケーススタディを求めるなら。

アジャイル・トランスフォーメーションの世界的な専門家の支援を受けることもできます。スクラムアライアンスの認定アジャイルコーチとトレーナー（認定スクラムトレーナー（CST）、認定エンタープライズコーチ（CEC）、認定チームコーチ（CTC））は、あなたのアジャイルへの道のりですばらしいガイドになってくれるでしょう。

まとめ

☑アジャイルリーダーであるということは、役職による権力ではなく、影響力

2）https://www.scrumalliance.org.
3）https://www.crrglobal.com.
4）https://leadershipcircle.com.
5）http://www.the.leadershipgift.com.
6）訳注：2022 年 8 月現在リンク切れとなっています。プログラムは現在 "Responsibility Immersion & Responsibility Mastery" と名前を変え、https://responsibility.com/immersion/ にて運営されているようです。
7）https://www.tablegroup.com.
8）https://businessagility.institute.

を活用できるということです。

☑アジャイルリーダーは、組織がアジャイルへの道のりを歩むためのガイドです。

☑システムコーチング、大人数のファシリテーションスキル、アジャイルリーダーシップ開発に投資しましょう。

☑アジャイルとは、システムの創造性を解き放つために継続的に改善するというマインドセットです。

☑それぞれのプラクティス、コンセプト、モデルには、最適な時と場合があります。時宜を得れば、組織の成功に役立つでしょう。

☑文化は、協働的・創造的であればあるほど、より適応力と柔軟性を備えます。結果として、VUCA の世界の課題に対処するのにより適した文化となります。

☑リーダーがまず変わる必要があります。そうすれば組織はついてくるでしょう。

参考文献

[1] ［Acaroglu16］L. Acaroglu, "Problem Solving Desperately Needs Systems Thinking," *Medium*, August 2, 2016.https://medium.com/disruptive-design/problem-solving-desperately-needs-systems-thinking-607d34e4fc80

[2] ［Acker19］M. Acker, "Five Guiding Principles of an Agile Team Facilitation Stance," teamcatapult, 2019. https://teamcatapult.com/5-guiding-principles-of-effective-facilitation

[3] ［Agile19］Agile Alliance, "Business Agility," 2019. https://www.agilealliance.org/glossary/business-agility

[4] ［ALE11］Agile Lean Europe（ALE）, "Agile Lean Europe（ALE）: Vision and Purpose," May 10, 2011. http://alenetwork.eu/about/vision-and-purpose

[5] ［Ancona19］D. Ancona, E. Backman, and K. Isaacs, "Nimble Leadership," *Harvard Business Review*, July–August 2019. https://hbr.org/2019/07/nimble-leadership

[6] ［Anderson15a］B. Anderson and B. Adams, "Reactive Leadership," The Leadership Circle, November 11, 2015. https://leadershipcircle.com/en/reactive-leadership

[7] ［Anderson15b］B. Anderson and B. Adams, "Five Levels of Leadership," The Leadership Circle, November 19, 2015. https://leadershipcircle.com/en/five-levels-of-leadership

[8] ［Arbinger12］The Arbinger Institute, *Leadership and Self-Deception: Getting Out of the Box*. Richmond, British Columbia, Canada: ReadHowYouWant, 2012. （金森重樹 監修、冨永星 訳『自分の小さな「箱」から脱出する方法——人間関係のパターンを変えれば、うまくいく！』（大和書房、2006））

[9] ［Avery16］C. Avery, *The Responsibility Process: Unlocking Your Natural Ability to Live and Lead with Power*. Pflugerville, TX: Partnerwerks, 2016.

[10] ［Beck01a］Kent Beck, Jeff Sutherland, Martin Fowler, et al. "Principles behind the Agile Manifesto," 2001. https://agilemanifesto.org/principles.html（「アジャイル宣言の背後にある原則」https://agilemanifesto.org/iso/ja/principles.html）

[11] ［Beck01b］Kent Beck, Jeff Sutherland, and Martin Fowler, "Manifesto for Agile Software Development," 2001. https://agilemanifesto.org（「アジャイルソフトウェア開発宣言」https://agilemanifesto.org/iso/ja/manifesto.html）

[12] ［Bennett14］N. Bennett and J. G. Lemoine, "What VUCA Really Means for You," *Harvard Business Review*, January–February 2014. https://hbr.org/2014/01/

what-vuca-really-means-for-you

[13] ［Beyond14a］Beyond Budgeting Institute, "The Beyond Budgeting Principles,"
2014. https://bbrt.org/the-beyond-budgeting-principles

[14] ［Beyond14b］Beyond Budgeting Institute, "What Is Beyond Budgeting?" 2014.
https://bbrt.org/what-is-beyond-budgeting

[15] ［Bockelbrink17］B. Bockelbrink, J. Priest, and L. David, "The Seven Principles,"
Sociocracy 3.0, 2017. https://sociocracy30.org/the-details/principles

[16] ［BusAI18］Business Agility Institute, "The Business Agility Report: Raising the
B.A.R.," 2018. https://businessagility.institute/wp-content/uploads/2018/08/
BAI-Business-Agility-Report-2018.pdf

[17] ［Chamorro13］T. Chamorro-Premuzic, "Does Money Really Affect Motivation?
A Review of the Research," *Harvard Business Review*, March–April 2013.
https://hbr.org/2013/04/does-money-really-affect-motiv

[18] ［Cherry18］M. Cherry, "Buffer: What It's Really Like Being Radically
Transparent," *Medium*, January 19, 2018. https://medium.com/make-better-
software/buffer-what-its-really-like-being-radically-transparent-
2416ad4dbbdb

[19] ［CRR_nd］CRR Global, "ORSC™ Organization and Relationship Systems
Coaching," CRR Global, accessed 2019. https://www.crrglobal.com/orsc.html

[20] ［CRR13］CRR Global, "An Introduction to Relationship Systems Intelligence™
Advanced Coaching for Individuals, Groups & Organizations," 2013. https://
www.crrglobal.com/uploads/5/6/9/0/56909237/rsi-white-paper.pdf

[21] ［CRR19］CRR Global, "ORSC™ PATH: Vision & Potential," 2019. https://www.
crrglobal.com/path.html

[22] ［Derby19］E. Derby, *7 Rules for Positive, Productive Change: Micro Shifts,
Macro Results*, Oakland, CA: Berrett-Koehler Publishers, 2019.

[23] ［Duncan19］R. D. Duncan, "Are You a Creative or Reactive Leader? It Matters,"
Forbes, 2019. https://www.forbes.com/sites/rodgerdeanduncan/2019/02/13/
are-you-a-creative-or-reactive-leader-it-matters/#7c0113524d8b

[24] ［Esser_nd］Hendrik Esser, Jens Coldewey, and Pieter van der Meché, "Decision
Making Systems Matter," Agile Alliance, accessed 2019. https://www.
agilealliance.org/decision-making-systems-matter

[25] ［Fridjhon14］M. Fridjhon, A. Rød, and F. Fuller, "Relationship Systems
IntelligenceTM Transforming the Face of Leadership," CRR Global, 2014.
https://www.crrglobal.com/uploads/5/6/9/0/56909237/rsi_-_transforming_the_
face_of_leadership.pdf

[26] ［Friedman14］T. L. Friedman, "How to Get a Job at Google," *New York Times*,
February 2, 2014. https://www.nytimes.com/2014/02/23/opinion/sunday/

friedman-how-to-get-a-job-at-google.html

[27] [Greeenleaf07] R. Greenleaf, "The Servant as Leader." In W.C. Zimmerli, M. Holzinger, and K. Richter (eds.), *Corporate Ethics and Corporate Governance*. Berlin, Germany: Springer, 2007.

[28] [Grgić15] V. Grgić, "Descaling Organizations with LeSS," The Less Company B.V., May 8, 2015. https://less.works/blog/2015/05/08/less-scaling-descaling-organizations-with-less.html

[29] [Hammett18] G. Hammett, "3 Steps Ray Dalio Uses Radical Transparency to Build a Billion-Dollar Company," *Inc.*, May 23, 2018. https://www.inc.com/gene-hammett/3-steps-ray-dalio-uses-radical-transparency-to-build-a-billion-dollar-company.html

[30] [Hayes19] Mary Hayes, Fran Chumney, Corinne Wright, and Marcus Buckingham, "Global Study of Engagement Technical Report," ADP Research Institute, 2019. https://www.adp.com/-/media/adp/ResourceHub/pdf/ADPRI/ADPRI0102_2018_Engagement_Study_Technical_Report_RELEASE%20READY.ashx

[31] [Heffernan15] M. Heffernan, "Forget the Pecking Order at Work" [video], TED Women, 2015. https://www.ted.com/talks/margaret_heffernan_why_it_s_time_to_forget_the_pecking_order_at_work/transcript#t-82427

[32] [ICF20] International Coaching Federation (ICF), "About ICF," 2020. https://coachfederation.org/about

[33] [Isaacs99] W. N. Isaacs, "Dialogic Leadership," *The Systems Thinker*, 10 (1): 1-5, 1999.

[34] [Jeffries16] R. Jeffries, "Dark Scrum," September 8, 2016. https://ronjeffries.com/articles/016-09ff/defense

[35] [Joiner06] W. B. Joiner and S. A. Josephs, *Leadership Agility: Five Levels of Mastery for Anticipating and Initiating Change*. San Francisco, CA: Jossey-Bass, 2006.

[36] [Joiner11] B. Joiner, "Leadership Agility: From Expert to Catalyst," ChangeWise, 2006/2011. https://reggiemarra.files.wordpress.com/2012/01/leadership20agility20white20paper20-20320levels.pdf

[37] [Kantor12] D. Kantor, *Reading the Room: Group Dynamics for Coaches and Leaders*. San Francisco, CA: Jossey-Bass, 2012.

[38] [Kerievsky19] J. Kerievsky, "Modern Agile," accessed 2019. https://modernagile.org

[39] [Kessel-Fell19] J. Kessel-Fell, "The 12 Dimensions of Agile Leadership," LinkedIn, April 6, 2019. https://www.linkedin.com/pulse/12-dimensions-agile-leadership-jonathan-kessel-fell

［40］［Kotter_nd］J. P. Kotter, "The 8-Step Process for Leading Change," accessed August 2020. https://www.kotterinc.com/8-steps-process-for-leading-change

［41］［Kotter12］J. P. Kotter, *Leading Change*. Boston, MA: Harvard Business Review Press, 2012.（梅津祐良 訳『企業変革力』（日経 BP、2002））

［42］［Laloux14］F. Laloux, *Reinventing Organizations*. Brussels, Belgium: Nelson Parker, 2014.（鈴木立哉 訳『ティール組織——マネジメントの常識を覆す次世代型組織の出現』（英治出版、2018））

［43］［Lead19］The Leadership Circle, "Leadership Circle Profile," 2019. https://leadershipcircle.com/en/products/leadership-circle-profile

［44］［Lencioni11］P. M. Lencioni, *The Five Dysfunctions of a Team: A Leadership Fable*. San Francisco, CA: Jossey-Bass, 2011.（伊豆原弓 訳『あなたのチームは、機能してますか？』（翔泳社、2003））

［45］［Lencioni12］P. M. Lencioni, *The Advantage: Why Organizational Health Trumps Everything Else in Business*. San Francisco: Jossey-Bass, 2012.（矢沢聖子 訳『ザ・アドバンテージ——なぜあの会社はブレないのか？』（翔泳社、2012））

［46］［Lencioni19］P. Lencioni, "Patrick Lencioni: What's Your Motive?" Global Leadership Network, August 13, 2019. https://globalleadership.org/articles/leading-yourself/patrick-lencioni-whats-your-motive

［47］［LeSS19a］The LeSS Company, "Overall Retrospective," 2014–2019. https://less.works/less/framework/overall-retrospective.html

［48］［LeSS19b］The LeSS Company, "Systems Thinking," 2014–2019. https://less.works/less/principles/systems-thinking.html

［49］［Lisitsa13］E. Lisitsa, "The Four Horsemen: Criticism, Contempt, Defensiveness, and Stonewalling," The Gottman Institute, April 23, 2013. https://www.gottman.com/blog/the-four-horsemen-recognizing-criticism-contempt-defensiveness-and-stonewalling

［50］［Logan11］D. Logan, John King, and Halee Fischer-Wright. *Tribal Leadership: Leveraging Natural Groups to Build a Thriving Organization*. New York, NY: HarperBusiness, 2011.（『トライブ——人を動かす 5 つの原則』（ダイレクト出版、2011））

［51］［Marquet13］D. Marquet, *Turn the Ship Around!: A True Story of Turning Followers into Leaders*. Austin, TX: Greenleaf Book Group Press, 2013.（花塚恵 訳『米海軍で屈指の潜水艦艦長による「最強組織」の作り方』（東洋経済新報社、2014））

［52］［McGregor60］D. McGregor, *The Human Side of Enterprise*. New York, NY: McGraw-Hill, 1960.（高橋達男 訳『企業の人間的側面——統合と自己統制による経営』（産業能率短期大学、1970））

［53］［Mgmt19］Management 3.0, "Personal Maps," 2019. https://management30.com/practice/personal-maps

［54］［Mindell_nd］A. Mindell and A. Mindell, "Consensus Reality, Dreamland, Essence: The Deep Democracy Of Experience," accessed 2019. http://www.aamindell.net/consensus-reality-dreamland-essence

［55］［Partner10］Partnerwerks, "An Introduction to the Power Cycle," ChristopherAvery.com, 2011–2019. https://christopheravery.com/blog/intro-power-cycle

［56］［Partner17］Partnerwerks, "The Power or Control Process," 2000-2017. https://www.leadershipgift.com/wp-content/uploads/2010/03/The-Power-or-Control-Process-Poster-Partnerwerks.pdf

［57］［Pflaeging14］N. Pflaeging, *Organize for Complexity: How to Get Life Back into Work to Build the High-Performance Organization*. New York, NY: BetaCodex Publishing, 2014.

［58］［Pflaeging17］N. Pflaeging, "Org Physics: The 3 Faces of Every Company," *Medium*, March 6, 2017. https://medium.com/@NielsPflaeging/org-physics-the-3-faces-of-every-company-df16025f65f8

［59］［Pflaeging18］N. Pflaeging, "The McGregor Paradox: The Most Tragic Misunderstanding in the History of Work & Organizations," LinkedIn, February 18, 2018. https://www.linkedin.com/pulse/mcgregor-paradox-most-tragic-misunderstanding-history-niels-pflaeging

［60］［Pink09］D. H. Pink, *Drive: The Surprising Truth about What Motivates Us*. New York, NY: Riverhead Books, 2009.（大前研一 訳『モチベーション 3.0――持続する「やる気！」をいかに引き出すか』（講談社、2010））

［61］［Pink18a］D. H. Pink, *When: The Scientific Secrets of Perfect Timing*. New York, NY: Riverhead Books, 2018.（勝間和代 訳『When 完璧なタイミングを科学する』（講談社、2018））

［62］［Pink18b］D. H. Pink, "Daniel Pink on the Effect of Midpoints"［video］, FranklinCovey On Leadership, August 2, 2018. https://www.youtube.com/watch?v=eKA5uHKRZjU

［63］［Reinvent_nd］Reinventing Organizations wiki, "Evolutionary Purpose," accessed September 2020, http://www.reinventingorganizationswiki.com/Evolutionary_Purpose

［64］［Rød15］M. F. Anne Rød, *Creating Intelligent Teams: Leading with Relationship Systems Intelligence*. Randburg, South Africa: KR Publishing, 2015.

［65］［Schein17］E. H. Schein, *Organizational Culture and Leadership*. San Francisco, CA: Jossey-Bass, 2017.

［66］［Seiter15］Courtney Seiter, "The 10 Buffer Values and How We Act on Them

Every Day," Buffer, January 7, 2015. https://open.buffer.com/buffer-values

［67］ ［Šochová17a］ Z. Šochová, *The Great ScrumMaster: #ScrumMasterWay*. Boston, MA: Addison-Wesley, 2017.（大友聡之 他訳『SCRUMMASTER THE BOOK 優れたスクラムマスターになるための極意——メタスキル、学習、心理、リーダーシップ』（翔泳社、2020））

［68］ ［Šochová17b］ Z. Šochová, "The Synergies between ORSC™ Coaching and Agile Coaching," CRR Global, 2017. https://www.crrglobal.com/orsc-agile.html

［69］ ［Stadler19］ A. Stadler, "Doing an Open Space: A Two Page Primer," 2019. https://www.openspaceworld.org/files/tmnfiles/2pageos.htm

［70］ ［Szabolcs18］ E. Szabolcs and K. Molnár, "Reinventing Organizations Map," 2018. https://reinvorgmap.com

［71］ ［Whitmore09］ J. Whitmore, *Coaching for Performance: GROWing Human Potential and Purpose—The Principles and Practice of Coaching and Leadership*. London, England: Nicholas Brealey Publishing, 2009.

［72］ ［WPAH16］ Western PA Healthcare News Team, "Creative vs Reactive Leaders," *Western PA Healthcare News*, December 30, 2016. https://www.wphealthcarenews.com/creative-vs-reactive-leaders

索　引

【英数字】

3つの現実レベル ……………… 94
4つのプレイヤーモデル ………… 139

COIN の会話モデル ……………… 119

ORSC …………………………… 77

VUCA の世界 …………………… 16

X 理論 …………………………… 105

Y 理論 …………………………… 105

【あ】

アクションを取る ……………… 81
アジャイル ………………… xiii, 9
アジャイル・トランスフォーメーション
…………………………… 168, 224
アジャイル財務 ………………… 263
アジャイル人事 ………………… 239
アジャイル組織 ………………… 33
アジャイル取締役会 …………… 231
アジャイルな組織 ……………… 167
アジャイルリーダー …………… 39
アジャイルリーダーコンピテンシーマップ
………………………………… 90
アジャイルリーダーシップ ……… 20
アジャイルリーダーへの道のり … 59
遊び心 …………………………… 160
アチーバー ……………………… 53
アンバー組織 …………………… 211

意思決定 ………………………… 126
因果ループ図 …………………… 287
インクルーシブ ………………… 299

受け入れる ……………………… 80

エキスパート …………………… 51
エンゲージメント ……………… 109

オーナーシップ ………………… 134
オープンさ ……………………… 162
オープンスペース ……………… 270
オレンジ組織 …………………… 211

【か】

階層構造 ………………………… 27
カタリスト ……………………… 54
価値創造構造 …………………… 207

気づく …………………………… 79
キャリアパス …………………… 254
給与 ……………………………… 254
協業 ……………………………… 198

グリーン組織 …………………… 213

傾聴 ……………………………… 68
権限構造 ………………………… 205
健全 ……………………………… 208

合意的現実 ……………………… 96
好奇心 …………………………… 160

コーチング ……………… 143, 249, 261
コミットメント ………………… 163
コミュニティ …………………… 311
コラボレーション ………… 132, 162
コントロールサイクル ………… 130
コンピテンシー ………………… 89

【さ】

サーバントリーダー ……………… 42
財務 ………………………………… 263
採用 ………………………………… 241

自己組織化 ……………… 43, 174, 311
システム …………………………… 77
システムコーチング ……… 261, 269
システム思考 …………………… 286
実験 ……………………………… 297
社会構造 ………………………… 205
集中 ……………………………… 163
主体的移動の法則 ……………… 271
自律性 …………………………… 72
人事 ……………………………… 239
真実さ …………………………… 164
信頼 ……………………… 162, 303

スーパーチキン ………………… 112
スマート ………………………… 208

責任 ……………………………… 134
センシェント・エッセンス ……… 94

創発的リーダーシップ ………… 174
ソシオクラシー ………………… 128
組織構造 …………………………… 27
組織のスクラムマスター ……… 229
組織のプロダクトオーナー ……… 229

尊敬 ……………………………… 160
存在目的 ………………………… 172

【た】

対立する価値基準 ……………… 199
脱予算経営 ……………………… 264
多様性 …………………………… 162

チームの5つの機能不全 ……… 308
チームビルディング …………… 304
チームワーク …………………… 309
ティール組織 …………… 211, 213

徹底的な透明性 ………………… 289

透明性 …………………………… 289
ドリーミング …………………… 95
取締役会 ………………………… 231

【な】

忍耐 ……………………………… 161

ネットワーク構造 ……………… 205

【は】

パーソナルマップ ……………… 305
パートナーシップ ……………… 198
ハイドリーム・ロードリーム ……… 96
パフォーマンスレビュー ……… 248
パワーサイクル ………………… 130

ビジネスアジリティ …………… 221
ビジョン ………………………… 90
ビジョンから落とし込む ……… 97
評価 ……………………………… 248

ファシリテーション ……… 137, 261, 269

フィードバック……… 115, 119, 121, 252

フォースフィールド ……………… 150

複雑系 …………………………………… 83

部族 ……………………………………… 189

ふりかえり……………………… 116, 252

文化 ……………………………………… 177

ペアワーク ……………………………… 136

変化 ……………………………………… 146

ポジティブさ…………………………… 65

【ま】

マインドセット………………………… 177

マネージャー…………………………… 21

メタスキル ……………………………… 159

面接 ……………………………………… 245

目的 …………………………………… 92, 172

モダンアジャイル ……………………… 11

モチベーション………………………… 102

【や】

役職 ……………………………………… 254

勇気 ……………………………………… 164

【ら】

リーダー ………………………………… 21

リーダーシップ……………………………9

リーダーシップ・アジリティ………… 50

リーダーシップ・サークル・プロファイル
……………………………………… 121

リーダーとフォロワー ………………… 47

リーダーとリーダー …………………… 46

レッド組織 ……………………………… 211

【わ】

ワールドカフェ………………………… 282

Memorandum

Memorandum

【訳者紹介】

〈株式会社ユーザベース〉

岩見恭孝（いわみ やすたか）
　2016 年、東京大学法学部第 2 類卒業。現在は、ソフトウェアエンジニアとしてウェブアプリケーション開発に従事している。趣味はロードバイクと美味しいコーヒー探し。

木村直人（きむら なおと）
　2017 年、上智大学法学部地球環境法学科卒業。現在は、ソフトウェアエンジニアとして日々アジャイルの守破離を楽しく学び実践している。趣味はオーディオと積みゲーの消化。

野口光太郎（のぐち こうたろう）
　2011 年、京都大学文学部人文学科卒業。現在は、ソフトウェアエンジニアとして日々エクストリーム・プログラミングを堪能している。趣味は演劇とかわいい犬探し。

廣岡佑哉（ひろおか ゆうや）
　2017 年、龍谷大学理工学部情報メディア学科卒業。現在は、ソフトウェアエンジニアとして日々アジャイルな組織とは何かを学び考えている。趣味は風景撮影と面白いマンガ探し。

アジャイルリーダーシップ
—— 変化に適応するアジャイルな
　　組織をつくる
（原題：The Agile Leader: Leveraging
　　　　the Power of Influence）

著　者　Zuzana Šochová（ズザナ・ショコバ）
訳　者　株式会社ユーザベース　　©2022

発行者　**共立出版株式会社**/南條光章

　　東京都文京区小日向 4 丁目 6 番19号
　　電話 03(3947)2511（代表）
　　郵便番号 112-0006
　　振替口座 00110-2-57035
　　URL　www.kyoritsu-pub.co.jp

2022年11月25日 初 版 第 1 刷発行

印　刷　藤原印刷
製　本　加藤製本

検印廃止
NDC 007.63, 336
ISBN 978-4-320-12493-6

一般社団法人
自然科学書協会
会員

Printed in Japan

DataStory
人を動かすストーリーテリング

Nancy Duarte 著
渡辺翔大・木村隆介・宮下彩乃 訳

\ 相手の行動を変えるデータの
効果的な伝え方を解説 /

元米副大統領アル・ゴアのプレゼンを制作した陰の立役者である著者が，データに基づく効果的なプレゼン法を余すところなく伝授する。相手に行動を起こさせるためのデータの効果的な伝え方を解説し，以下のようなことが学べる。

・「共感」というレンズを通してデータを説明すること
・データをストーリーにして相手の行動を促す方法
・上司や不特定多数の人に承認される提案書のつくりかた
・グラフの所見をわかりやすく書き，注釈を付ける方法
・スライドの構成とレイアウトについてのコツ
・データに命を吹き込み，記憶に残るものにして相手の行動を促す方法

B5変型判・定価2970円（税込）ISBN978-4-320-00612-6

目次

PART1 データを用いて相手にメッセージを伝える
データのコミュニケーターになる／意思決定者とのコミュニケーション

PART2 ストーリーの構成を明確にする
データ視点を作る／データストーリーとしてのエグゼクティブサマリーの構成／分析から行動を生み出す

PART3 わかりやすいグラフやスライドを作成する
適切なグラフを選択し所見を記述する／グラフに洞察を追加する／読みやすいSlidedocを作成する

PART4 データを記憶に焼き付ける
規模感の表現方法を知る／データを人情味あるものにする／データを使ったストーリーテリング

www.kyoritsu-pub.co.jp

共立出版

（価格は変更される場合がございます）